高等院校土建类专业“互联网+”创新规划教材

村镇规划原理与设计方法

主编　张洪波　庞　博　姜　云

内容简介

本书采用专业理论与工程实践案例并重的方式，在现有的村镇规划理论基础上，提出了新型城镇化时期村镇规划设计的发展趋势和设计方法。全书理论系统、完整，在反映国家新型城镇化发展背景下通过村镇规划前沿理论和实践案例分析，为读者提供了切实可行的学习思路，并便于在设计实践中应用。

本书主要内容包括：村镇总体规划、村庄建设规划、村镇规划实践研究三部分。第一部分为全书理论概述，系统阐述了村镇规划基本原理、编制方法、编制要求以及新时期村镇的发展趋势。第二部分为村庄建设规划，从村镇环境整治、道路系统与停车设施规划、风貌保护规划、基础设施与服务设施规划、产业发展规划、旅游规划以及生态环境保护等方面进行了系统阐述。第三部分为村镇规划实践研究，阐述了国内外村镇发展的趋势、规划建设实践，并结合工程实践案例进行剖析。

本书理论与实践结合，系统阐述和重点探讨结合，既具有教材的特点，又具有研究特色，可作为高等院校城乡规划、建筑学、风景园林等专业的教材，也可作为从事相关工作人员的学习参考用书。

图书在版编目(CIP)数据

村镇规划原理与设计方法/张洪波，庞博，姜云主编. —北京：北京大学出版社，2021.1
高等院校土建类专业“互联网+”创新规划教材
ISBN 978-7-301-31818-8

Ⅰ. ①村…　Ⅱ. ①张…②庞…③姜…　Ⅲ. ①乡村规划—高等学校—教材　Ⅳ. ①TU98

中国版本图书馆CIP数据核字（2020）第220639号

书　　名	村镇规划原理与设计方法 CUNZHEN GUIHUA YUANLI YU SHEJI FANGFA
著作责任者	张洪波　庞　博　姜　云　主编
策划编辑	卢　东
责任编辑	卢　东　伍大维
数字编辑	蒙俞材
标准书号	ISBN 978-7-301-31818-8
出版发行	北京大学出版社
地　　址	北京市海淀区成府路205号　100871
网　　址	http://www.pup.cn　新浪微博：@北京大学出版社
电子信箱	pup_6@163.com
电　　话	邮购部010-62752015　发行部010-62750672　编辑部010-62750667
印 刷 者	天津中印联印务有限公司
经 销 者	新华书店
	787毫米×1092毫米　16开本　17.5印张　405千字
	2021年1月第1版　2021年1月第1次印刷
定　　价	46.00元

前　言

党的十八届三中全会提出“健全城乡发展一体化体制机制”思想，重在从产业、公共资源配置、用地权属、户籍等方面形成以工促农、以城带乡、工农互惠、城乡一体的新型工农城乡关系，让广大农民平等参与现代化进程、共同分享现代化成果。村镇作为乡村型居民点和城市共同组成城乡居民点体系，是城乡一体化思想的重要实施对象。村镇规划作为协调村镇布局和各项建设的重要手段，在城乡一体化机制深入实施的过程中，必然会起到重大作用，同时，传统的村镇规划方法必将受到极大挑战。

针对城乡一体化思想、生态文明目标及我国近年村镇发展所遇到的实际问题，本书在现有村镇规划理论研究的基础上，提出了村镇特色产业发展及空间布局、村镇循环经济发展规划、村镇基础设施管沟综合规划、村镇风貌保护及整治规划、历史文化村镇保护开发策略、清洁能源利用、村镇旅游规划、村镇防灾减灾规划面临的新问题及应对策略等新的内容。

本书采取理论与实践相结合的方式，通过理论描述、村镇所面临的现状情况、设计方法及案例应用等步骤，结合相应规范和设计标准要求，循序渐进、系统完整地讲解村镇规划的理论与设计方法，为读者尤其是初学者提供简单易懂又切实可行的设计思维和技巧。

全书共 13 章。第 1 章为村镇规划原理概述，对村镇规划的概念及原理进行概述。第 2～4 章对村镇规划的内容和编制方法进行了综合的阐述，并对镇总体规划及乡村建设规划的内容及编制程序进行了系统阐述。第 5～11 章分别就村镇规划中各分项规划系统：道路系统与停车设施规划、产业发展规划、公共服务设施规划、基础设施规划、风貌保护规划、生态环境与旅游资源规划、防灾减灾规划等内容在分析当前形势下我国面临的实际问题的基础上进行了系统的阐述。第 12 章为低碳生态村镇规划设计方法与实例研究，通过对低碳生态村镇规划建设案例进行分析，提出低碳生态村镇规划与设计的内容和方法。

本书由黑龙江科技大学张洪波、庞博、姜云主编。各章节的编写分工如下：第 1 章、第 2 章、第 3 章、第 4 章、第 12 章由张洪波编写；第 5 章由姜云编写；第 6 章、第 7 章、第 8 章、第 9 章、第 10 章、第 11 章由庞博编写。本书在编写过程中参阅了大量资料，谨向相关作者深表谢意。

由于编者水平和能力有限，书中难免有疏漏之处，敬请广大专家和读者批评指正。

编　者

2020 年 4 月

目　　录

第1章 村镇规划原理概述

【教学目标与要求】

● 概念及基本原理

【掌握】城乡规划与村镇规划之间的关系；生态文明时代村镇规划迫切需要解决的问题；村镇规划理论的指导作用和意义。

【理解】城乡规划的规划层次和村镇规划理论的重要性。

● 设计方法

【掌握】村镇规划的作用；新型城镇化的发展内涵。

1.1 城乡统筹与村镇规划

在城市规划更名为城乡规划后，其专业内涵和研究领域等都有所扩宽。城乡规划一级学科包含区域发展与规划、城市规划与设计、乡村规划与设计、社区发展与住房建设规划、城乡发展历史与遗产保护规划、城乡规划管理共6个二级学科方向，涉及的领域比较多。城乡规划主要分为城市规划和村镇规划两个部分。按规划编制办法，小城镇规划中的县城镇规划包括在城市规划中，县城镇外的村镇都包括在村镇规划中。鉴于我国小城镇发展的速度和其特殊的地位以及新型城镇化发展的要求，单独提出村镇规划作为城乡规划的重要组成部分，对其规划的实践和相关研究的重要性日益为人们所共识。

1.1.1 城乡统筹

如何加强对乡村地区的规划研究，规划教育课程体系怎样构建以适应农村、县域、村镇规划的需要，怎样使城乡规划学科更好地服务于城镇化和新农村建设，需要我们进行深入研究。

目前，城乡规划学科的发展已经进入了“统筹城乡建设”时期，在规划的编制过程中生态前置变得非常重要，具体表现在“多规合一”的联合编制变得尤为重要。由此，城乡规划学科也迎来了新的发展契机。同时，随着社会的进一步转型、城市化后期的到来、产权的进一步明确以及后工业化社会的到来等，城乡规划学科的发展将进入“协调城乡及社会空间关系”时期，城乡规划学科更多地需转向关注城乡研究、协调城乡空间关系及社会各阶层主体的空间关系，其发展应注重以下几个方面。

【统筹城乡建设】

【我国城镇化率】

(1) 城镇化质量提升问题。经过了一段快速发展时期(表 1-1)，2019 年我国城市化率已经达到 60.60%，城镇化发展过程中也伴随着城市病的出现，且在城镇化质量方面提升较少。

(2) 公共政策运用问题。在社会转型背景下，城乡规划在一定程度上体现为公共权力的运用，因此需要加强对公共政策的研究，既要注重“空间的处理”，又要加强对“空间的管理”。

(3) 人居环境建设问题。城镇水泥森林已经破坏了自然生态平衡，引发了各种城市病，对人们的健康产生了不利的影响。城乡规划学科要对城市、镇、乡、村庄的人居环境加以安排，注重城乡人居环境建设，健康干预城市布局。

(4) 乡村地区规划研究问题。城乡规划学科应加强对乡村地区的规划研究，包括乡村地区的规划管理等。目前，全国各地都在开展城乡统筹实践工作，力图推动城乡一体化建设，缩小城乡差距。基于城市和乡村两种居住形态，在价值观和标准等方面都有所不同，需要认真挖掘乡村地域资源、公共服务设施等，才能建设符合村民生产和生活的村庄。

城乡统筹作为一个大的国家战略，其涵盖的内容是多方面的。目前讨论的主要内容是工业反哺农村，城市支持乡村。在城乡规划层面，城乡统筹需要首先考虑城乡统筹在“城市—乡镇—村庄”各层实现的路径，借助外部性原理等分析各层面在统一的发展策略下的分工合作安排，以使各层面地区能够发挥与其自身功能特点相适应的作用，实现自身和整体的有效发展。

表 1-1　2010—2020 年我国城镇化水平

年份	城市化率/%	年份	城市化率/%	年份	城市化率/%
2010	48.28	2014	52.67	2018	59.58
2011	49.38	2015	53.77	2019	60.60
2012	50.47	2016	54.86	2020	63.00
2013	51.57	2017	55.95	—	—

1.1.2　村镇规划

我国村镇规划发展经历了以下几个阶段。

(1) 起步阶段(1978—1986)，这一时期主要以保护耕地和规范农房建筑为主要目的。在内容上侧重于物质建设，但在技术标准上对镇、村两者无太大区别。

(2) 初步完善阶段(1987—1997)，这一时期村镇规划形成了总体规划和建设规划两个法定编制阶段，在规划内容和范围上也开始向大区域的经济、环境和社会等综合层面靠拢。这一阶段我国村镇规划已经初步完成了法规编制和实施体系框架的构建。

(3) 进一步探索阶段(1998—2007)。1997 年后，国家在政策方面日益加大对小城镇和农村的关注力度，这为村镇规划跨入进一步探索阶段提供了条件。上述背景的变化使得各地在村镇规划的编制形式和内容上做了多方面尝试。如北京、上海等地的镇总体规划直接以一张图的形式把镇区和村庄详细规划内容在镇域范围内表现出来。在村镇规划法规的修订方面，国家及各地相关部门也在积极探索。2000 年开始修编《村镇规划标准》，2006 年建设部提出《中华人民共和国城乡规划法(草案)》，2003 年广东省出台《中心镇规划引导》合理引导中心镇向小城市方向发展。

(4) 城乡统筹阶段(2008 年以来)。随着科学发展观的提出，健康城镇化理念的深入，为进一步加强城乡规划管理，统筹城乡空间布局，节约资源，保护环境和历史文化遗产，促进城乡经济社会全面协调可持续发展提供了强有力的保障。

1978—2015 年城镇常住人口从 1.7 亿人增加到 7.7 亿人，城镇化率从 17.9%提高到 56.1%；城镇数量从 193 个增加到 658 个，建制镇数量从 2173 个增加到 20113 个。

村镇规划从其发展历程来看，经历了从无到有，从简单到复杂，从基本空白到逐步完善的过程。其发展趋势从城乡分割走向城乡统筹，村镇规划目标从单一走向多元，研究范围从个体走向区域。2008 年《中华人民共和国城乡规划法》颁布实施后，村镇规划编制体系也进一步修正，国家相继出台了《镇规划标准》(GB 50188—2007)、《村庄整治技术规范》(GB 50445—2008)等。同时，从我国村镇规划编制过程来看，具有明显的阶段性，其编制方法的改进、调整与时代的社会经济发展密不可分。

村镇规划在我国城乡规划体系中处于较下层次的地位，其理论发展和实践认识都还有较大的发展空间。从当前城乡统筹实践来看，村镇规划是城乡规划中非常重要的一项工作，其覆盖范围广，基础工作薄弱，研究问题需要进一步深入，成果和内容深度需要进一步规范。而从目前村镇规划实践来看，各地要求深度并没有统一，尤其村庄规划缺乏地域性的村庄产业、生产、生活等方面的规划。

1.2 村镇规划原理概述

1.2.1 生态文明时代的新型城镇化发展

十八大报告明确提出了新型城镇化，并对城镇化与工业化、城镇化与农业现代化的关系进行了规定，要求“良性互动”“相互协调”，形成以工促农、以城带乡、工农互惠、城乡一体的新型工农、城乡关系。因而，在城乡统筹和新型城镇化发展下，要深刻理解新型城镇化的内涵(表 1-2)，处理好城乡关系，协调城镇化与生态文明建设，构建符合我国城乡一体化发展的城乡发展模式。

城乡一体化发展与生态文明建设协调发展的关键是人口、资源与环境的整体规划，促进城乡一体化建设与生态文明建设两个系统达到各自功能和整体功能最优，使城镇化与生态文明建设相互促进。村镇发展直接关系到城乡广大腹地的生态环境建设，因而在新型城镇化和美丽乡村建设时期，解决好城乡建设和自然环境协调发展是当前规划和建设的重点。

【国家新型城镇化综合试点地区】

新型城镇化引领工业化、信息化、农业现代化，推进新型城镇化对促进“四化”同步发展，拉动内需，缩小城乡贫富差距起着重要作用。我国国情复杂，存在的问题较多，各地城镇化发展路径分歧和差距也较大，因而要在城乡一体化推动下，探索适合国情的“老城区＋新城区＋农村新社区”一体化发展模式，构建适宜城乡空间、社会经济、生态环境和谐发展的联动发展模式。

表 1-2　新型城镇化内涵

类　型	相关内容
经济发展内涵	高效率利用资源，促进工业、农业、信息现代化快速发展，推进城镇化稳步发展，提高经济的静态效率和动态效率，并建立两者之间的平衡
社会内涵	从城乡公平、和谐的视角引领社会转型，重组城市与农村的社会关系，城乡互动发展
生态内涵	从与自然共生共荣的角度处理人与自然的关系，从城乡生态环境一体化角度提升人居环境质量，既要达成城镇化，又要达成生态环境的优化和美化
制度内涵	具有激励诱导、约束控制和分配调节功能，规范人们的各种行为，减少不确定性，促进合作，降低交易费用的制度供给
空间内涵	兼具经济学与生态学内涵的空间结构和空间效率，具有多样性、紧凑性、复合性和共生性的空间模式

依据中央城镇化工作会议，新型城镇化重点是转向体现“以人为本、四化互动、合理布局、生态文明、弘扬文化”五个方面。“以人为本”的核心是农民工的市民化，实现基本公共服务的城乡全覆盖；“四化互动”的核心是产城互动和农业现代化；“合理布局”的核心是城乡统筹，更关注乡镇的发展；“生态文明”的核心是绿色、低碳；“弘扬文化”的核心是历史文化的传承，特别是广大农村地区的历史文化保护。新型城镇化更多是从城市的单视角转向城市和乡村协调发展的双视角，城镇化的路径从工业推动的单一路径转向工业发展和农业现代化同步推进的多路径。

1.2.2　村镇发展迫切需要解决的问题

随着全球化和城市区域功能结构的拓展，城市建设用地的扩张直接挤压了村镇空间的发展，城郊大量土地被征用，城市功能的外溢，村镇成为承接城市迁出工业、仓储、大型基础设施和填埋场的天然大容器。为了扭转城乡差距继续扩大的趋势，城乡统筹成为破解村镇发展的根本出路之一。国家在部分地区提出了建立全国统筹城乡综合配套改革试验区。《城乡规划法》提出城乡规划包括城镇体系规划、城市规划、镇规划、乡规划、村庄规划五大类，这是镇(乡)首次被列入法定规划范围，同时也是村庄首次被列入整体规划的体系之中，标志着传统的城市规划正在逐步转向多位一体的城乡规划。但是，目前我国城乡统筹规划在村镇规划法律和制度方面还存在一定的不足，比如，缺乏相关细化配套的法规、规章、文件等，规划管理监督不到位、公众参与不够等，这需要通过实践不断地加以充实和完善。

村镇规划专业教育方面也缺乏有效引导，在思想方法、学科体系以及教学内容上都需要重新认识。从专业教育角度来说，村镇规划教学内容较城市规划研究还有些不同之处。第一，村镇规划专业教育要转变城市价值观。村镇与城市不同之处在于，村镇是广大农村生活生产的腹地，地域资源和历史文化有其特殊性，要转变传统的规划思维，切实从村镇本身出发，进行空间、环境、社会及地域文化的深度挖掘。第二，重视解读村镇建设的相关政策和政府有关要求。作为具有公共政策属性的城市规划，必须遵循有关建设政策和政府有关要求，规划编制之前要充分研究、正确理解有关政策要求的基本精神及其内涵，使其真正成为规划编制的指导思想。第三，深入调查分析规划村镇的现状，并加强规划编制前的综合研究。村镇调研是编制村镇规划最重要的工作，是对村镇进行规划编制前的相关方面进行研究，包括村镇发展历史、土地利用情况、人口与经济发展情况等。

1.2.3 新时期城乡规划理论指导作用

理论指概念、原理的体系，是系统化了的理论知识，是科学体系的基石及骨架。城乡规划理论是关于城乡及其规划的普遍的、系统的理性认识，是一种理解城乡发展，并对之采用相应调控手段的知识形态。因为城乡规划兼容着自然科学、社会科学、工程技术和人文学科的内容，所以城乡规划的理论类似于自然科学、经济发展以及社会关系的理论。

城乡规划学科重点是对土地和空间资源进行合理配置。村镇规划原理致力于乡镇和村庄发展的基础理论研究、土地和空间资源配置、城乡生态环境建设等方面。城乡规划法，涵盖了城镇体系规划、城市规划、镇规划、乡规划、村庄规划，是五位一体的城乡系统法律体系。在城乡规划法的有效指导下，村镇规划理论作为城乡规划理论重要的一部分，必须将区域内城市与乡村建设和生态环境统筹研究、系统分析，形成城乡协同发展的规划原理体系。

城乡规划理论不仅是对当前城乡空间规划和建设的有效指导，同时也是对城乡与区域社会、经济以及生态状况和发展前景的把握，在研究城乡物质空间规划的同时，应更加关注其背后更深层次的内因，解决各种城乡发展中面临的深层次问题。尤其，当前我国城乡差异较大，出现“空心村”“留守儿童和老人村”，城乡生态环境恶化等，这些都需要在社会、经济以及环境方面的系统理论上对城乡规划进行有效指导，以便形成有针对性的规划理论和方法体系。

【空心村】

本章小结

村镇规划作为承接城乡发展的重要纽带和城镇化发展区，其对生态环境建设、总体人居环境水平的提高、社会经济的发展都具有非常重要的作用。

本章主要内容是学习城乡规划与村镇规划之间的关系，其主要体现在城乡规划法作为城乡统筹规划的法律规范，从总体层面贯彻了城乡一体化发展，阐述了城镇体系规划、城市规划、镇规划、乡规划和村庄规划的关系，为村镇规划编制提供了法律依据。此外，村镇覆盖面最广、数量众多，关乎全国整体的经济建设和人居环境发展以及生态环境的整体改善。本章还阐明了新型城镇化的发展内涵、作用以及城乡规划理论对指导村镇规划建设和设计实践的重要性。

同时，党的十八届三中全会明确提出，促进城乡一体化发展，强调城市带动乡村发展要成为今后一个时期的重要任务。重视村镇规划，尤其是乡村土地资源的严格控制对防止城市乱占耕地、蔓延发展具有非常重要的作用。

思 考 题

1．新型城镇化的发展内涵是什么？
2．新时期村镇规划中存在哪些关键问题？
3．村镇规划与城乡规划之间有什么关系？
4．村镇规划理论的指导作用表现在哪几个方面？

第2章 村镇规划的内容与编制方法

【教学目标与要求】

- 概念及基本原理

【掌握】村镇规划设计的任务与要求；村镇规划编制的准备工作，包括资料收集内容和资料整理工作；村镇规划的设计内容和成果，包括村庄规划层次划分、综合防灾专项规划以及规划的主要内容和成果；新时期村镇规划发展趋势和编制方法。

【理解】村镇规划设计的任务、内容和编制要求。

- 设计方法

【掌握】村镇规划编制方法。

2.1 村镇规划设计的任务与要求

2.1.1 村镇规划设计的任务

村镇规划的内涵是村镇在一定时期内的发展计划，是村镇为实现村镇的经济和社会发展目标，确定村镇的性质、规模和发展方向，协调村镇布局和各项建设而制定的综合部署和具体安排，是村镇建设与管理的依据。

新时期，国家在推进城乡统筹发展的过程中，村镇规划作为指导广大农村和城镇发展的重要规划文件，具有重要的实践作用。科学规划美丽乡村和城镇是科学发展观的体现；以人为本，从村镇自身发展和政策扶持等多元化角度建设美丽乡村，也是城乡统筹时期的重要任务。按照党的十八大、中央城镇化工作会议以及中央农村工作会议精神，村庄规划、镇规划要按照地域发展的模式，符合地方实践指导和规划来建设，避免走城市发展模式，形成具有较强指导性和实施性的规划理念和编制方法，以及“多规合一”的镇村体系编制办法，形成一批有示范意义的规划范例并加以总结推广。

近年来，全国各地积极推进村镇规划编制和建设，取得了一定成效，但实践中也存在村庄规划模式照搬城市发展模式，脱离农村实践，指导性和实施性较差的问题。

在城乡一体化和新型城镇化发展背景下，要深入探索符合新型城镇化和新农村建设要求，符合村镇实际，具有较强指导性和实施性的村庄规划、镇规划理念和编制方法。

1) 推进村镇人居环境建设

针对村庄问题，抓住村庄需求，因地制宜确定村庄规划内容和深度，以及不同类型村落格局的村庄规划方法，包括基础设施和公共服务设施的布局，适宜技术、村庄风貌和公共环境的整治方法，村庄格局未来发展方向的引导和管控。

2) 促进村镇产业和社会经济发展

推进乡镇产业和社会经济发展是许多国家和地区经济发展到一定阶段的普遍做法。针对经济起飞中出现的农业萎缩、农村衰退、城乡差别扩大等问题，日本在20世纪70年代开始积极推动“造村运动”，坚持20多年，取得了显著成效。韩国1970年发起“新村运动”，坚持30多年，农民收入达到城市居民的水平。

目前，在我国的广大农村和小城镇地区，忽视、轻视村镇产业和经济建设，导致村镇产业和经济下滑。因此，必须在城乡统筹发展背景下，探索新型城镇化发展路线，构建城乡统一发展，高度重视新农村建设，通过政策和规划引导我国广大农村和小城镇，使其产业和经济发展方面有较快提升。

由于村镇规模比较小，仅依靠自身的力量发展经济，难度比较大，需引进外部资金、技术和人才。这就需要从区域角度出发，为自身的产业发展准确定位，同时通过空间的规划加以落实。可以规划一个相对独立、基础设施条件良好的产业发展用地，通过招商引资，引入项目，引进人才，促进村镇产业发展，建立高效、低耗、低污染的生产体系，增加农民收入，改善村镇人居环境。

3) 城乡统筹合理配置基础设施和公共设施

村镇基础设施配置的最大问题是人口少，无法满足高门槛基础设施的配置需求，许多设施因为不经济、使用效率低而无法配置。而为了提高村镇经济社会发展和改善人居环境，又必须在基础设施和公共设施配套上进行系统规划，以便统筹城乡基础设施建设。村镇本身没有经济力量配套资金投入大的基础设施和公共设施，更承担不起设施的运营费用。因此，高水平设施的配置只能依靠区域设施和城市设施的统一配置，这就要求城市在配置各类设施时，必须统筹考虑城市与农村的综合需求，将城市的设施配置延伸到包括村庄在内的整个市域范围之内。

【加快农村基础设施建设】

另外，村镇在编制规划时，应该尽可能借助区域设施和城市设施，如临近的高速公路、铁路、城市干道等交通设施，邻近的城市排水网络等，传输电网接口等，依托大型区域中心和公共设施中心，巧于借用，以满足村镇高水平基础设施配套的需求。

4) 村镇发展水平评估

传统的村镇评价方法只是简单根据村镇人口规模、配套设施、经济实力等三项主要因素对村镇发展水平进行评价和判断。然而，随着国家发展的时代背景和新型城镇化发展路线的推进，村镇发展的一些潜在要素并没有被充分重视。例如村镇发展中要重视村镇城镇化能力、村镇农业现代化能力和村镇搬迁成本等因素，见表2-1。

村镇城镇化能力，反映村镇在城镇化进程中农业人口减少速度的快慢。一般来说，城镇化能力越强的地区，周边农村人口减少越快，村庄越不适宜保留。

村镇农业现代化能力，反映村镇开展农业规模化生产的水平和潜力。一般来说，村庄农业现代化能力越强，需要的劳动力数量越少，农村剩余劳动力越多，村庄越不适宜保留。

村镇搬迁成本，反映搬迁村庄所带来的经济损失和付出的时间代价。一般来说，村庄搬迁成本越高，该村越应该保留。

表 2-1　CAR 村镇发展评估理论体系

评估指标体系		
村镇城镇化能力指标(C)	村镇农业现代化能力指标(A)	村镇搬迁成本指标(R)
C1：乡镇与大中城市距离；村庄与县城距离	A1：人均粮食产量	R1：村镇人口规模
C2：村庄与镇区距离	A2：人均耕地面积	R2：宅基地面积
C3：所处规划区位置	A3：土地流转比例	R3：住宅总面积
C4：外出务工人员比例		R4：幼儿园数量；距离中小学距离
C5：非农从业人口比例		R5：道路硬化比例

2.1.2　村镇规划编制方法的要求

1. 注重调查

深入村庄和城镇，采取实地调查、入户调查、召开座谈会等多种方式，了解村庄实际情况和村民真实需求，全面收集规划基础资料。调查次数不少于 3 次，包括初步调查、详细调查和补充调查，根据实际情况和规划，合理确定调查时间和人员。

【塌陷的村庄调查】

2. 整治为主

尊重既有村镇格局，尊重村庄自然环境及农业生产之间的依存关系，防止盲目规划新村，不搞大拆大建，重点改善村镇人居环境和生产条件，保护和延续农村历史文化、地区和民族以及乡村风貌特色，防止简单套用城市规划手法。

3. 问题导向

通过深入实地调研，找准村庄和城镇发展需要解决的问题以及村民生活和村镇建设管理中存在的问题，针对问题开展规划编制，建立有针对性的规划目标，增强村庄规划的实用性。

4. 村民参与

充分尊重村民在生产、土地使用和农房建设中的主导地位，农民的关切要体现在规划中，建设项目要与村民利益相结合。在规划调研、编制、审批等各环节，通过简明易懂的方式向村民征询意见、公示规划成果、动员村民积极参与村庄规划编制全过程。

5. 部门协作

规划要通过各级政府和村庄形成领导小组，协调建设、财政、国土、交通、环保、水利、农业等部门共同参与，在村镇规划中统筹安排各类项目并推进实施。

6. 集约利用土地为宗旨

村镇规划应从区域角度来分析村镇的土地价值，提高村镇土地的综合利用效益。在村镇规划中本着不同地段土地赋予不同使用功能的原则，使土地价值最大化。农宅占地的分配应根据农户从业及兼业情况，综合考虑生活、生产的实际需求，从而有效集约利用土地。

7. 考虑农村生产和生活相互结合的问题

农村以第一产业为主体，因而村庄发展应考虑村民生活和生产兼顾的问题。例如，新村布局，应利于产业发展，要考虑农宅与耕地或产业基地的距离；在交通组织中，要考虑生产用车的交通流线和存放场所；农宅设计中，要考虑庭院经济的场地、家禽家畜的养殖场所、家庭的生产用房等。

8. 构建 CAR 村镇发展评估理论体系

村镇发展有其本身的优势，同时也受到外部发展因素的影响，因而在具体的村镇发展建设上要综合评估村镇发展的各项要素。

2.2 村镇规划编制的准备工作

村镇规划编制的目的是指导村镇的建设和发展，因此编制依据和材料要详尽、属实，符合实际情况。村镇规划编制前基础资料的搜集、整理、分析等准备工作尤为重要。同时因为村镇和村庄覆盖面广、各地域发展情况差异等问题，也增加了编制的难度，所以一定要科学规划，如人口发展预测、经济发展形势预判、自然资源供给与需求分析等。总之，基础资料是村镇规划编制的重要依据，是提高规划质量的基础和保障。

2.2.1 村镇规划的资料内容

1. 自然条件和历史资料

自然条件是村镇形成和发展的外部条件，是村镇生存和发展的重要基础。搜集和研究村镇的自然条件资料，不仅是村镇建设和发展的前提，同时也是在充分挖掘村镇地域资源、环境和经济发展的要素。自然条件主要包括地形地质、水文和水文地质、气候气象等情况。

1) 地形地质

(1) 地形。了解地形起伏的特点，如平原、丘陵、山地以及农业耕地的利用情况。总体规划前，需要 1∶5000 的地形图，详细规划使用 1∶2000 或 1∶1000 的地形图。

(2) 地质。地质包括土壤承载力大小及其分布，以及冲沟、滑坡、崩塌、岩溶、沉陷等情况。根据以上情况对村镇用地进行评价，确定适宜建设区、不适宜建设区和基本适宜建设区(需要采取一定的工程处理措施)。

(3) 地震。为预防地震灾害，村镇规划应注意以下几个方面：强震区一般不宜建设村镇；确定建设区的地震烈度，制定各项工程建设的设防标准；应根据用地的设计烈度及地质、地形情况，合理安排相应的村镇设施，同时在村镇防灾中应规划相应的防灾及避震设施和疏散通道。

2) 水文和水文地质

地表水文情况包括河湖的最高、最低和平均水位，河流的最大、最小和平均流量，最大洪水位，历年的洪水频率，淹没范围及面积，淹没概况。河流流量是选择村镇生活用水和工业用水水源的重要依据，也是村镇防洪工程规划的主要依据之一。洪水淹没线应在用地评定图上标出。

要掌握地下水的分布、水量、变化规律、性质等情况。地下水可分为上层滞水、潜水和承压水三类。各层水的分布、运动规律以及物理、化学性质有很大的不同。承压水因有隔水层，受地面影响小，也不易受地面污染，具有压力，常作为村镇的水源。

3) 气候气象

气候条件对村镇规划与建设的许多方面都有影响，尤其是为居民创造舒适的居住生活环境、防止环境污染等方面。气象资料主要包括历年、全年和夏季的主导风向、风向频率、平均风速；平均降水总量、暴雨概况；气温、地温、相对湿度、日照等。根据气象资料绘制的“风向玫瑰图”是进行功能分区的重要依据之一。只有掌握风向资料，才能正确处理好工业区同居住区之间的相互关系，避免将对环境有污染的工业布置在居住区的上风位。年降水量是地面排水规划和设计的主要依据。在常年多雨地区，容易引发山洪或泥石流，规划建设时应避开这些区域。

日照与人们生活的关系十分密切。在北方地区，不同建筑对日照时数有不同的要求，为保证居民居住建筑、幼儿园建筑、学校建筑等有足够的日照时数，在村镇规划中，要考虑日照条件，以此确定道路的方位、宽度，建筑物的朝向、间距以及建筑群的布局等。

2. 区域概况

1) 资源条件

(1) 土地资源。村镇规划中，要掌握土地资源的数量、质量以及已利用土地和待开发土地情况，土地分定等级以及土地开发利用程度，土地承载力、土地权属等。村镇规划目的是掌握土地的分布，合理安排用地功能，并提高土地利用效率和节约土地。

(2) 矿产资源。矿产资源包括矿产资源的种类、储量、开采价值、开采及运输条件，矿产资源利用和产销，以及作为当地建筑材料的情况。

(3) 旅游资源。村镇规划中要详细了解当地的旅游资源种类、开发利用前景。旅游资源开发，一方面是依托自然资源，如草地、山川、河流，以及独特的地貌、地质景观等；另一方面是依托地域人文资源，如具有纪念性的古村落、古建筑群、少数民族独特的文化和生活习俗等。

2) 村镇农业发展

村镇农作物的构成；农、林、牧、副、渔的生产发展；农作物的加工、储运；农作物种植的面积、产量；农业发展计划以及农业产业链发展；农村剩余劳动力的现状及发展趋势。

3) 区域居民点概况

村镇居民点分布区域、数量，人口规模；居民点与城镇及居民间的交通情况。

4) 对外交通联系

区域性交通情况，包括铁路站场、线路的技术等级及运输能力，现有运输量，铁路布局对村镇的影响；公路线路及技术等级、公路客货运量及其特点，长途汽车站的布局及其与村镇的关系；村镇周边河流通航情况，码头设置及其与村镇的关系。

3. 村镇历史资料

村镇历史资料主要包括：村镇历史发展演变过程；村镇内有无历史文化特征的建筑、古迹或遗址；对一些历史比较悠久的村镇，进行的历史文化方面的调查和分析研究；村镇行政隶属关系变化，历史各个时期建设、人口情况以及相应的图纸。

4. 社会经济发展

1) 人口资料

人口资料是确定村镇分布与人口规模，配置住宅和各项社会服务设施以及工程设施的重要依据。人口资料包括村镇现状人口、自然构成、社会构成、历年村镇人口的自然增长率和机械增长率等；同时，包括村庄流动人口数量、人口流向分析、流动人口从业情况分析等。

2) 村镇建设与管理

村镇建设与管理的主要机构、用地管理的概况及存在的主要问题；村镇建设的资金来源；基建和维修施工队伍的生产能力；建筑材料基地以及就地取材的可能性。

3) 村镇社会服务设施和基础设施需求调查

调查内容包括村镇计划生育、优生优育服务方面的基本情况；学校规模和师资规模及教育水平，子女就学方面情况；职业培训；医疗卫生服务设施及服务；村镇养老问题及老龄化人口规模；社会治安及村镇安全。

4) 村镇产业发展

村镇工(矿)业的现状及近期和远期发展计划，包括产量、职工人数、家属人数、用地面积、建筑面积、用水量、用电量、运输量、运输方式、三废污染及综合利用情况、企业协作关系。

5) 村镇集市贸易

集市贸易是村镇商业活动的特征，对发展村镇经济具有重要作用，在村镇总体规划和建设规划中必须认真考虑并进行合理布局。一般村镇集贸市场布局和规模应遵循当地的实际情况，满足场地空间需求和交通联系等要求。一般集贸市场用地规划和布局应考虑到集贸市场的场地分布、占地面积、服务设施，并且要考虑到村镇集贸市场主要的商品种类、成交额、日常和高峰时期的摊位数量、赶集人数等。

5. 村镇工程设施及环境能源资料

1) 工程设施

交通运输：村镇交通运输的方式、种类，村镇机动车、三轮车及摩托车拥有量，主要道路的日交通量，高峰小时交通量，交通堵塞和交通事故概况。

道路和桥梁建设：村镇街道名称和长度、宽度，道路横断面及各部分组成宽度、路面情况，主要道路运行和利用情况，主要交叉口的运行量，道路网密度，路灯、绿化情况；桥梁的位置、跨度、结构类型、载重等级。

给水设施：村镇水源分布、水量、水质及水厂位置；供水能力，供水方式，村镇管网分布情况；管径、水压及给水普及率；工业用水量，生活用水量，消防用水量及消防栓分布情况；饮用水的补给情况，自来水厂和管网的潜力，扩建的可能性等。

排水：排水体制，下水道总长度，排水普及率，管网走向，干管尺寸及出口位置和标高；防水处理情况；雨水排除情况。

供电：电厂、变电所容量、位置；区域调节，输配电网络情况；村镇用电负荷特点，高压线走向等。

通信：电信局位置，容量、电话数量，线路走向、埋设方式，其他通信方式情况，建筑面积、用地面积，职工人数，使用情况；广播电视差转台的位置、功率，建筑面积、用地面积，职工人数。

村镇防洪：防洪采用的形式、措施和体系，用地面积，防洪标准包括防洪堤的长度、布置形式、断面尺寸及用地面积，防洪标高，防洪效果，泄洪沟长度、最大排水量、断面尺寸，泄洪走向和出口位置，占地面积；其他设施的建筑面积、用地面积，职工人数，防洪设施的各种水文数据及其概况。

2) 环境能源资料

村镇人居环境的改善是村镇规划的宗旨。

环境调查一般分为三个部分。

(1) 环境污染(废水、废气、废渣及噪声)的危害程度，包括污染源、有害物质成分、污染范围及发展趋势。

(2) 作为污染源的有害工业、污水处理现场、屠宰场、养殖场、火葬场的位置及其概况。

(3) 村镇及各污染源采取的防治措施和综合利用途径。

村镇能源资源是满足生产、生活的重要支撑。按照能源形态特征可分为固体燃料、液体燃料、气体燃料、水能、电能、太阳能、生物质能、风能、核能、海洋能和地热能。能源的利用和效率关系到对环境污染和生态破坏的程度，因而有必要掌握村镇能源供应情况，如能源的种类、构成、数量、质量、分布，可开发利用的新能源的数量、技术等，以及能源消费情况，为制定科学合理的能源规划提供依据。

2.2.2 村镇规划的资料工作

1. 资料的收集途径与调研方法

资料收集前，首先要了解村镇规划需要调研和收集的内容及其作用；其次做好收集资料前的准备工作，列出资料收集提纲，并明确重点。

1) 向省、市(县)有关部门收集

主要是有关村镇所在地的区域经济、交通组织、居民点分布体系方面的资料。

2) 向当地政府有关部门收集

主要是向有关村镇的建设、工业、商业、文化、教育、卫生、民政、交通、地质、气象、水利、电力、环保、公安等部门，了解与收集有关现状与长远发展的资料。

3) 现场调查研究

对规划所在地，在编制之前进行详细的调查分析，掌握相关文字和数据资料，并通过问卷调查、入户访谈、座谈、发放各类专项调研表格等多种方式展开调查。

2. 资料的整理与分析

1) 资料的整理

收集资料后要进行整理，去伪存真，为规划提供科学依据。资料整理的成果可用图表、统计表、平衡表及文字说明等来反映。

2) 资料的分析

(1) 社会经济资料的分析。社会经济技术条件是村镇形成和发展的基础，只有对这方面的资料进行深入的综合分析研究，才能确定村镇的性质、规模、发展方向，以确定村镇在区域居民点分布体系中的作用。

(2) 自然条件资料的分析。在收集到的村镇用地范围内的地形、地貌、土壤、水文、地质、资源状况等自然条件后，按照规划与建设的需要，在对自然条件资料综合分析后，可以对村镇用地进行科学的分析鉴定及对用地的环境条件进行质量评价，为村镇布局和供能分区提供科学依据。

(3) 现状条件资料的分析。现状条件资料是指村镇生产、生活所构成的物质基础和现有土地的使用情况，如建筑物、构筑物、道路、工程管线、绿地、防洪设施等。

村镇发展一般都是依托原有自然条件和地形基础发展，村镇不能脱离这些原有的基础。现状条件资料的分析对研究村镇的性质、规模及其发展方向，合理利用和改造原有村镇，解决村镇各种矛盾，调整不合理布局是极为重要的。

3. 整理与分析资料的原则

村镇资料的收集是为了规划编制能更切合实际情况，并能指导今后村镇的发展。资料整理的成果可用图表、统计表、平衡表以及文字说明等来反映。具体进行资料的分析和整理工作时，应注意以下两个问题。

1) 保证资料的真实可靠性

收集到的资料真实性是保证规划质量的重要条件。如果资料不真实、不齐备就会导致编制与事实不符，造成规划失真。

2) 资料动态性分析

村镇规划涉及资料比较多，应从不同的角度全方位进行动态分析。同时规划资料收集应考虑当前和今后一段时期内村镇发展背景和趋势，挖掘地域性资源。

2.3 村镇规划的内容与成果

2.3.1 村镇规划层次

1. 镇村体系规划

镇(乡)域镇村体系规划是指乡镇行政区域范围内在经济、社会和空间发展上具有有机联系的聚居点群体网络，是镇(乡)域镇村自身历史演变、经济基础和区域发展需求共同作用的结果，是由城镇、集镇、中心村、基层村等组成的网状结构，层次之间职能明确、联系密切、协调发展。镇(乡)域镇村体系规划是指以县(市)域城镇体系规划、跨镇行政区域镇村体系规划、区域生产力合理布局及镇村职能分工为依据，确定镇(乡)域不同层次和人口规模等级及职能分工的镇村发展与空间布局规划。镇(乡)域镇村体系规划应与生产力的状况相一致，有利于资源的合理配置和有效利用。

《城乡规划法》将乡村规划作为一个整体，对乡村规划的内容进行了原则性规定。乡规划、村庄规划的内容应当包括：规划区范围，住宅、道路、供水、排水、供电、垃圾收集、畜禽养殖场所等农村生产、生活服务设施、公益事业等各项建设的用地布局、建设要求，以及对耕地等自然资源和历史文化遗产、防灾减灾等的具体安排。乡村规划应当包括本行政区域内的村庄发展布局，《县域镇村体系规划编制暂行办法》规定，在县域镇村体系中应确定村庄布局基本原则和分类管理策略，包括明确重点建设的中心村，制定中心村建设标准，提出村庄整治与建设的分类管理策略等内容。

《村镇规划编制办法》对村镇总体规划(包括总体规划纲要及总体规划)、村镇建筑规划(包括镇区建设规划、村庄建设规划及相应的近期建设规划)的编制内容及成果要求均有细致的规定，见表2-2。

镇(乡)域镇村体系规划内容包括从乡镇区域整体性要求出发，促进资源优化配置和村镇职能分级，引导乡镇区域产业、资源、资金合理流动，协调区域性设施的共享联建，形成产业一体化、城乡一体化的新体系；合理整合与布局乡村居民点，优化镇(乡)域发展空间和乡镇社会经济整体发展格局；以产业发展带动镇村职能等级升级，利用镇村自身的区位优势，合理优化生产力布局，形成镇(乡)域各级中心，根据镇村历史基础、经济发展水平以及局部地域差异，重点培育中心镇和中心村，形成镇村体系地域服务中心，依靠各级中心的辐射、吸引和密切联系，带动乡镇地区各片区社会经济整体发展。

表2-2 村镇规划编制大纲及内容

<table>
<tr><td rowspan="2">村镇总体规划</td><td>村镇总体规划纲要</td><td>1. 根据县(市)域规划，特别是县(市)域城镇体系规划所提出的要求，确定镇(乡)的性质和发展方向
2. 根据对镇(乡)本身发展优势、潜力与局限性的分析，评价其发展条件，明确长远发展目标
3. 根据农业现代化建设的需要，提出调整村庄布局的建议，原则确定镇村体系的结构与布局
4. 预测人口的规模与结构变化，重点是农业富余劳动力空间转移的速度、流向与城镇化水平
5. 提出各项基础设施主要公共建筑的配置建议
6. 原则确定建设用地标准与主要用地指标，选择建设发展用地，提出镇区的规划范围和用地的大体布局</td></tr>
<tr><td>村镇总体规划</td><td>1. 对现在居民点与生产基地进行布局调整，明确各自在镇村体系中的地位
2. 确定各个主要居民点与生产基地的性质与发展方向，明确它们在镇村体系中的职能分工
3. 确定镇(乡)域及规划范围内主要居民点的人口发展规模和建设用地规模
4. 安排交通、供水、排水、供电、电信等基础设计，确定工程管线走向和技术选型
5. 安排卫生院、学校、文化站、商店、农业生产服务中心等对全镇(乡)域有重要影响的公共建筑
6. 提出实施规划的政策措施</td></tr>
</table>

续表

村镇建设规划	镇区建设规划	1．在分析土地资源状况、建设用地现状和经济社会发展需要的基础上，根据《村镇规划标准》确定人均建设用地指标，计算用地总量，再确定各项用地的构成比例和具体数量 2．进行用地布局，确定居住、公共建筑，生产、公用工程，道路交通系统，仓储、绿地等建筑与设施建设用地的空间布局，做到联系方便、分工明确，划清各项不同使用性质用地的界线 3．根据村镇总体规划提出的原则要求，对规划范围的供水、排水、供热、供电、电讯、燃气等设施及其工程管线进行具体安排，按照各项专业标准要求，确定空中线路、地下管线的走向与布置，并进行综合协调 4．确定旧镇区改造和用地调整的原则、方法和步骤 5．对中心地区和其他重要地段的建筑体量、体型、色彩提出原则性要求 6．确定道路红线宽度、断面形式和控制点坐标标高，进行竖向设计，保证地面排水顺利，尽量减少土石方量 7．综合安排环保和防灾等方面的设施 8．编制镇区近期建设规划 镇区近期建设规划要达到直接指导建设或工程设计的深度，建设项目应当落实到指定范围，有四角坐标、控制标高，平面示意图；道路或公用工程设施要标有控制点坐标、标高，并说明各项目的规划要求
	村庄建设规划	可参照镇区建设规划的内容，并根据实际需要适当简化

中心村作为非城镇化地区的基本居民点，具备一定规模的基础设施，一般是镇(乡)域片区中心，承担一定地域范围内乡村人口的居住及生活服务设施配套功能，在乡镇的社会经济发展中起着重要作用。中心村的选择可以是原乡政府驻地的行政村，其有较好的为生产、生活服务的公共服务设施和基础设施，一般已是片区的中心；也可以是发展综合评价较好，或具有较大的发展潜力与优势，或具有较高的经济性和效率的村庄。中心村的确定还应考虑镇(乡)域内分布的相对均衡性以及中心村间距的合理性。

2. 村庄建设规划

村庄建设规划是在镇(乡)域镇村体系规划的指导下，具体安排村庄各项建设的规划。其主要内容可以根据本地区经济社会发展水平，对村庄住宅、公共服务设施、供水、供电、道路、绿化、环境卫生以及生产配套设施等做出具体安排。村庄建设规划应以行政村范围进行，若是多村并一村的，应以规划调整后的行政村范围为规划范围。

村庄建设规划应与乡村产业发展相结合，强化村庄建设的产业支撑，推进农业产业化建设。要尊重乡村地区长期形成的现状，因地制宜，突出乡村特点和地方特色。每个村庄都有其特殊的人文地理、风土风情与建筑景观，这些都是除了农产品之外的附加价值，应营造地方风格建筑与环境，使乡村的发展具有地域性与独特性。要注重乡村资源的循环利用，建设可持续发展的乡村人居环境。乡村生活和农业发展必须通过有系统、有方法的整合，以生态节能和自然保育的方法利用乡村各种资源，使其取之于自然而回归于自然，使乡村呈现永续且生生不息的良性循环，从而形成可持续发展的乡村人居环境。

3. 村庄整治规划

村庄整治规划是以改善村庄人居环境为主要目的，以保障村民基本生活条件、治理村庄环境、提升村庄风貌为主要任务。村庄整治规划要从我国村庄数量大、普遍规模小的实际情况出发，针对城镇化进程中乡村人口逐步减少、资源投入有限的情况，集中力量搞好村庄重要内容的整治。要充分立足现有基础进行整治，防止大拆大建搞集中。同时，应严格限制自然村落建设规模，坚决制止违法、违章建设行为，通过规划控制、土地整理、退宅还田等方式，及时调整部分村落消失后的土地利用。村庄整治的内容可以包括村庄安全防灾整治、农房改造、生活给水设施整治、道路交通安全设施整治、村庄公用环境和配套设施改善、村庄风貌提升等，见表 2-3。

表 2-3 村庄整治规划大纲及内容

1	保障村庄安全和村民基本生活条件	包括村庄安全防灾整治、农房改造、生活给水设施整治、道路交通安全设施整治等方面
2	提升村庄风貌	村庄风貌整治、历史文化遗产和乡土特色保护
3	改善村庄公共环境和配套设施	包括环境卫生整治、排水污水处理设施、厕所整治、电杆线路整治、村庄公共服务设施完善及村庄节能改造等方面
4	编制村庄整治项目库	明确项目规模、建设要求和建设时序
5	根据需要可提出农村生产性设施和环境的整治要求和措施	生产性设施，如农机库、生产资料库及生态农业大棚设施等

2.3.2 村镇规划基本工作内容

1. 规划期限

村镇总体规划期限的确定应当与当地经济和社会发展目标所规定的期限相一致，一般为 10～20 年。

2. 规划原则

(1) 村镇规划编制应符合国家新型城镇化总体思想，并依据《国家新型城镇化规划(2014—2020 年)》进行编制。

(2) 编制村镇规划应当推进以人为核心的新型城镇化，坚持走以人为本、四化同步、优化布局、生态文明、传承文化的新型城镇化道路，遵循发展规律，积极稳妥推进，着力提升质量。

(3) 村镇合理分工、功能互补、与大中城市协同发展。要坚持生态文明，着力推进绿色发展、循环发展、低碳发展，尽可能减少对自然的干扰和损害，节约、集约利用土地、水、能源等资源。要传承文化，发展有历史记忆、地域特色、民族特点的美丽村镇。

(4) 编制村镇规划，应当坚持政府组织、部门合作、公众参与、科学决策的原则。

(5) 编制村镇总体规划，应当立足节约和集约利用地域资源、保护生态环境，积极改善人居环境，有利生产、生活；符合防灾减灾和公共安全要求；保护地域文化、传统风貌和自然景观，保护地方与民族特色。

2.3.3 村镇总体规划主要内容

1. 一般村镇总体规划主要内容

(1) 对现有居民点与生产基地进行布局调整，明确各自在镇村体系中的地位。

(2) 确定各个主要居民点与生产基地的性质和发展方向，明确它们在镇村体系中的职能分工。

(3) 确定镇(乡)域及规划范围内主要居民点的人口发展规模和建设用地规模。

人口规模确定，可以采用自然增长和机械增长的方法计算出规划期末镇(乡)域的总人口。用人口机械增长计算时，应当根据产业结构调整的需要，分别计算出从事一、二、三产业所需要的人口数，估算规划期内有可能进入和迁出规划范围的人口数，预测人口的空间分布。

建设用地规模的确定，要根据现状用地分析、土地资源总量以及建设发展的需要，按照《镇规划标准》确定人均建设用地标准。结合人口的空间分布，确定各主要居民点与生产基地的用地规模和大致范围。

(4) 安排交通、供水、排水、供电、电信、燃气、供热、消防、环保、环卫等基础设施，并进行综合协调，确定工程管网走向和技术选型等。

(5) 安排卫生院、学校、文化站、商店、农业生产服务中心等对镇村有重要影响的主要公共建筑。

(6) 确定对历史文化名镇名村有保留意义的历史文化古迹、革命纪念地或设施的保护措施。对处于地震断裂带或威胁区的村镇，需要编制抗震防灾专项规划。

(7) 确定村镇近期建设规划范围，提出近期建设的主要工程项目，安排近期各项建设用地。

(8) 提出实施规划的政策措施。

上述总体规划主要内容可归结为“三定”“五联系”。“三定”主要指定点(定居民点和主要生产企业、基地的位置)、定性(定村镇的性质)和定规模(定村镇的发展规模)；“五联系”指交通运输联系、供电联系、电信联系、供水联系、生活服务联系(主要公共建筑的合理配置)。

(9) 估算村镇近期建设的投资。

2. 历史文化名镇名村的保护规定

对于历史悠久，有一定历史遗存，传统风貌特色突出的村庄，符合历史文化名镇名村的申报要求的城镇和村庄，在符合一般法律规范要求的基础上，还需符合《历史文化名城名镇名村保护条例》的相关规定。

1) 保护规划编制组织

历史文化名镇名村批准公布后，所在地县级人民政府应当组织编制历史文化名镇名村保护规划。保护规划应当自历史文化名镇名村批准公布之日起 1 年内编制完成。历史文化名镇名村保护规划的规划期限应当与城镇和村庄规划的规划期限相一致。该保护规划由省、自治区、直辖市人民政府审批。保护规划的组织编制机关应当将经依法批准的历史文化名城保护规划和中国历史文化名镇名村保护规划，报国务院建设主管部门和国务院文物主管部门备案。

2) 保护规划的内容

保护规划的内容包括：保护原则、保护内容和保护范围；保护措施、开发强度和建设控制要求；传统格局和历史风貌保护要求；历史文化名镇名村的核心保护范围和建设控制地带；保护规划的分期实施方案。

经依法批准的保护规划，不得擅自修改；确需修改的，保护规划的组织编制机关应当向原审批机关提出专题报告，经同意后，方可编制修改方案。修改后的保护规划，应当按照原审批程序报送审批。

2.3.4 村镇综合防灾专项规划

村镇综合防灾主要包含两层含义：一方面是针对自然灾害与人为灾害、原生灾害与次生灾害的防范；另一方面是针对灾害发生前后的各项避灾、防灾和减灾及救灾情况，采取配套措施。村镇防灾主体分为宏观与微观两个层面。宏观层面防灾涉及村镇选址布点及区域性防灾设施的配置，一般由城乡规划管理部门为主导，与国土、交通等部门以及地方政府协作进行建设管理；微观层面的防灾是乡村内部，以乡村居民为主体，在乡村政府、地震、水利、农业等部门的引导下，进行灾害治理与防范。

1. 村镇综合防灾规划编制体系

【灾害防御体系】

村镇综合防灾规划编制体系包括村镇整体防灾空间布局规划、村镇应急避灾空间规划以及村镇防灾设施规划三部门。

1) 村镇整体防灾空间布局规划

村镇整体防灾空间布局规划包括基于安全防灾视角的镇(乡)域内的镇(乡)政府所在地、行政村、自然村组成的空间分布与布局，道路网络规划、承灾空间控制和诸如山地、水网等特殊地区的防灾减灾和森林防火的相关内容。

2) 村镇应急避灾空间规划

村镇应急避灾空间规划包括镇(乡)政府所在地、行政村、自然村范围内的场地型和场所型避灾空间规划、各类应急疏散通道规划等。

3) 村镇防灾设施规划

村镇防灾设施规划包括镇(乡)村防灾指挥与信息设施、消防设施及防洪排涝设施、医疗救护设施、应急物资储备设施等规划内容。

2. 村镇整体防灾空间布局规划

村镇整体防灾空间布局主要针对村镇建设用地进行安全保障性规划，包括村镇灾害环境及风险评估、建设选址与灾害避让、灾害防治三方面内容。

1) 灾害环境及风险评估

村镇灾害及风险的评估首先需要确定村镇地区面临的灾害类型，在此基础上通过对灾害发生可能性及后果的综合分析，得出需要重点防治的灾害类型，绘制灾害风险图，确定灾害影响在空间上的分布特征，从而为村镇建设的安全选址提供依据。

2) 建设选址与灾害避让

(1) 选址要点。村镇建设选址应预先对建设区域的地形地貌条件、地层岩性特征、地质构造情况进行全面评估，选择相对较安全的地形、稳定的地层、与断裂带有一定避让距离的区域作为预选区域。

(2) 灾害避让。村镇建设选址主要针对崩塌、滑坡、泥石流以及洪涝四类灾害提出避让条件。

① 崩塌。对于崩塌灾害的避让，应针对不同情况采取不同的措施。

已稳定的崩塌区：经前期调查，已判定为稳定的崩塌区，对建设选址没有大的影响，房屋基础与崩塌体后壁、前缘保留一定的安全距离即可；若崩塌堆积体为杂乱无章的倒石堆，则不适宜进行建设选址。

现仍有崩塌现象的崩塌区：通过调查，根据崩塌块石运动的最远距离，确定崩塌可能危害的范围，选址位置要与崩塌可能危害范围间保持足够的安全距离。

潜在崩塌危险区：通过实地调查，依据坡度、坡形、坡高、岩体节理裂缝、风化程度，确定潜在崩塌区的最大危害范围，选址位置要与崩塌可能危害范围间保持足够的安全距离。

② 滑坡。对于滑坡灾害的避让应根据滑坡类型提出针对性措施。

对已判定为处于稳定的大型已有滑坡，可以进行建设选址，但在建设和后期使用过程中，要加强环境保护，以维持滑坡长期稳定；对于近期有缓慢活动的滑坡，无论大小都不能作为选址；对于仅前缘局部崩塌，中后部处于稳定的大型滑坡，在无更好的建设选址情况下，可适当选作建设基地，但在建设前必须对滑坡前缘的冲沟进行治理，抬高侵蚀基准面，对老滑坡前缘做必要抗滑治理工程。

对于地震诱发的新滑坡，稳定性较差，在降雨、地震等因素的诱发下，有可能再次滑动。所以滑体上不能进行建设选址；若判定滑坡距建设地基较远，滑坡再次滑动不会危及建筑的安全，可在滑坡前缘留足够的安全距离后选为建设地基。

③ 泥石流形成区、流通区位于沟口以上的陡坡，一般不适宜建设选址；泥石流堆积区可考虑作为选址区域。在泥石流堆积扇上选址，首先要对泥石流的发生条件进行详细调查，对泥石流的规模做出评估，确定出可能的最大泥石流到泥石流堆积扇最大堆积范围，即该沟泥石流危险区范围，在泥石流危险区内不能作为建设选址，在危险区以外可以进行选址。

④ 洪涝。为了避免河流水系对于上下游造成淹没的风险，村镇建设的选址要充分考虑地形的因素，高河漫滩、低阶地上不宜选址，因为容易受水系泄流河水暴涨时的淹没、冲刷；若要建设，应与当地水文、防洪部门联系，应建在防洪规划确定的防洪警戒水位以上。

3) 灾害防治

(1) 山区村镇的防灾空间布局。山区村镇布局面临山洪、滑坡、泥石流等山地灾害的威胁，次生灾害发生频率较高，且由于交通条件的限制，灾害防治的压力较大。一般情况下，山区村镇在进行防灾空间布局时，应注意对山洪、滑坡、泥石流等山地灾害进行有效避让，保证用地安全；对于无法完全避让的灾害类型，则应选择在灾害风险较弱的地区进行建设。建设之前，须对灾害进行详细的调查与评估，并采取有效的工程措施，对灾害隐患进行综合治理。同时，建设活动应避免对自然环境的大规模改造，最大限度地保护山体水系等自然要素，保护生态环境，保持原有自然基底的天然防灾能力，必要情况下，可通过生物性措施对自然环境进行生态修复，减少次生灾害的发生。林区乡村还要考虑周边森林防火需求，构建系统完善的森林防火空间布局。加强道路的防灾化建设，建立完善的应急避难通道体系，重点加强对道路沿线灾害隐患点的治理，增强道路的抗灾能力，同时考虑灾时空中救援、水上救援的可能性，构建水陆空多种形式并存的防灾通道系统。

(2) 水网地区村镇防灾空间布局。水网地区村镇主要面临洪涝灾害的威胁，其针对性的防涝措施包括以蓄为主和以排为主的防灾手段，主要包括以下几种方式。

水土保持：修筑谷坊、塘、埝，植树造林或改造坡地为梯田，控制径流与泥沙，减少流失，并疏导进入河槽。

蓄洪与滞洪：在村镇上游河道适当位置利用湖泊、洼地或水库拦蓄或滞蓄洪水，消减下游洪峰流量，减轻或消除洪水对村镇的危害。

修筑堤坝：筑堤以增加河道两岸高程，提高河槽安全泄洪能力，同时起到束水攻沙的作用。

整治河道：对河道截角取直及加深河床，加大河道通水能力，使水流畅通、水位降低，从而减少洪水威胁。

3. 村镇应急避灾空间规划

1) 应急避难场所

应急避难场所是指用于因灾害产生的避难人员集中进行救援和避难生活，符合应急避难要求的避难场地和避难建筑。村镇应急避难场所的规划应按照镇(乡)级、村级进行系统布局。

(1) 应急避难场所的类型。镇(乡)避难场地应结合中小学操场或较大规模的社区广场进行布置；避难建筑可以包括中小学、镇(乡)政府、医院(卫生所)及其他公共建筑。

村级避难场地可以结合社区广场、打谷场以及较为平整的空地或农用地进行设置；避难建筑包括村委会、幼儿园、福利院或仓库等公共建筑。

避难建筑应尽量与避难场地结合起来设置，构建镇(乡)防灾据点，如没条件综合布置，则应在避难场地及避难建筑间建立便捷的交通联系，保证灾时通畅。

(2) 应急避难场所的布局要求。应急避难场所应选址于灾害风险区以外或灾害影响较小的地区，并建立对火灾等灾害的防护隔离区。应急避难场地应较为平整并且具备良好的防洪排涝条件；应急避难建筑抗震及防火性能应满足相关标准及规范的要求并进行重点设防。

应急避难场所应配备应急供水、电力及通信等保障性基础设施，满足灾时群众生活及灾后救援的需求。应急避难场所应具备应急指挥、医疗、物质储备及分发的功能。应急避难场所应为应急指挥区、医疗区、物资储备与分发预留空间。

应急避难场所的规模应满足受灾人员的基本空间需求，保证村镇常住人口和流动人口人均至少拥有 $2m^2$ 的有效安全空间；应急避难建筑应保证村镇常住人口和流动人口人均至少 $1m^2$ 的有效安全空间。

应急避难场所应具备良好的交通条件，应保证两个及以上的出入口，并与主要防灾道路相连通；较大型的应急避难场所应考虑结合周围空地及农用地设置停车场地，以满足车辆进出的需求，同时考虑预留设置临时直升机起降场地的空间。

(3) 应急避难场所的应急保障基础设施配置。应急供水：乡村应急保障水源一般采用储水设施(如应急水池、水井)的方式；邻近河流水系的乡村可设置应急取水设施，以保障应急水源；邻近城镇的乡村则可以通过城市输配水管网的延伸布置应急保障水源，但应注意提高管网的抗灾性能。应急储水装置或取水设施应保障不少于紧急或临时阶段饮用水和医疗用水的需水量(表 2-4)；同时，还应根据消防用水量确定消防供水体系。

表 2-4　应急供水期间的人均需水量

应急阶段	时间/天	需水量(L/人・天)	水的用途
紧急或临时	3	3～5	饮用、医疗
短期	15	10～20	饮用、清洗、医疗
中期	30	20～30	饮用、清洗、医疗、浴用
长期	100	＞30	生活较低用水量及关键节点用水

应急电力：应急避难场所应配备应急电力设施，条件允许的应急避难场所应采用双重电源或两回路供电的方式；没有条件的应急避难场所则应根据实际情况采取配备小型发电机、电源车等多种形式相结合的手段。同时应急避难场所应储备一定量的手电筒和电池。

应急通信：应急避难场所应配备应急通信设施，可以采用非常规的、多种通信手段相结合的方式，如利用有线电话、无线电话、卫星电话、集群通信等设施来提高通信能力。

2) 应急避难通道

村镇应急避难通道指应对灾害应急救援和抢险避难、保障灾后应急救灾活动的交通工程设施。村镇应急避灾通道体系的建立需要依据现有村镇道路资源，加强道路网络化建设，进行系统化布局。

村镇应急避难通道应按照镇(乡)、行政村、自然村三级进行设置。

镇(乡)级应急避难通道应建立不同镇(乡)之间、镇(乡)与城市之间交通联系的应急避难通道。每个镇(乡)应保证一条以上的镇(乡)级应急避难通道与之连接，并至少有三个及以上的出入口；镇(乡)级应急避难道路须进行双车道设置，最小宽度不低于 6m；在镇(乡)建设区范围内，道路两侧建筑应后退至少 5m；路面建议采用柔性路面，以利于防灾。

行政村级应急避难通道主要指连接不同行政村或行政村与镇(乡)、城市的应急避难通道。每个行政村应保证至少一条以上的行政村应急避难通道与之相连，并至少有两个及以上的出入口；行政村级应急避难通道采用双车道设置，道路宽度不低于 6m；在村庄建设范围内，道路两侧建筑后退至少 5m；道路宜采用柔性路面，以利于防灾。

自然村级的应急避难通道主要指不同自然村之间或自然村与行政村、镇(乡)、城市之间的应急避难通道。每个自然村应保证至少有一条自然村级的应急避难通道与之相连，并至少有两个及以上的出入口；自然村级的应急避难通道可采用单车道设置，但道路的宽度不应小于 4m，以满足消防车辆通行的需求，道路两侧建筑后退至少 3m；在主要乡村建设区范围内，应在不大于 200m 的间隔距离内设置回车场地，根据实际情况，可以与广场、绿地、打谷场等开敞空间相结合。

2.3.5　村镇总体规划的主要成果

村镇总体规划主要成果一般包括规划图纸和规划文件。因镇(乡)总体规划和村庄建设规划深度要求各异，所以对规划图和规划文件要求反映的内容也各不相同。

1．村镇总体规划的成果要求

1) 村镇现状图

村镇现状图是绘制在地形测量图上的，表明土地使用和地面上各项设施分布情况的镇(乡)区平面图。现状图是村镇规划最基本的资料和规划的重要依据。现状图测区范围内农田、荒地、果园、墓地、树木、经济林和土坑、土岗、地坎以及池塘的顶部标高或高差等。现状图比例尺以 1∶2000～1∶500 为宜。

2) 村镇用地评价图

村镇用地评价图是根据村镇用地的地形地貌、工程地质、水文地质、地质物理、洪水浸没、地下水资源等情况，对村镇土地的使用价值进行综合分析的图纸。该评价图首先要研究分析规划范围内土地工程地质、水文地质的情况以及土壤的承载力；历年受洪水淹没或内涝渍水的范围和水深；可供工业开采的地下水、矿藏位置和开采时地面波及范围；冲沟、滑坡、采空区、地下溶洞、断层等的形成、发展、影响范围等。在此基础上，做出土地评定的分区界线，图上应标明：洪水淹没区的范围，常年平均水位及最高水位；已探明的具有开采价值的矿体位置，以及经鉴定开采时波及地面界线；已查明的地下活动性断裂带的位置和走向；地下水丰水期等水位线；不适宜修建的临界坡度等高线。从而在以上分析的基础上，确定适宜的建设区域界线，必须采取必要工程措施后方可修建的区域界线，以及不适宜修建的区域界线。

3) 村镇环境质量现状评价图

村镇环境质量现状评价图是反映村镇环境质量现状的综合分析图。该图应阐明环境质量现状与环境污染之间的相互关系，以及村镇的主要环境问题，主要污染区、污染源和污染物质，并根据经济发展和技术条件以及环境质量评价成果，对环境污染的控制和治理提出具体措施和方案。环境质量评价的各种资料，主要由环保部门提供。村镇环境质量现状评价图，以环境质量分区图为主，图上应标明：不同地区的冬季、夏季风向频率；地下水流向、村镇水源地保护范围；工厂、医院、科研单位等污染分布位置；主要污染源排放的有害废物指数。

4) 村镇总体规划图

村镇总体规划图是村镇规划的主要图纸，比例尺一般为 1∶2000 或 1∶1000。村镇总体规划图，主要依据村镇人口发展规模、建设内容和环境容量的可能条件，确定镇区规划布局的组织形式，计算规划期内的各类用地发展的面积及分配比例；因地制宜地划分功能分区，确定工业、仓储、生活居住、各类公共建筑、对外交通运输、公用事业等具体用地规模；布置村镇道路系统，安排各类绿地、集市贸易场地及运动场的位置等。

村镇总体规划图上应标明：镇区规划用地界线；工业区和工厂界线；仓库区和仓库界线；生活居住用地界线；体育场及体育设施用地；行政、文教、卫生、科研等单位和机构的用地界线；公共绿地及其他绿地界线；对外交通设施用地界线；名胜古迹、革命纪念地保护范围；公共事业(包括变电站、高压线走廊、水厂、污水处理厂、垃圾处理场等)用地界线；道路、广场、车站、码头、停车场用地界线；河湖水系和卫生防护林的用地范围；

主要街道和镇中心的主要公共建筑区的用地范围；发展备用地范围；其他用地，如保留的农田、山林用地等；特殊用地等。

5) 村镇各项工程规划图

(1) 村镇道路及竖向规划图。图上应标明主次干道交叉点的坐标、标高及红线转弯半径；各主次干道的道路断面(包括与主要管线的关系)；原地形标高及各种现状，并用红色箭头表示竖向排水的方向。

(2) 村镇给排水工程规划图。图上应标明取水构筑物的位置；给水管网的布置及各段的管径和消火栓、闸阀门位置灯。对排水系统，图上应标明排水管网起止地面标高与管底标高；各段的管径变化与坡度变化处的检查井；排水出口处、粪便处理池及蓄水池等。用箭头表示管道流向，从储水塘采取自流或水泵抽引，引水灌溉农田或排入河流等。采用明沟排水系统时，也应标明起止点的地面与沟底标高及各段的断面大小。此外，还应有总体规划图上的各种主要用地标示以及在村镇用地范围的边缘地带绘上原地形、地貌和标高，并附图例、风玫瑰及说明等。

(3) 村镇电力电信工程规划图。包括电力、电信、广播通信等，图上应标明各种规划线路和容量及杆位或地下管线位置。此外，总体规划图上应有各种用地标示，并附图例、风玫瑰及说明等。

(4) 村镇绿化规划图。图上应该注意标明苗圃、果园、公共绿地、林荫道、农田蔬菜地等位置。

(5) 村镇近期规划图。村镇近期建设规划图，一般要求比例尺为 1∶2000～1∶1000 为宜。图中应标明村镇近期各项建设的用地范围和工程设施的位置等。

6) 规划文件

村镇总体规划的文件主要是总体规划说明书和文本。总体规划说明书的主要内容包括：①村镇及乡发展的自然情况、经济条件、历史沿革、现状特点及存在的主要问题；②村镇性质、发展规模和规划期限；③选择村镇发展用地的技术经济依据及用地发展方向；④现状、近期和远期的人口构成分析；⑤用地功能分区和布局，规划区用地平衡表；⑥沿街改造的内容、方法和步骤；⑦工业分布和调整的规划措施；⑧各专业工程规划的依据、原则和主要技术经济分析资料(包括道路交通、给水、排水、电力、电信、供热、燃气)；⑨防灾与绿化，以及其他专项规划；⑩规划的实施要求和措施。

2. 村庄规划的成果要求

村庄规划成果可以概括为“五图一书”，即村庄现状图、村庄规划图、村庄管线综合图、村庄核心区规划图、居民点布局规划图及村庄规划说明书。

1) 村庄现状图

村庄现状图标明土地使用和地上、地下各设施分布情况的村域总平面图，它是村庄规划的最基本图纸，比例尺一般为 1∶2000～1∶1000。现状图具体内容包括：①村庄区域界线；②村庄区域内农田、果园、菜地、坟地、江河、湖塘等位置；③村庄区域内各种地物、工厂、副业地及农宅、公共建筑物、构筑物、道路、桥梁、涵洞、水闸、泵站、地下水管线等相对位置及地面高程；④年限、图例、风玫瑰、编制单位、日期。

2) 村庄规划图

村庄规划图是村镇规划的主要图纸，图纸比例尺一般为 1∶2000 或 1∶1000。规划内容是根据村庄 5 年、10 年或更长一个时期发展要求进行总体布局，划出各类发展用地，确定工业、农业、第三产业、居民点布局、村庄中心公共设施、对外交通、乡村道路、村庄绿化等，具体要求为：①村庄区域界线；②工厂区及发展备用地范围，包括新建、翻建、扩建、改建的工厂位置及环境保护；③生产服务设施用地，如变电站(所)、农机服务站及农用工场等；④副业基地，一定规模的家禽饲养场、养猪场、养鱼塘、果园、蔬菜基地等；⑤居民点用地，每户农宅占地应根据当地政府确定的标准严格加以控制，对迁村并建要慎重对待，对过于分散、零乱、不利于生活的村落，逐步相对集中；⑥公共服务设施，如村委会办公室、卫生室、中小学、托幼室、文化娱乐、商业服务、维修业等建筑物；⑦道路用地，村镇道路网络是联系乡镇的纽带，也是村的骨架；⑧绿化用地，绿化规划内容应包括公共绿化、庭院绿化、防护绿化、防护林带等；⑨文物古迹保护；⑩其他用地，如农田、旱地、水田、果园、蔬菜地等。

3) 村庄管线综合图

村庄管线综合图是村级各专业工程管线规划图，图纸比例一般为 1∶2000 或 1∶1000。图纸内容主要包括，给排水管线、电力电信管线等。其具体要求：①村庄区域界线；②道路，村庄内外道路要标明其走向、断面、等级、交通道路沿线建房与各级道路之间的距离应符合规定退线要求；③给排水管线，要标明在确定供水方式条件下的水源位置、管道走向、排水区域、排水出口位置等；④电力、电信管线，标明电力线路高压和低压分开布线，标明其走向、容量、架杆位置或地埋敷设，变电站位置等。

4) 村庄核心区规划图

村庄中心一般是村委会驻地，同时也是村庄公共服务设施配套中心，人们交往活动的场所，其详细设计比例尺一般为 1∶500。其具体要求：①村庄中心区用地范围界线；②公共建筑及公共设施；③村庄中心范围内工业厂房、居民点、道路、绿化及其他设施。

5) 居民点布局规划图

村庄内所有居民点都要确定在规划期限内需要保留、调整和新建的每户农宅位置和用地范围落实在图纸上。图纸比例一般为 1∶500。其具体要求：①居民点范围界线；②居民点内道路网的布置、乡道、村道走向及巷道、户道的位置；③保留的农宅；④公共设施，如托儿所、公厕、垃圾箱及垃圾处理场等位置；⑤公共绿化、宅旁绿化、庭院绿化的位置；⑥图中应以体现规划为主要表现形式，同时有技术经济指标。

6) 村庄规划说明书

村庄规划说明，主要包括现状、规划及实施三部分，要反映村庄范围内的自然条件，编制规划指导思想、规划内容和农、工、副经济发展情况。其具体要求：①自然概况及地理位置；②农、工、副业生产现状，自然村布置及人口等情况，存在的主要问题；③规划指导思想，村的发展方向，规划期限及目标；④规划建设用地规模；⑤功能分区情况，功能分区的依据，各功能区的范围、规模以及相互联系；⑥各项工程设施规划，包括道路、给排水、排污处理、电力、电信、广播电视、沼气、绿化、太阳能利用等情况；⑦近期建设规划及工程项目。要求结合村级经济发展计划，近期需要建设或落实的项目；⑧经济来源分析情况，资金筹措的办法，实施规划的可行性，村级经济利润投资方向及措施等；⑨各种必要的统计附表说明，包括总用地平衡表。

2.3.6 村镇总体规划方向

1. 村镇发展与控制规划

村镇发展与控制规划的内容包括：提出村镇产业发展方向和具体措施，规划村镇产业布局和生产性基础设施建设；明确需保护的耕地、基本农田以及生态环境资源，控制区域公用设施走廊；加强管控的村镇还需要编制控制引导内容，制定建设管控范围，并提出管控要求。

2. 村镇整治规划

村镇整治规划的内容包括：制定村镇道路、供水、排水、垃圾、厕所、照明、绿化、活动场地、村镇服务和医务设施的整治与建设规划；提出废弃地利用措施；制定村镇防灾减灾措施；提出村镇整治与建设的主要项目表，包括项目名称、项目规模、建设标准、建设时序、经费概算等。

3. 田园风光及特色风貌保护规划

田园风光及特色风貌保护规划是指明确村镇历史文化和特色风貌、山、水、田、林等各类景观资源的具体保护内容和措施。加强保护的村镇还需要编制导向规划，制定保护范围，提出保护要求与控制措施。

4. 村民住宅设计及规划指引

结合村民生产生活需要和当地传统建筑特色，按照安全、经济、实用、美观的原则，提出村民住宅设计要求。预测未来五年以上村内合法新增宅基地需求并规划用地布局，有条件的地方可研究空置宅基地和空置房的有效利用、调整置换的方法。

2.4 新时期村镇规划发展趋势和编制方法

2.4.1 新时期村镇规划发展趋势

我国现行大城市-村庄规划模式以“城辖村”制度为基础，村镇规划被纳入城乡规划体系，但大中城市选择性利用城乡二元政策，一段时期以来抑制村镇资源的挖掘和村镇特色的发展。2008 年以来城乡统筹和十八届三中全会以来促进新型城镇化建设，城乡一体化建设提上了发展的轨道。城乡整体关系视角下的城镇-村庄发展需要建立新型“城市-村庄”规划模式。

1. 新型城市-村庄规划模式能体现城村土地所有制的分离性

城-村一体化规划模式，能有效改变城村土地所有权分离性，把村庄土地强行纳入城市规划管理体系，由城市政府主导协调和决定。这能有效提高村庄集体土地安排和流转中的自主性，在资源处置、发展决策、项目设置和引进等方面，都具有相对独立的处理权，以保障村庄和城市具有平等的发展机会。

2. 从城乡分割走向城乡统筹，推动融入产业的非产业合作

村镇规划背景变化最明显的特征是从城乡分割走向城乡统筹。随着社会经济发展和工业现代化，一些发达地区具备了工业反哺农业的条件，可以推动村镇二产和三产快速发展。同时，新型规划模式倡导大城市和村庄在非产业合作项目中融入产业合作，以取代经济性补偿。例如为保障生态安全，城市与村镇应进行区域性生态合作，发挥城市科技、产业、经济实力雄厚的优势，凸显村镇依托良好的自然、历史和生态环境，形成经济、产业与生态互补的良性互动合作机制。这有利于提升村镇经济和社会发展，提高村镇人居环境建设。这种采取在非产业性的生态合作中融入产业合作的方式，利用大城市的资金、技术、人才、信息和市场优势，帮助村镇发展生态型产业，实现产业转型升级，将生态优势转化为村镇产业资源，发展生态型产业，从而使生态保护和治理成为这些村镇发展的内在需求，并积极依托生态进行产业开发。这样的合作不仅实现了双方的产业合作、生态合作，还实现了双方的市场合作，以及一连串的深层次合作。

3. “多规协调”下的村镇编制体系

【多规协调】

在统一技术标准的基础上，依据与“多规”协调关系的总体原则，与“多规协调”的主要内容分析如下。

与国民经济与社会发展规划的协调内容：国民经济与社会发展规划的主导内容是确定近远期经济和社会发展总体目标，其主要协调内容包括发展战略、产业布局、人口经济、近期重点项目等发展目标的确定。

与土地利用总体规划的协调内容：土地利用总体规划的调控性较强，突出体现对建设用地规模、耕地保有量和基本农田保护等指标的刚性约束，其主要协调内容包括建设用地总规模、空间管制等调控目标的确定。

与城乡空间规划的协调内容：城乡空间规划具体确定空间结构、建设用地内部各项用地比例和空间布局，将经济发展目标和用地指标落实到具体空间坐标中，其主要协调内容包括村镇职能定位、镇区用地布局等空间目标的确定。

与各专项规划的协调内容：各专项规划对各公共服务设施和市政设施进行详细具体的综合部署，专业性强，具有针对性，其主要协调内容包括各项设施需求量预测、用地量以及空间布局等设施配置目标的确定。根据上述“多规协调”的主要内容，研究镇(乡)域村镇布局规划，探索基于“多规协调”下的规划内容体系，如图 2.1 所示。

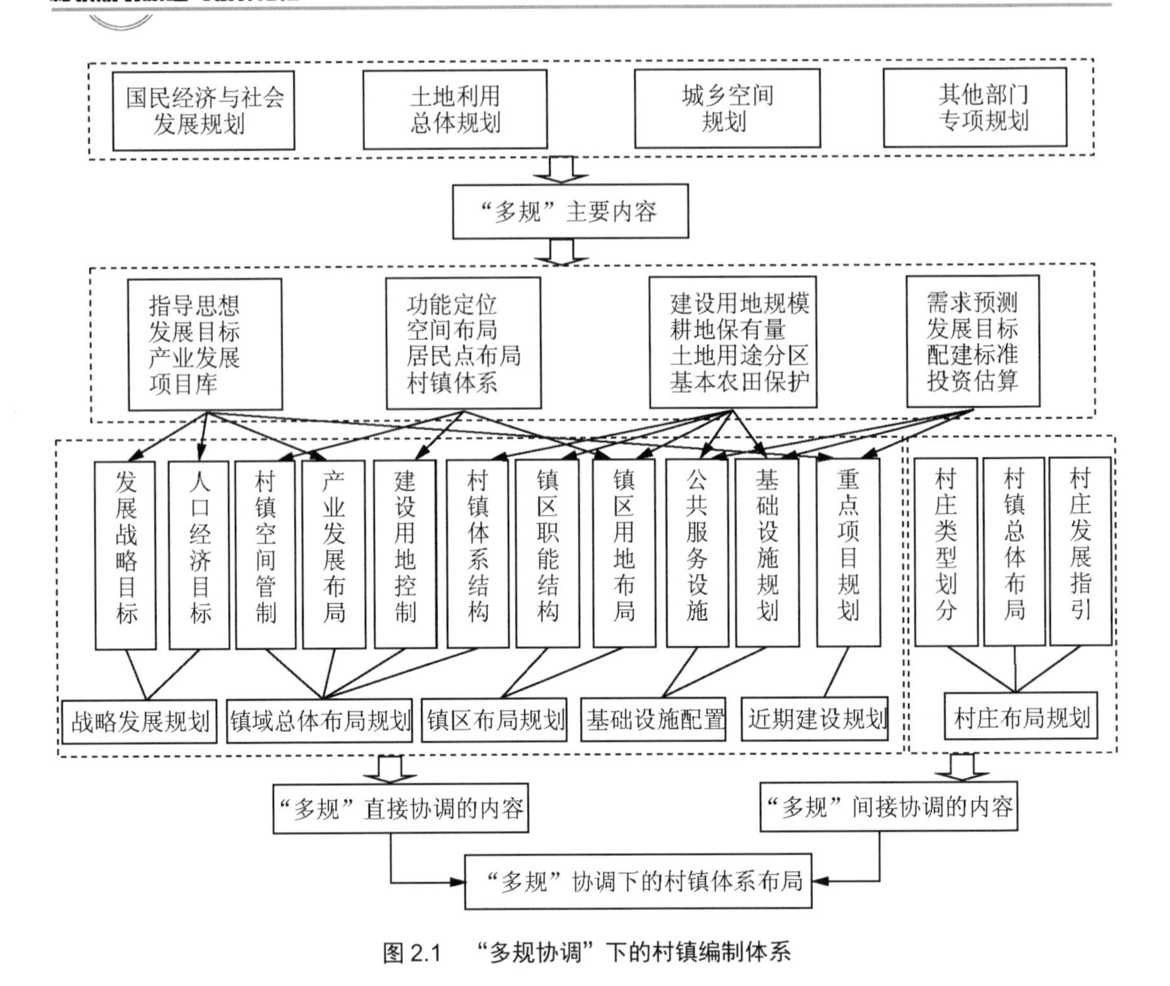

图 2.1 “多规协调”下的村镇编制体系

2.4.2 村镇规划编制方法

村镇规划没有城市规划中复杂的交通组织和功能布局，但村镇规划中的城镇建设、环境整治和公共空间重塑是非常重要的组成部分。村镇规划的特点是发展规模普遍偏小，规划应对和解决的是最为基层和实际的，因而其规划方法要适宜地域发展。城市规划的发展主要是“调查＋分析＋方案＋论证”的过程，是由政府主动推动，市民参与为辅的“自上而下”为主的规划过程。村镇规划的方法主要是“调查＋指引＋互动＋改进＋互动”的规划过程，更加强调与村镇居民的互动和反馈，是“自下而上”为主的发展指引的协商过程。

村镇总体规划可采用以下方法和步骤进行。

1) 确定规划范围

村镇总体规划是以镇(乡)域规划为依据的，因此规划范围应与其相一致。

2) 收集有关总体规划的基础资料

村镇总体规划主要资料包括镇(乡)域镇村体系布局资料；工业发展布局资料；农业发展布局资料；社会服务设施布局规划资料；基础设施布局规划资料；土地利用规划资料；交通河网规划布局资料；同时还要进一步了解当地对村镇规划的发展计划及要求，并深入现场踏勘和熟悉地形、地物。

3) 分析和整理资料

首先，根据村镇总体规划的内容，将资料进行归类整理，绘制现状图和文字表格等。其次，要分析资料的可靠性，对收集到的资料进行资料有效性核实，避免造成虚假数据和不翔实资料的误导。最后，通过资料的分析和整理，总结出村镇规划中存在的问题。

4) 研究解决问题的办法，提出规划方案

在前期资料分析整理基础上，根据地域实际情况，提出初步规划方案。因解决实际问题的途径和方法不同，会形成多方案比选，如村镇分布地域不同，会造成工业、农业以及第三产业发展情况不同，会产生不同用地布局和交通网系统，最后根据实际情况确定适宜地域发展的规划方案。

5) 汇报方案，广泛征求各方面的意见

方案成稿后，要向多个部门进行汇报，并广泛征求各方面意见，并进行归纳总结。对提出的规划意见进行合理性修正和完善。

6) 确定最终方案

召集有关部门和技术人员以及居民或村民代表，对村镇总体规划中遇到的重大问题进行讨论，取得一致意见后确定最终方案。

7) 绘制村镇总体规划图纸

按照最终确定的村镇总体规划方案内容绘制规划图，不可以随意更改，对于局部调整内容，应与相关人员和部门进行沟通协调。

8) 编写村镇总体规划说明书

总体规划说明书，应主要表述调查、分析、研究规划成果，特别是图纸无法表述的内容。说明书编写要求对现状叙述清楚，资料分析透彻，目标预测，战略设想、总体布局以及各类用地的功能分区合理，规划实施措施落实；文字简练，层次分明，文图表并茂。对规划内容较多，需要进行深入论证说明的部分，可以撰写若干专题加以论述。

本章小结

本章详述了村镇规划设计的任务要求，以及村镇规划编制之前的资料收集内容以及资料整理工作内容。从村镇规划层次方面，阐述了镇村体系规划、村镇建设规划、村镇环境整治专项规划的任务要求和规划设计内容及深度。同时，从村镇综合防灾专项规划方面，阐述了防灾编制体系、村镇防灾空间布局、应急避灾空间规划等方面内容。

村镇规划的内容和编制方法是本书的重点部分，本章详细阐述了村镇规划基本工作，这也是编制好村镇规划的基础。新时期村镇的发展要在新型城镇发展下，探索适合地域发展的特色村镇路径，挖掘其特有的地域发展和建设模式，倡导低碳生态化建设，充分利用地域资源，保护生态环境。

村镇规划工作是个不断发展的过程，随着城乡一体化建设，城乡统筹的逐步推进，乡村地区将成为产业、经济发展的重点地区，因而要本着发展和保护并重的宗旨，不断探索新时期村镇规划的内容和深度。

思　考　题

1．村镇规划设计的任务和要求是什么？
2．村镇规划需要收集哪些基础资料？
3．村镇总体规划的主要内容是什么？
4．村镇综合防灾规划编制的主要内容是什么？
5．新时期村镇规划发展的趋势是什么？
6．村镇规划编制有哪些基本方法？

第3章 村镇总体规划

【教学目标与要求】

● 概念及基本原理

【掌握】镇(乡)域规划的内容；乡村居民布局规划；镇区用地布局规划的内容和方法，包括影响用地布局的因素和布局原则、村镇发展和布局形态；镇区总体城市设计内容和要求。

【理解】镇(乡)域规划；乡村居民点规划；用地布局规划。

● 设计方法

【掌握】村镇规划布局方法。

村镇发展和演变有其地域特点和发展机理。掌握和分析这些村镇的历史发展脉络和特点，并采取切合实际的规划方法，对科学合理编制村镇的总体规划是极为关键的。村镇规划包括镇(乡)域规划，建制镇、集镇总体规划和详细规划，村镇建设规划。村镇规划虽然规模小，但分布范围广，与大中城市有密切的产业和经济联系，同时村镇自身在行政组织、经济发展、生活服务等方面又有密切的联系，所以既需要总体协调，又需要有局部具体的布局安排。

3.1 村镇规划与建设存在的问题及解决途径

3.1.1 村镇规划与建设存在的问题

村镇规划大规模研究始于20世纪80年代，根据当时的时代背景提出了基本规划观念，包括区域整体观念、城市观念、可持续发展观念和因地制宜观念，同时随着时代的发展，对村镇发展的定位、发展动力、结构形态和总体格局以及发展时序等方面进行深入探讨和实践，尤其是2005年国家明确提出按照“生产发展、生活宽裕、乡风文明、村容整洁、管理民主”的要求推进新农村建设以来，村镇建设取得了长足发展。

近年来，在新农村建设和新型城镇化背景下美丽乡村的建设过程中，出现了很多历史悠久、产业经济发展良好的村镇。全国各地在村镇建设过程中，也打造了一批优秀的名镇、名村，这些村镇成为各地学习和借鉴的典范。但在一轮村镇建设过程中也出现了许多共性问题，如产业发展问题，村镇规划与上位规划的关系，人均用地标准、村镇建设管理工作等。同时一些地区也陷入误区，如大拆大建、大包大揽、贪大求洋、急功近利等。

1. 土地利用存在的问题

1) 用地粗放，土地利用效率偏低

我国小城镇在土地利用方面存在粗放现象。特别是在具有一定历史的旧镇区，不仅存在大量的闲置宅基地，而且还有不少不景气的企事业废弃的用地。目前大多数地区，小城镇范围内持有农业户口的居民建房仍沿用农村宅基地的划拨标准，人均 41～55m^2。由于农民自建住宅以平房和独立式楼房为主，不仅建筑本身占地多，配套设施用地也相应较多。截止至 2014 年，我国城镇与农村居民点用地 2.87 亿亩，人均 158m^2，这比国家规定的人均用地的最高指标 100m^2 多出了 50%左右。据粗略估算，其中约有 1.05 亿亩土地的潜力可以挖掘。在城镇规划中对工业、商业、住宅等各功能区分布不合理，混杂现象很普遍，对生态和环境保护重视不够，生活环境反而较大城市差。

2) 大量占用耕地

在小城镇的发展进程中，无论是城市人口比重日益增加，还是城市自身规模的扩大，都必然伴随着城镇建成区的扩大和耕地面积的减少。此外，我国小城镇的发展绝大多数依靠农民自发形成，城镇建设资金的严重匮乏是制约小城镇发展的首要因素。在小城镇发展初期，只能采取低成本扩张政策，以地生财，以大量占用耕地为代价。根据 1978—1994 年国家有关资料统计，城镇化水平每增减 1%可增加工业总产值 726 亿元，安排就业比重上升 0.76%，第三产业产值比重上升 0.69%，城市建成区面积扩大 162 平方公里(24.3 万亩)，耕地则减少 44.8 万公顷(672 万亩)。这种重外延、轻内涵的小城镇发展模式，使小城镇的用地规模无限制地向外扩张，耕地占用面积迅速增加。据统计，近年来，我国迅猛发展的小城镇新增建设用地 80%以上为扩展周围用地，60%以上的面积为良田沃土。

3) 用地结构不合理，建筑布局凌乱

据统计，全国小城镇现状用地中，居住用地约占 60%，公共设施用地约占 10%，生产性用地约占 70%，道路用地约占 12%，其他为绿地、空闲地、坑塘等。从用地结构看，居住用地偏高，公共设施用地和生产性用地比例偏低，绿地太少。目前，全国乡镇企业 80%分布在自然村，只有 20%分布在城镇。这使得小城镇不能发挥其应有的辐射作用和集聚效应。结果是不仅没有实现发展小城镇带动本地区经济的设想，反而由于缺乏长远发展的眼光，使得小城镇建设规模过大，布局混乱等，造成拆了小厂建大厂，修好路面挖管道等现象。

2. 规划编制标准问题

村镇规划现状出现众多问题与现行规划编制也有一定关系，主要存在以下问题。

1) 村镇规模标准问题

《村镇规划编制办法(试行)》对村镇规划实行同一标准。《镇规划标准(GB 50188—2007)》按照规划期末常住人口的数量确定村镇规模，把村镇规划规模划分为小型、中型、大型、特大型四级。我国县域镇村体系规划中一般按镇村体系层次，自上而下依次划分为中心镇、一般镇、中心村和基层村四级，见表 3-1。但这种分级标准很难解释规划的中心村和基层村的区别。在村庄规模的划分上仅以人口为判定标准是不全面的。

2) 建设用地标准

现有村镇规划用地标准的适用范围虽覆盖全国的村庄、集镇和县城以外的建制镇，但全国村镇在地域和建设水平上存在差异，使得无论是人均建设用地规模还是建设用地比例均缺乏实际指导意义。以北京为例，按照《村镇规划标准》村庄人均建设用地指标的上限为 150m^2/人，而 2008 年北京农村现状人均建设用地约为 280m^2/人，有些村庄的现状人均建设用地甚至达到了 1000 m^2/人以上。如果按照国家的统一标准编制村庄规划，村庄建设用地将大为减少，村庄本身缺乏编制规划的内在动力。

表 3-1 村镇等级划分标准(m^2)

规 模 分 级	村　庄		集　镇	
	基层村	中心村	一般镇	中心镇
大型	＞300	＞1000	＞3000	＞10000
中型	100～300	300～1000	1000～3000	3000～10000
小型	＜100	＜300	＜1000	＜3000

3) 基础设施和公共服务设施的配置标准

目前，村镇基础设施配置仅考虑了道路、供水、排水、供电、邮电等工程设施，而忽略了村民生活燃料、供热采暖、有线电视等设施的规划配置，致使村镇在建设过程中所需要的规划指导远超出村镇规划规范所涉及的内容。即便村镇规划规范考虑到的内容也仅是原则性意见，其强制性有待加强。以道路交通为例，随着农村交通运输业的发展，有必要对村镇道路的宽度、等级配置进行深入的研究论证，并加以调整。对公共设施配置标准缺乏从规模等级角度对中心镇、一般镇、中心村和基层村进行分类，很少考虑到公共设施的共建共享问题，公共设施的配置也没有作为强制性指标纳入规划体系。

3. 规划编制内容问题

1) 缺少村镇分类研究

现有的规划编制内容缺乏对村镇分类的系统研究，无法有针对性地对村镇规划建设进行分类指导。

2) 缺乏村镇产业发展规划研究

当前，村镇规划忽视了农村产业规划研究，村镇自主产业发展的类型比较单一，造成产业发展方向雷同，村镇规划需要在空间资源配置、功能布局等方面对产业发展进行统筹考虑。

【农民住房建设引导】

3) 忽视村域土地利用规划

现有的村镇规划忽略了对所有农田、林地、草场、牧场、山林进行整体性规划，以适应机械化耕种要求的现代种植业发展需求。

4) 忽略对农民住房建设的引导

《中华人民共和国建筑法》第七条规定，国务院建设行政主管部门确定的限额以下的小型工程可以不必申领施工许可证，使农村住宅这样的小型工程建设既缺乏设计，又缺少施工监督管理，导致农村住宅质量较差，甚至出现农民因住房而返贫的现象。

【农村生态保护】

5) 缺乏生态保护规定

《村镇规划编制办法(试行)》没有关于农村地区生态环境保护的规定，而要实现农村的可持续发展则应考虑加强对环境保护和资源利用的规划。

4. 尊重村镇发展方面的问题

村镇和村镇布局是经过历史上长期积累的结晶，已经适应了各个时期的自然环境、社会状况、产业结构、农耕方式、区域功能、交通条件、富裕水平等多种因素的特点，体现了地域的发展的特点。因而村镇规划要注重以下问题。

(1) 从农村居民需求和城市对农村需求两方面判断村庄布局合理性。

判断村镇合理性的出发点是尊重农村居民的需要。以村镇为主要形式的聚落，传统上是农民居住和从事生产的聚居点，满足村民对于居住和生产的需求，是村镇首要要求；同时，村镇的坐落是否能够满足村民对于居住和生产的需求，也是判断村镇布局是否合理的首要依据。

(2) 村镇布局调整应包含安全性、方便性、经济性、可持续性等要求。

按照“以人为本”的理念，从满足农村居民对于生活和生产需要的基本功能出发，同时满足城市发展的要求，村镇合理布局应包含安全性、方便性、经济性、可持续性等方面的要求。安全性是指居住地点要能够规避各种灾害或者减少灾害的伤害与损失。方便性，主要是居住地点到各类工作地点的通勤半径不要过远，解决当前农村生活的诸多不便问题。各种服务设施的服务半径过大或过小，都不能很好地满足村民便利生活的需要。

3.1.2 村镇发展的解决途径

1. 村镇规划的关键问题

1) 规划探索

村镇关系着整体国民经济与社会持续健康发展的大局，具有综合性、全局性和战略性的作用。规划先行能深入了解村镇存在的实际问题、农民意愿、村镇发展动力，确保村镇发展和建设符合实际发展需要。因而，在村镇规划和建设中，如何使村镇获得持续发展的能力则是规划中要考虑的重要问题。转变传统的包办代替观念，培育村镇自身的“造血”机能，制定促进村镇建设可持续发展的途径和方法，是获得持续发展的能力的关键。例如，靠近旅游区的村镇，可以依靠独有的自然或人文旅游资源，开发地域特有的自然或文化机理，探索“自我成长”的旅游村镇开发与建设模式。靠近工业区和特色产业园区的村镇，可以依托产业链上下游关系，开发和建设与周边产业配套的村镇经济，盘活自身用地和劳动力资源，形成与产业区良性互动的“造血”能力，主动融入新型城镇化格局中。

科学规划，以规划为龙头和基础，是村镇可持续发展的关键。规划理念上要形成“全域”规划理念，打破行政界线，将区域经济共同体作为规划整体，统一规划、科学布局，促进城乡功能结构、资源配置和产业布局调整和优化，形成产业发展与布局一体化、生态建设与环境保护一体化、区域政策一体化的新型城乡发展格局。

2) 制度创新

制度创新需要形成一套相对科学，管理监督体系相对健全的规章制度和相关规定。以村镇规划的组织编制和审批管理为例，按照《城乡规划法》相关规定，镇总体规划由镇人民政府组织编制，报上一级人民政府审批。为了更为科学和严格把控村镇规划的科学性和成果的完整性，以及广泛吸收各方意见，重点镇和改革试点镇可以由区(市)县人民政府组织编制，市级城乡规划行政主管部门负责指导，由区(市)县人民政府报市级城乡规划委员会审查后，报市人民政府批准；一般镇规划报区(市)县人民政府审批前，应当书面征求市级城乡规划行政主管部门意见。以哈尔滨市呼兰区沈家镇总体规划为例，如图 3.1 所示，按照哈尔滨市相关管理规定，作为城乡统筹和重点发展村镇，该规划需要报市城乡规划委员会进行审查，修改完善后由哈尔滨市人民政府审批，方能实施。在这样更为严格的规划审批程序下，该镇规划广泛吸收了各方的意见，不仅加强了与宏观区域规划的对接，还充分协调了区(市)县以及镇各方的利益，成果质量得到了进一步提升。

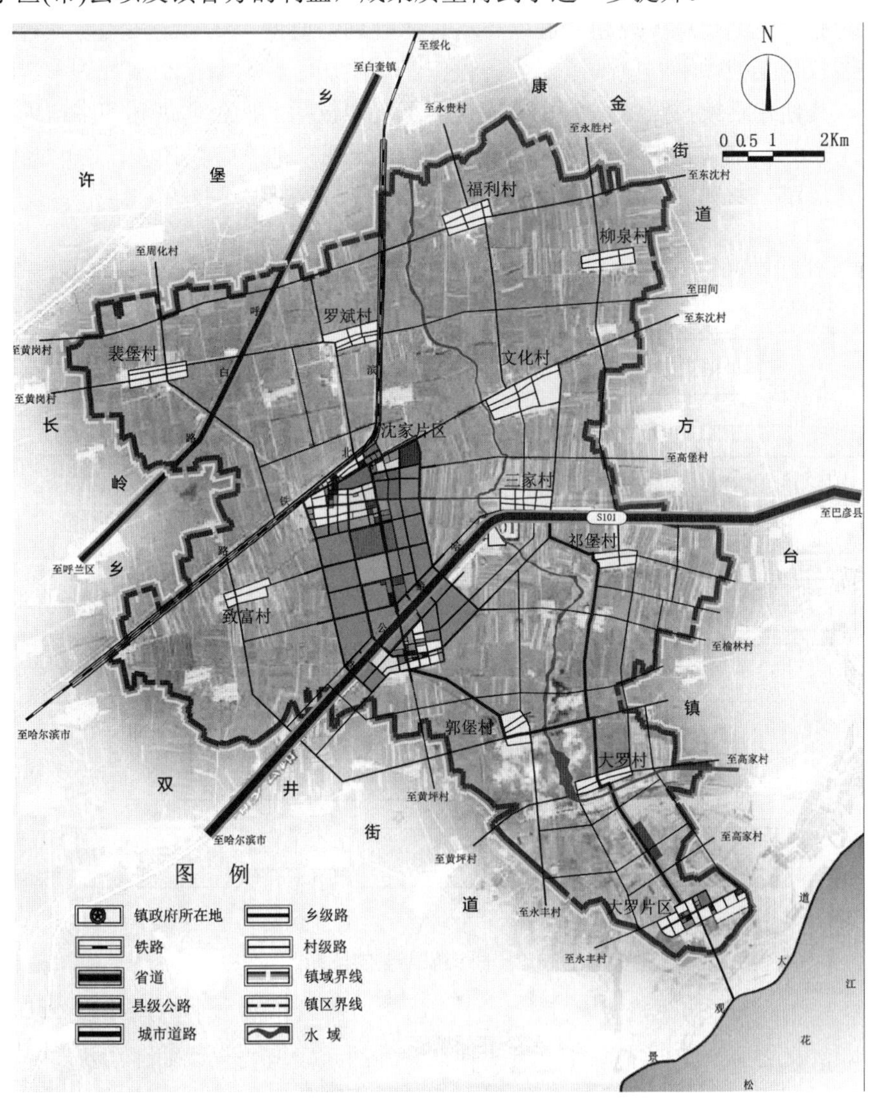

图 3.1 沈家镇镇域总体规划

3) 编制技术和方法创新

规划编制技术和方法对村镇规划成果的质量和深度至关重要，因而在规划体系、编制技术模式以及规划内容上都应有一定的创新。

(1) 深化完善规划体系。村镇是城乡统筹的重点，要逐步打破行政区划，突破城乡界线，改变以往城市规划着力点“只管城市”或“只管中心城”的模式，对应城乡规划的五级体系，应进一步丰富深化城镇体系规划内容，实现市域(全域)—都市区—中心城—新城(区、市、县)—小城市—镇—聚居点的规划空间满覆盖，按行政架构，结合地域自身情况，从各个层面开展工作，分级管理，弥补传统法定规划的不足。

村镇规划需要坚持体系化的基本原理，形成从宏观到微观的规划编制体系和程序。建制镇、乡集镇在编制村镇总体规划前要先制定村镇总体规划纲要，作为编制村镇总体规划的依据。普通村庄编制总体规划时可以省略总体规划纲要这一环节。按照行政建制将村镇规划体系划分为县城以下的建制镇、乡、村庄三个层次。特大型建制镇规划参考城市规划编制要求，其他建制镇按照镇规划标准执行，乡规划包括乡域总体规划和乡政府驻地详细规划。村庄规划包括村域发展规划和村庄整治建设规划。村镇规划体系可分为县(市)域镇村体系规划，镇、乡规划和村庄规划如图 3.2 所示。

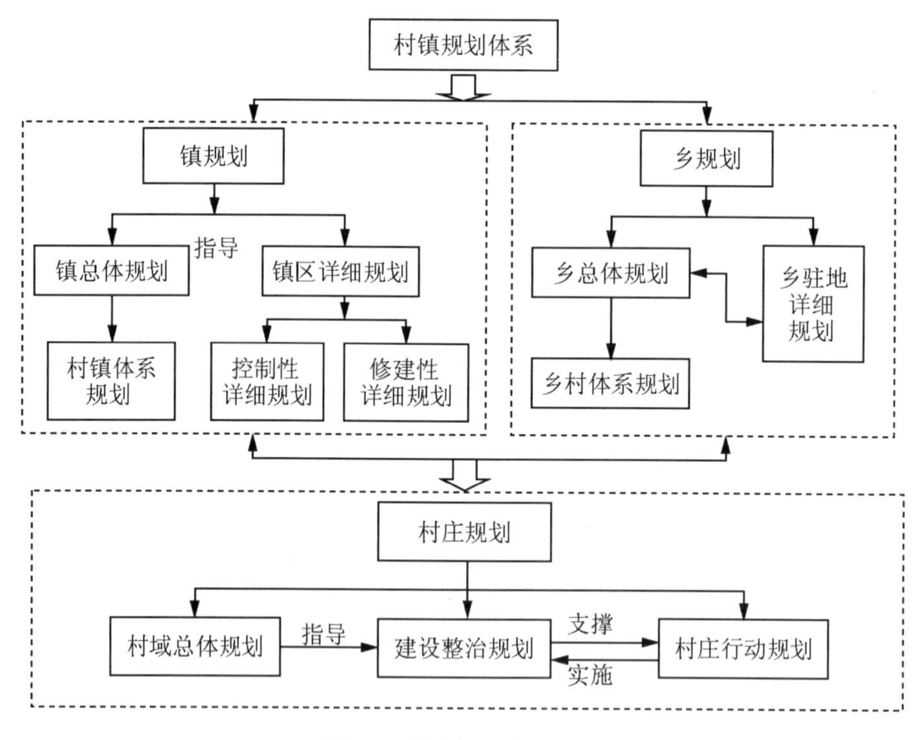

图 3.2　村镇规划编制体系

(2) 探索新的编制技术模式。在统筹城乡和新型城镇化背景下，村镇规划既要符合村镇发展实际，又要有一定的前瞻性，因此规划编制的手段上要强调简化层级、突出重点、优化标准。以镇规划编制为例，规划编制力求总体规划、详细规划和建设设计三位一体，把握重点、有针对性地提出类似“五图一书一附件”(五图：镇域总体规划图，镇区用地规划图，镇区道路工程规划图，镇区市政工程规划图，特色街区、重要节点和近期实施项目的建设规划图；一书：规划说明书；一附件：包括现状图、分析图和基础资料汇编等内容)的编制内容，最大限度满足一般镇的发展需要，如图 3.3 所示。

图 3.3 大兴安岭地区劲松镇建设规划

(3) 规划内容创新。新型城镇化背景下，村镇规划应突破传统规划重视镇区而轻视镇域的思路，突出对村镇全域的产业、风貌、形态等进行全方位的规划。应以“特色观”为村镇规划编制的核心和目标，因地制宜、突出产业、塑造特色。规划应根据资源和发展条件，通过产业策划、新兴功能植入、农业产业化等措施探索村镇可持续发展的长效动力。规划重点应按城乡统筹发展的要求，把产业、区域公共设施作为村镇规划的重点。因此，需要解决城乡空间布局的整体化，城乡基础设施的一体化、城乡产业发展的规模化、城乡经济发展的市场化、城乡社会事业的均等化、城乡生态环境的优质化、城乡居民就业的公平化、城乡文化生活的健康化。其具体包括：①产业空间统筹发展，根据村镇发展的特点提出相应的结构模式，促进城乡间的产业结构的协调化和城乡内部产业结构的合理化；②地域空间统筹，农村居民点只是乡村地区的居住空间，除此之外，乡村地区的生产、旅游、设施等空间类型也要进行统筹考虑；③公共设施统筹。统筹考虑城乡公共服务设施和基础设施的配置，提出分级配置的原则，确定各级居民点配置设施的类型和标准，因地制宜地提出各类设施的共建共享方案。

解决农民安居乐业的问题。例如，在沈家镇总体规划中，结合松花江百里景观湿地和长廊建设，总体规划深化了旅游规划的内容，不仅开展了特色旅游村品牌定位、旅游线路设计及项目布局的规划，而且对旅游村镇品牌的打造，对外形象展示等都提出了相关建议，使规划更具有操作性。

为构建新型城镇化下的美丽乡村建设，要着力引导和提升村镇自然和人文风貌建设，力求形成“一镇(村)一特色、一镇(村)一风貌”。规划应突出近期建设规划部分内容，加强对村镇形态以及风貌的控制与引导。例如，大兴安岭地区劲松镇总体规划中，结合美丽兴安的自然地域资源，在总体规划中对镇核心区进行城市设计和风貌整治规划，力求打造低碳生态城镇典范，如图 3.4 所示。

图 3.4　劲松镇重点地段风貌整治意向

(4) 城乡规划学需补充的学科知识体系。从具体知识体系来看，城乡规划学必须急迫地补充部分学科内容，如村镇经济和产业发展规划，以及城乡一体化联系方面的内容；农村居民点在历史发展进程中所积累的重要非物质文化和有保留价值的历史建筑：自然环境、土壤土质、大川湖泊河流、传统文化中的智慧等；在快速城镇化时期，农村地区人口大量流失的过程中，如何保持农村社会组织的有效性，保持农村风貌、民俗与传统文化的继承，以及保持农村生产和农业经济的活力；如何保证离开农村进入城市的农民带着自己的财富；如何让农民的孩子进入城市，接受系统的进入城市所需要的技能培训，如何进行有效的、系统的社会教育，如建设技工学校、护工学校和大专院校等措施，以解决务工人员的知识储备和劳动技能培训的问题。

在课程建设层面上，要进行教学内容和课程的整体设计。在规划原理、规划认识实习中也应充实相关内容，将现代城市规划的核心思想系统地融入、贯穿到乡村规划中，并探索在乡村规划中充分落实的方法，如循环经济、生态节能、可持续发展理念以及保持乡村传统文化与特色等。

尽管 2008 年我国《城乡规划法》将乡村的规划纳入统一的城乡规划范畴中，但相对于城市规划而言，对乡村规划内涵和知识体系的认识，则是一个全新的过程。村镇规划教育必须充分体现这种全新知识体系的学习过程。

对乡村发展特征的全新认识。作为乡村发展内在动力的乡村经济与城市经济发展规律及特征完全不同，因而乡村发展的内在机制也完全不同于城市。乡村规划教育必须充分体现出对乡村经济发展及其内在机制的重视。在我国城镇化发展的进程中，城市人口不断增加，空间不断扩大，而乡村人口不断萎缩，空间迁移过程不断地发展与调整，乡村非农产业也产生相应空间布局上的变化。一般影响区域乡村聚落分布的乡村人口与经济因素主要包括农业人口劳均负担耕地面积、农业耕种半径等。为了提升乡村的生活质量和服务水平，有必要对一定乡村区域内的聚落进行调整，开展乡村规划，进行乡村居民就业指导。乡村规划需要统筹城乡发展体系，将乡村发展纳入区域城镇化的进程中，来预测乡村的人口容量、提出乡村发展的策略。

对乡村发展要素规划进行统筹考虑。首先，乡村土地所承担的功能与城市有不同的认识。城市用地有其清晰的功能界定和划分标准，但乡村用地的功能则相对模糊，甚至无法清晰界定和划分。如乡村宅基地既有乡村居民的居住功能，也有一定程度上承担着乡村的生产功能，包括乡村生产资料的存储空间、农业生产初加工空间的功能等。即使从表面上承担着乡村的生产功能，包括乡村生产资料的存储空间、农业生产初加工空间的功能等。即使从表面上看像是宅前宅后的空闲地的土地，也有其一定的生产功能。村镇道路和市政基础设施等都有着与城市完全不同的系统和标准，需要加以重新认识，在乡村绿化系统规划中，要关注乡村宅前屋后的绿化。

乡村规划实施机制的新认识。乡村土地为集体所有制，这种土地的所有制特征决定了乡村规划独特的实施机制。乡村规划在符合国家法律法规要求的前提下，村庄特有的决策机制——村民委员会，是村庄规划决策与实施的关键因素。因此，要站在村庄和村民利益的立场上开展规划是乡村规划的关键。要根据规划引导逐步完善乡村规划，同时从乡村区域外部的规划实施来达到乡村规划编制的目的，如通过加强乡村地区与城市地区的无障碍经济社会联系来提高乡村地区的发展水平和服务质量，实行城乡基本公共服务的均等化，尤其是将网络化的基础设施延伸到乡村地区。

2. 发达国家村镇规划的借鉴和经验

国外村镇建设和发展模式，主要有欧洲模式和美国模式，其共性是重点关注村镇开放空间、污水处理、道路安排几个方面。村镇规划理念是维持自然生态过程的完整性和持续性，保证消耗可以完全被自然吸收，如瑞典的锡格蒂纳镇、英国怀特希尔——伯尔登镇都是延续城镇历史发展的机理，尊重自然资源，以低冲击开发建设，因而成为世界闻名的低碳生态城镇，如图 3.5 和图 3.6 所示。

图 3.5　锡格蒂纳镇古老教堂

图 3.6　锡格蒂纳镇市政厅

其都有以下几个方面特征。

(1) 村镇规划是以某一特定村镇的详尽研究为基础，规划规模不会太大，没有可重复套用的模式。

(2) 规划师必须熟悉小城镇和乡村居民点各个规划要素的尺度、布局和功能。

(3) 村镇规划与自然相协调，在满足人类需要的同时也要尊重所有其他物种需要。

(4) 规划师试图通过规划设计恢复自然本身，让环境具有灵气。

同时，村镇规划要特别考虑可供选择的村镇扩张的发展方向，处理好村镇规模扩张与保护优质耕地的关系，合理遴选有发展潜力的村镇区位；使注重人与环境的协调发展成为村镇规划追求的重要目标；强调居民参与村镇规划和设计。从国外村镇发展历程来看，其目标已从最初的新村建设和完善基础设施方面发展到现在的关注村镇的可持续发展。

3.2　镇(乡)域规划

镇(乡)域规划，是国家和地区对村镇建设发展所做的总体部署，是村镇长远建设计划的规划蓝图。在城乡统筹和新型城镇化背景下，镇(乡)域规划是在全局范围内考虑村镇的发展模式，镇域内经济与产业之间联系，自然资源条件、地理交通区位、人口条件、技术条件的利用及可能带来的影响分析。通过镇(乡)域规划可以明确分析村镇在区域中的经济地位和社会关系，分析农业依托的基础及农业资源的“腹地”，从而有利于进一步确定村镇的性质和发展规模，分析出与其周边县市及上位规划要求之间的关系。

3.2.1　镇(乡)域规划的规划层次划分

综合各地镇村体系层次及规划编制办法，可以自上而下分为：中心镇—一般镇—中心村—基层村四个层次。同时按镇规划标准，村镇按人口和规模等级划分，可以划分为特大型、大型、中型和小型四种类型，见表 3-2。

表 3-2 镇规划标准中的村镇规划等级(人)

规模分级	镇 区	村 庄
特大型	>50000	>1000
大 型	30000～50000	601～1000
中 型	10000～30000	201～600
小 型	<10000	<200

1. 中心镇

中心镇一般作为区域中心，在经济、社会和空间发展中发挥中心作用。人口规模为30000～50000 人或以上。一般在县(市)行政范围内，上述体系的四个层次都包含在内，而在镇(乡)域范围内，多数只有集镇或县城以外的建制镇。

2. 一般镇

一般镇绝大多数是乡村基层政府的所在地，村镇企业的生产据点，商品交换，集市贸易的场地。一般人口规模分别在 10000 人以下或 10000～30000 人之间。

3. 中心村

中心村是从事农业、家庭副业和工业生产活动的较大居民点，一般是一个行政村管理机构所在地。中心村一般配备为本地区及周围村庄服务的一些基本的生活福利设施。住户规模一般在 300～500 户。

4. 基层村

基层村是从事农业和家庭副业生产活动的最基本的居民点，配置简单的服务设施。住户规模较少，在 100 户左右。

3.2.2 镇(乡)域规划的内容

镇(乡)域规划是乡镇行政区域内村镇布点及相应各项建设的整体部署，是中心镇、集镇和村庄规划的依据，主要内容如下。

(1) 研究镇(乡)行政区域内社会经济发展情况，进行镇(乡)行政和经济体制改革的分析，工业发展分析、农业以及多种经营发展分析，居民点分布现状对生产发展影响的分析，商业、交通、能源、科技、文化教育的分析，并预测其发展方向和发展水平。

(2) 研究确定镇(乡)行政区域内村镇布点，包括零散自然村庄的缩并，并确定域规划目标和社会经济发展战略方针。

(3) 研究确定镇(乡)行政区域内主要村镇的位置、性质、人口和建设用地发展规模与发展方向。

(4) 确定建设用地范围和基本农田保护区范围。

(5) 镇(乡)总体规划布局，包括镇(乡)域镇村体系布局规划、工业发展规划、农业发展规划布局、社会服务设施规划布局和基础设施规划布局。

3.2.3 镇(乡)域镇村体系布局规划方法

镇(乡)域镇村体系布局规划主要应该从地域角度对村镇群体的等级结构、空间形态和影响范围等进行综合考虑。常用以下三种分析方法。

1. 区域结构分析法

区域规划的基本任务是根据地域的优势条件，确定理想的地域经济开发模式和空间经济结构框架。乡镇镇村体系规划是依托现状地域经济结构、社会结构和自然环境的空间分布特征，合理组织乡镇范围内村镇群体的发展及空间组合，以达到上述目标和要求。因此，必须运用“区域-村镇”整体观念，分析对村镇发展有影响的各种条件，并进行评价与区域分析，并从整体到局部进行系统性思考，从而揭示村镇与村庄之间的相互关系和地域差异性。

区域结构分析法，有利于从中确定区域自然环境及资源、工业、农业、交通、人口、非物质生产部门与镇村体系规划的关系，从中明确镇村体系总体发展方向。

2. 地理综合平衡法

该方法需要从国土区域各生产部门对村镇的发展条件、要素及其各组成部门的影响着手，将区域整体和部门及空间结合起来。主要考虑镇村体系在更高一级国土区域中的地位和作用；从村镇区域群体的整体角度考察镇村体系的优势条件、限制因素及其发展前景；综合分析区域社会经济结构、地域组合规律，从而揭示镇村体系内部的社会经济联系网络；综合协调交通运输、邮电通信、水利水电和生活服务设施系统等各项公用基础设施建设网络布局，并结合空间与镇村体系布局的关系，使各项基础设施建设与镇村体系协调发展。同时，将镇村体系视为一个地域有机整体，研究村镇的形成、发展与分布规律的特点和村镇之间的关系，确立合理的村镇职能分工、等级规模。

3. 系统工程研究法

镇村体系作为一个多元、多层次的复合综合体，具有高度综合、全面联系的特点。其不仅有区域内各要素、各经济部门的综合，还有各学科之间的综合，是自然、经济、技术相结合的产物。因此，有必要用系统工程研究的方法进行综合分析。系统工程研究法就是把村镇系统规划系统分解为若干子系统，如自然环境系统、经济建设系统、物质联系系统等。同时各系统还可逐级分级，分成不同等级层次结构、不同职能分工结构、不同空间地域结构。目的是进一步了解各个系统的功能及其部分效应，掌握整个体系规划系统的结构及其整体效应，从而全面把握镇村体系的特点。

3.2.4 村镇土地用途管制分区类型及其规则

结合我国村镇用地的特点及城乡用地分类，并借鉴国内外相关土地用途管制研究的成果，探讨适合我国村镇土地用途的管制分区类型和规则。

1. 村镇土地用途管制分区类型

【基本农田保护】

1) 农地区

农地区分为基本农田保护区、基本草牧场区和一般农用地区。

(1) 基本农田保护区。我国人多地少，耕地总体质量不高的基本国情和急需耕地保护的严峻形势决定了我们必须严格保护耕地，保障国家粮食安全。国家制定了《基本农田保护条例》，从法律角度加以规定，对生产条件较好和规模较大的粮、油、棉，名、优、特、新农产品基地和经过土地整理的农田，实行特殊保护，并采取相应的保护措施。划分基本农田保护区，对基本农田保护区内土地实行用途管制，并制定相应的土地用途管制措施。

(2) 基本牧草场区。我国草地退化形势严峻，为有效保护草地，国家对《中华人民共和国草原法》做了进一步修改和完善，实行基本草原保护制度，对发展畜牧业生产所需要的大面积生产条件较好的野生草本植物和灌木丛生的土地区域以及改良草地和人工草地实行特殊保护，划为基本草牧场区，并采取相应的管理措施。

(3) 一般农用地区。在扩大内需，加快农村经济发展，提高农民收入的宏观政策下，我国加大了对农业内部结构调整的力度；同时，为防止水土流失，保护生态环境，我国对过度开垦、过度围垦及生态环境脆弱地区的陡坡地全面实行生态退耕。为现实国家目标和突出市场机制引导农业用地内部结构调整，增加土地用途分区管制的弹性，将未划入基本农田保护区、林地区和基本草牧场区内的其他农用地归为一类，划为一般农用地区，对区内土地制定合理的土地用途管制措施。

2) 林地区

林地区分为生态林区和生产林区。

我国生态环境脆弱，进行生态环境建设的任务艰巨，为防止水土流失和遏止森林的破坏，国家严格实行《中华人民共和国森林法》，为我国的森林保护提供法律基础。为满足国家对森林保护的要求，对林地实行用途管制，以林地为主导用途划分林地区。其中以保护为目的，以生态林为主导用途划分生态林区；以生产为目的，以生产林为主导用途划分生产林区。在各区内制定管制措施，规定其保护的措施和林业生产的限制条件。

3) 城镇建设区，村镇建设区和独立工矿用地区

严格限制农用地转为建设用地，控制建设用地的规模，是我国实行土地用途管制制度的核心。我国的建设用地主要分为三大类：城镇建设用地、村庄建设用地和工矿建设用地。针对以往以用地现状分类进行分区，分区结果比较零碎的问题，以建设用地的三大类为主导用途，根据土地利用总体规划所确定的城镇用地规模，可以对应划定城镇建设区、村庄建设区和独立工矿用地区。

【自然保护区破坏】

4) 自然保护区、风景名胜旅游保护区

为加强自然保护区、风景名胜旅游保护区的保护，国家制定了《中华人民共和国自然保护区条例》和《风景名胜区管理暂行条例》等有关法律和法规，国家、省(自治区)、市人民政府分别划定了国家级、省级、市级等自然保护区、

风景名胜旅游保护区。为保护自然资源，依据所划定的各级、各类保护区范围划分自然保护区、风景名胜旅游保护区，并根据需要在自然保护区内划分核心区和外围区，对各区土地实行用途管制。

5) 专用区

专用区是考虑地方实际情况，根据地方自然资源的特点和社会经济发展、生态环境保护的要求以及需要特殊保护的地区划定的一个未加限定名称的区域，如军事用地区、陵园区和环境敏感地区等。要加强水源地保护，可设立水源地保护区；要加强脆弱生态环境的保护和水土流失的治理，可设立脆弱生态环境特别保护区。

2. 土地用途管制区规则

土地用途管制分区的主要内容包括两个方面，一方面是划分土地用途管制分区类型；另一方面是制定分区管制规则，制定每个用途区内土地的限制条件和非限制条件，并对每个用途区内土地的主导用途和允许用途进行规定。

土地规划用途类型主要用于土地用途分区管制规则主导用途和允许用途的规定，使得分区管制规则更为具体和详细，土地用途分区管制更具有操作性。土地规划用途类型、各类土地用途管制区规定的主导用途、非允许用途、零星用地允许用途和准许现状使用的土地用途，见表 3-3。

表 3-3　各类用途区规定主导用途、非允许用途和零星用地允许用途表

农地区				林地区		城镇建设区		乡村建设区		工矿建设用地区		自然保护区		
类型	基本农田保护区	基本草牧场区	一般农用地区	生态林区	生产林区	建成区	规划发展区	建成区	规划发展区	工业用地区	矿业用地区	核心区	外围区	风景名胜旅游保护区
基本农田	△	○	√	○	○	×	○	×	○	○	○	○	○	√
种植园地	√	○	√	○	○	○	○	○	○	○	○	○	○	√
生态林地	√	√	√	△	○	√	√	√	√	√	√	△	△	△
生产林地	○	○	√	○	△	×	○	×	○	○	○	×	×	×
基本草原	○	△	√	○	○	○	×		○	○	○	○	○	√
一般农用地	○	○	△	○	○	○	○	○	○	○	○	○	○	√
特定生态用地	√	√	√	√	√	√	√	√	√	√	√	√	√	√
城镇用地	×	×	×	×	×	△	△	×	×	×	×	×	×	×
农村居民点用地	×	×	√	×	√	√	√	△	△	×	×	×	×	○
独立居住建筑用地	×	×	√	×	√	○	○	○	○	×	×	×	×	○
工矿建筑用地	×	×	√	×	√	○	○	○	○	△	△	×	×	○

续表

农地区				林地区		城镇建设区		乡村建设区		工矿建设用地区		自然保护区		
类型	基本农田保护区	基本草牧场区	一般农用地区	生态林区	生产林区	建成区	规划发展区	建成区	规划发展区	工业用地区	矿业用地区	核心区	外围区	风景名胜旅游保护区
农业建筑用地	√	√	√	√	√	○	○	○	○	△	△	×	×	○
其他建筑用地	○	○	√	○	√	○	○	○	○	△	△	×	×	○
旅游用地	×	×	√	○	√	√	√	√	√	×	×	×	×	△
军事用地	○	○	√	○	√	√	√	√	√	×	×	×	×	○
墓地	×	×	○	×	×	×	×	○	○	×	×	×	×	○
古迹保存用地	√	√	√	√	√	√	√	√	√	√	√	√	√	√
养殖场用地	×	×	√	×	×	○	○	○	○	×	×	×	×	○
水源地	√	√	√	√	√	√	√	√	√	√	√	√	√	√
水利设施用地	√	√	√	√	√	√	√	√	√	√	√	×	√	√
交通用地	√	√	√	√	√	√	√	√	√	√	√	×	√	√

注：△：主导用途；√：零星用地允许用途；×：非允许用途；○：准许现状使用，鼓励向主导用途转变。

3. 土地用途管理

《中华人民共和国土地管理法》规定，国家通过编制土地利用总体规划规定土地用途，并将土地分为农用地、建设用地和未利用地。严格限制农用地转为建设用地，控制建设用地总量，对耕地实行特殊保护。镇(乡)土地利用总体规划，由镇(乡)人民政府编制，逐级上报省、自治区、直辖市人民政府或省、自治区、直辖市人民政府授权的社区的市、自治州人民政府批准。土地利用总体规划以自上而下的土地指标逐层分解的方式，对建设用地及更低指标进行严格管控。镇(乡)人民政府编制的土地利用总体规划中的建设用地总量不得超过上一级土地利用总体规划确定的控制指标，更低保有量不得低于上一级土地利用总体规划确定的控制指标。

镇(乡)土地利用总体规划应当划分土地利用区，根据土地使用条件，确定每一块土地的用途，并予以公告。土地利用总体规划的规划期限一般为15年。村庄和集镇规划，应当与土地利用总体规划相衔接，村庄和集镇规划中建设用地规模不得超过土地利用总体规划确定的城市和村庄、集镇建设用地规模。

4. 耕地保护

依据《土地管理法》，国家实行基本农田保护制度，下列耕地应当根据土地利用总体规划划入基本农田保护区，严格管理。①经国务院有关主管部门或者县级以上地方人民政府批准确定的粮、棉、油生产基地内的耕地；②有良好的水利与水土保持设施的耕地，正在实施改造计划以及可以改造的中、低产田；③蔬菜生产基地；农业科研、教学实验田；④国务院规定应当划入基本农田保护区的其他耕地。

5. 建设用地管理

1) 农用地转建设用地管理

建设占用土地，涉及农用地转为建设用地的，应当办理农用地转用审批手续。省、自治区、直辖市人民政府批准的道路、管线工程和大型基础设施建设项目，国务院批准的建设项目占用土地，涉及农用地转为建设用地的，由国务院批准。

在土地利用总体规划确定的城市和村庄、集镇建设用地规模范围内，为实施该规划而将农用地转为建设用地的，按土地利用年度计划分批次由原批准土地利用总体规划的机关批准。在已批准的农用地转用范围内，具体建设项目用地可以由市、县人民政府批准。其他建设项目占用土地，涉及农用地转为建设用地的，由省、自治区、直辖市人民政府批准。征收基本农田、基本农田以外的耕地超过 35 公顷或其他土地超过 70 公顷的，由国务院批准，其他情况下由省、自治区、直辖市人民政府批准，并报国务院备案。国家征收土地的，依照法定程序批准的，由县级以上地方人民政府予以公告并组织实施。征收土地的，按照被征收土地的原用途给予补偿。

2) 宅基地建设管理

《土地管理法》对宅基地建设管理进行了规定，农村村民一户只能拥有一处宅基地，其宅基地的面积不得超过省、自治区、直辖市规定的标准。农村村民住宅用地应当符合镇(乡)土地利用总体规划，并尽量使用原有宅基地和村内空闲地。农村村民住宅用地，经镇(乡)人民政府审核，由县级人民政府批准；其中，涉及占用农用地的，依照本法第四十四条的规定办理审批手续。农村村民出卖、出租住房后，再申请宅基地的不予批准。

3.2.5 村镇土地利用模式与空间布局特征

村镇土地利用的布局主要根据地域发展情况和自然条件，一般采用自由式、卫星式、组团式等形式。

1. 自由式

自由式布局形式，一般适合我国丘陵山区镇村体系布局。这种布局形式，一方面受地形、水源、交通灯条件限制，另一方面反映出小农经济的痕迹。这种布局模式对组织大规模生产、改善农村物质文化生活十分不利，如图 3.7 所示。

2. 卫星式

卫星式布局最大的优点是，现状和远景相结合，既能从现有生产水平出发，又能满足生产发展对村镇和生产中的布局的新要求。这种布局也是介于分散和集中布局的过渡形式。

3. 组团式

组团式布局适用于平原地区的综合型村镇布局。这种布局的优点是布局紧凑、用地经济、工程投资省、施工方便，还便于组织生产和改善物质文化生活条件。其主要缺点是易受地形条件限制，且因布局集中、规模大，使得劳动半径大、出工距离远等。

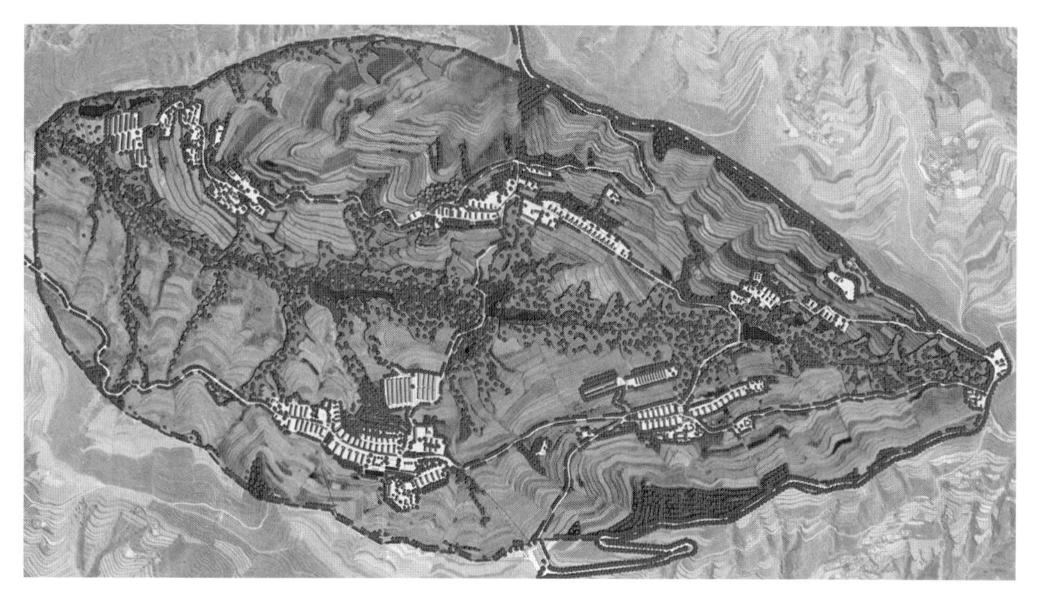

图 3.7 自由式布局

3.3 乡村居民点总体布局

随着新型城镇化和美丽乡村建设的发展，乡村地区将逐渐成为建设重点。因此，在新时期乡村建设，要突出景观和风貌的地域特色，注重历史文化和地方传统，探索因地制宜的乡村居民点布局优化模式。

3.3.1 乡村居民点总体布局内容和方法

乡村居民点总体布局要通过大量的行政村数据来分析，如区域内村庄规模、产业发展基础、职能定位和空间分布特征，以及设施分布类型和特点等。同时，依据上位规划综合分析城镇化发展途径、城镇体系及城镇总体布局，明确区域内城乡职能与空间布局关系，结合自然资源环境、人文资源、区域基础设施与社会服务设施的保护与开发，明确各类村庄功能与空间关系。

乡村居民点布局应按照“五个统筹”和“以城带乡、城乡互动”的发展原则，提出具体的村庄发展策略，建立科学合理的村庄布局体系，通过预测乡村人口容量，有效安排镇区、集镇、中心村、基层村等规模、职能和空间布局的规划，并提出村庄合并和空间转换的规划方案。

1. 村庄空间发展策略

乡村居民点优化布局要通过对市域内乡镇现状与规划的交通、建设用地、配套基础设施条件等内容进行综合评价(图 3.8)，规划可将市域内居民点空间按积极发展区域、引导发展区域、限制发展区域、禁止发展区域，同时参照村镇建设标准，进行居民点规划与建设。

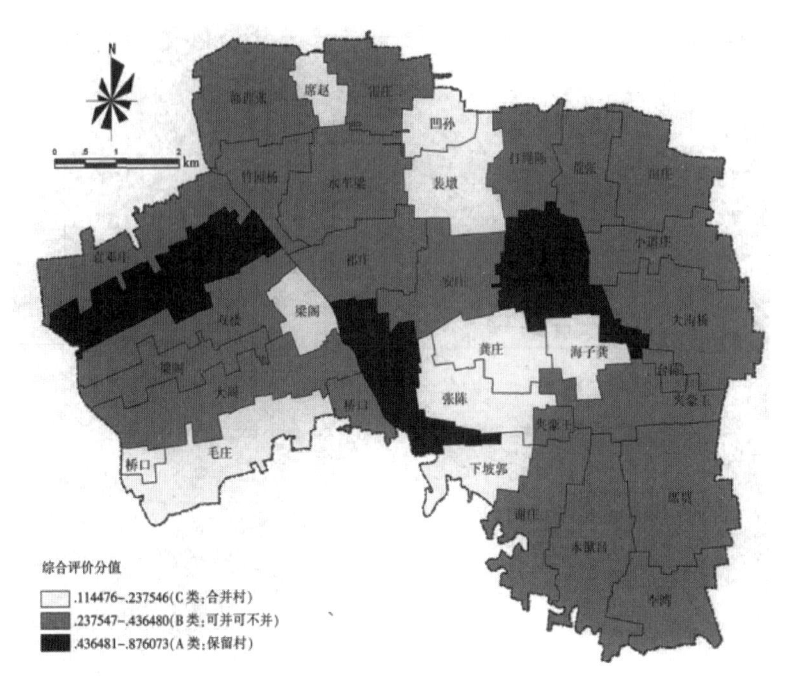

图 3.8　村庄发展潜力评价示例

2. 乡村居民点布局规划方法

乡村居民点总体布局应按照“发展潜力评价＋空间优化布局”的规划方法，见表 3-4。由于乡村居民点布局受到土地资源、基础设施配置、生活习惯、生产方式以及宗族关系等多方面影响，因而并没有统一的规划方法和措施，但是采用综合发展潜力评价和空间布局优化的方法能有效应对居民点合并所面临的问题负责。另外也要综合参考居民点区位和自然资源条件、耕种半径、设施配套、现状人居环境等。

3. 社会、经济和环境保护综合效益凸显

乡村居民点布局是城乡资源和土地整合、土地集约利用的有效办法，同时能有效提高人居环境建设水平，增加基础设施和社会服务设施投资。此外，乡村居民点布局能明确各级各类村庄职能和功能定位，确定发展村、保留村、合并村，更有针对性开展村镇产业，保护生态环境。

表 3-4　村庄布局常用的方法

研究方法	城镇化发展导向	综合发展潜力评价	迁出、并点和优化	生态规划策略
规划思路	村庄城镇化速度与人口减少成正比，规划应合理确定村庄合并	综合评价村庄经济、社会及公共服务设施与基础设施建设水平，村庄产业发展潜力	综合村庄经济发展实力，确定村镇并点方案，筛选集聚村	基于村镇非建设用地控制原则，优先考虑村镇生态基础设施建设

续表

研究方法	城镇化发展导向	综合发展潜力评价	迁出、并点和优化	生态规划策略
规划路径	村庄城镇化潜力评价—村镇搬迁成本评价—村庄布局模式选择—村庄发展趋势	农村居民点评价—村庄发展等级划分	发展潜力评价—空间布局优化	空间迁移成本—耕种半径制约—耕地活动评价—基层村布局

3.3.2　乡村居民点布局模式

1. 集中式布局

集中式布局是村庄普遍采用的布局方式。这种布局组织结构简单，内部用地和设施联系使用方便，节约土地，便于基础设施建设，节省投资。集中式布局适用于平原地区，特别是人均耕地面积较少的村庄，现状建设比较集中的村庄，其常用形式如图 3.9 所示。

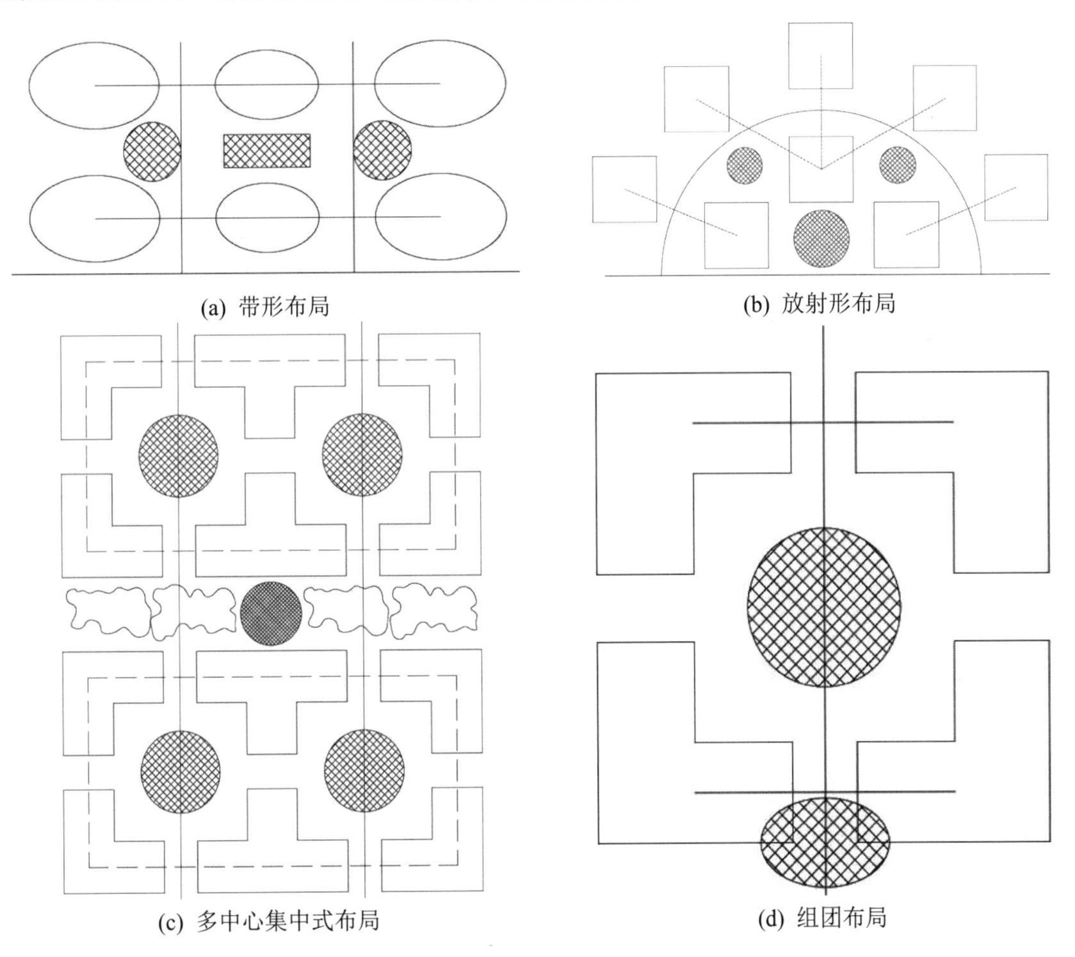

(a) 带形布局　(b) 放射形布局　(c) 多中心集中式布局　(d) 组团布局

图 3.9　集中式布局

2. 组团式布局

组团式布局一般是受地形和地貌影响，采取因地制宜的组团式布局方式，如图 3.10 所示。一般是与地形进行结合，较好保持原有生态环境，减少土石方量和对自然环境的破坏。组团式布局易造成村庄布局较为分散，土地利用效率低，公共设施和基础设施配套费用较高，使用不方便。

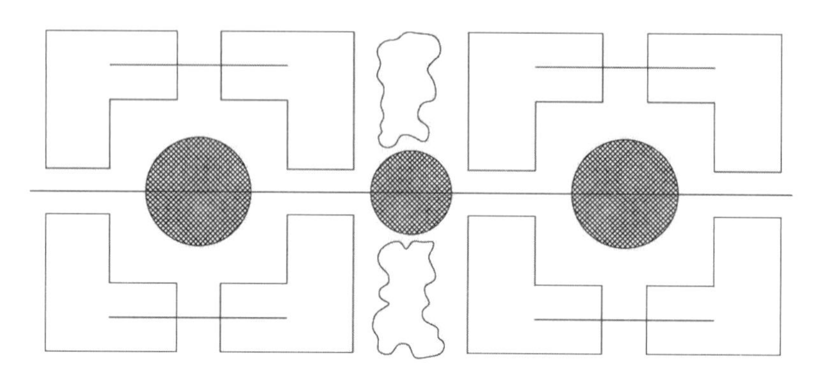

图 3.10 组团式布局

3. 分散式布局

分散式布局特点是结构松散，无明显的中心区，如图 3.11 所示。这种布局有利于保护生态环境，但基础设施配套难度大。分散式布局容易导致村庄占地面积过大，只适宜地形复杂，村庄建设规模较小的山区，尤其是处于风景区或历史文化保护区等地区的村庄。

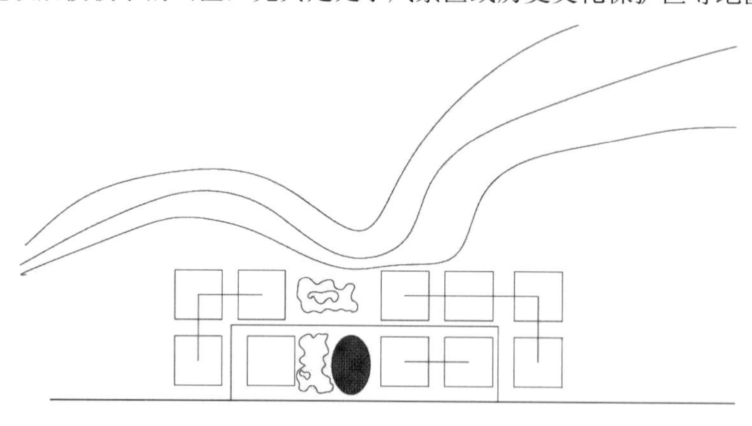

图 3.11 分散式布局

3.4 镇区用地布局规划

村镇总体布局是村镇的社会、经济、自然以及工程技术与建筑艺术的综合反映。对村镇现状、自然技术经济条件的分析，村镇中各种生产、生活活动规律的研究，各项用地的组织安排，以及村镇建筑艺术的要求，无不涉及村镇总体布局问题。针对这些问题的研究结果，最后又都体现在村镇总体布局中。

3.4.1 用地布局的影响因素与布局原则

1. 用地布局的影响因素

影响城镇建设用地布局的因素很多，主要包括以下几个方面。

(1) 自然环境。如地形地貌、地质条件、水文和气象条件等，这些因素对于城镇用地布局具有决定性影响作用。

(2) 城镇建设现状，包括城镇人口规模的现状及其构成，用地范围、工业、经济及科学技术发展水平等。

(3) 建设条件，包括水源、能源、交通运输条件等。

(4) 资源状况，包括矿产、森林、农业资源、风景旅游资源条件及分布特点等。

(5) 生产力分布及其资源状况，如规划区内城镇性质、规模等级和功能作用及其周边村庄发展潜力等。

2. 总体用地布局原则

1) 综合安排各类村镇用地

规划布局时应该对村镇中各类用地进行统筹安排，首先安排好影响总体布局的生产建设用地和居民点用地，也包括公共建筑、道路广场、公园绿化、基础设施用地等。同时需要处理好建设用地与非建设用地之间的关系。

2) 用地集约发展

城镇建设用地应集约发展，达到方便生产、生活的目的，同时又能使村镇建设造价经济、保护生态环境，避免城镇建设蔓延、分散发展。建设用地应该适当紧凑集中，体现村镇“小”的特点，避免大城市总体布局模式，造成土地浪费和设计经济发展不协调的局面。

3) 尊重地域条件

城镇建设用地应充分利用自然条件，体现地方性。河湖水系、丘陵和绿地等，均应有效组织到村镇建设发展中。比如在山地等区域，应充分结合地形条件，利用台地和坡度，营造与周围环境协调而富有地方特色的城镇布局方案。

3.4.2 城镇用地组织

1. 村镇用地组织

村镇规划工作内容很多，其中用地总体布局是其重点，而村镇规划用地组织结构则是用地总体布局的“战略纲领”，它指明了村镇用地的发展方向、范围，并规定各村镇的功能组织与用地的布局形态。因此，村镇用地组织将对村镇的建设与发展产生深远的影响。

1) 紧凑集中发展

小城镇规模和用地范围有限，一般镇区用地面积在 1～4 平方公里，可容纳 1～5 万人口。因而，城镇建设应紧凑集中发展，合理控制城镇规模，联片发展；公共服务设施集中布局，既降低城镇建设投资，又便于市民使用。

2) 空间发展弹性控制

新型城镇化和城乡统筹发展时期，更多的产业发展和旅游设施转向发展基础好的村镇地区，因而村镇发展在满足当前城镇建设发展需要的同时，又为城镇升级改造和产业提升发展提供充足的空间和用地。城镇道路空间骨架要为后期发展提供出路，基础设施布局选址要留有充足的土地空间。

2. 用地功能分区

小城镇的用地功能总体概况为居住、工作、交通、游憩等四个大方面。要创造更具有活力的城镇特色，就要构建各类用地联系方便、功能复合的城镇空间，构建一个协调发展的有机整体。

1) 小城镇用地功能组织以促进城镇活力和发展经济为目标

新时期城乡一体化发展，小城镇成为未来产业发展和城镇化的重点地区，因而在一些有条件地区，尤其是郊区城镇要改变片面强调农业生产的单一产业结构。城镇总体布局时要为产业发展和基础设施建设提供充足的发展空间，避免搞宽马路和大广场建设，减少城镇建设的经济浪费。

2) 用地功能组织要有利生产和方便生活

在整体用地功能组织时要将功能接近的紧靠布置，功能矛盾的分区布置，以有效搭配协调，这有利于能源和设施合理利用，降低建设成本，有效节约资源，减少交通运输和出行距离，节约功能管线铺设。

3.4.3 镇区发展与布局形态

城镇的形态与发展受到政治、经济、文化、社会及自然因素的制约。村镇在长期的发展过程中，逐步形成了形态各异的村镇空间形态。村镇空间形态是村镇用地布局和空间结构的形态表现。

村镇空间形态构成要素有公共中心、交通系统及村镇各项功能活动。公共中心是村镇中各项活动的主导，是交通系统的枢纽和目标，关系到整个村镇发展的各项功能布局。从村镇空间形态来看，其结构形态可以分为三个圈层。第一圈层是商业综合服务中心，这一圈层是村镇重要的商业、文化活动或行政服务中心；第二圈层是村镇生活的居住中心，有些兼有生产活动功能区；第三圈层是生产活动中心，有的也兼有一部分生活居住功能区。这种结构层次所表现出来的形态大致有圈层布局形态、带状布局形态和星指状布局形态。

1. 圈层布局形态

这种布局形态有利于合理安排生产用地与生活用地之间的相互关系，商业和文化服务中心的位置较为适中布置，如图 3.12 所示。

2. 带状布局形态

这种村镇布局往往受到自然地形条件限制而成；或者受到交通条件影响，如沿公路、沿河道的吸引而成。它的矛盾是纵向交通组织以及用地功能的组织，如果要加强纵向道路的布局，至少要有两条贯穿镇区的纵向道路，并把过境交通引向外围通过。在用地发展方向上，应尽量防止再向纵向延伸，而应合理组织横向发展，以有效分割由于地块狭长带来的生活、生产不利影响。同时，将村镇活动中心进行有效组织，形成多个公共中心，以便人们使用和活动，如图 3.13 所示。

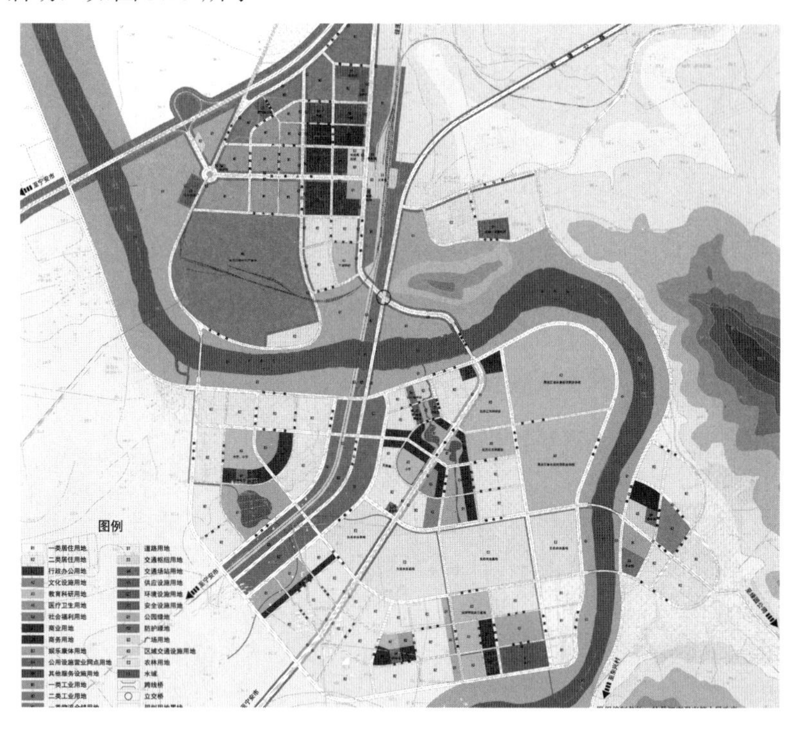

图 3.12 圈层布局形态

图 3.13 带状布局形态

3. 星指状布局形态

这种布局形态一般都是由内而外，沿不同方向延伸发展而成。在发展过程中要确保各类用地合理功能分区，不要形成相互包围的局面。这种布局的特点是村镇发展具有较好的弹性，内外关系比较合理，如图 3.14 所示。

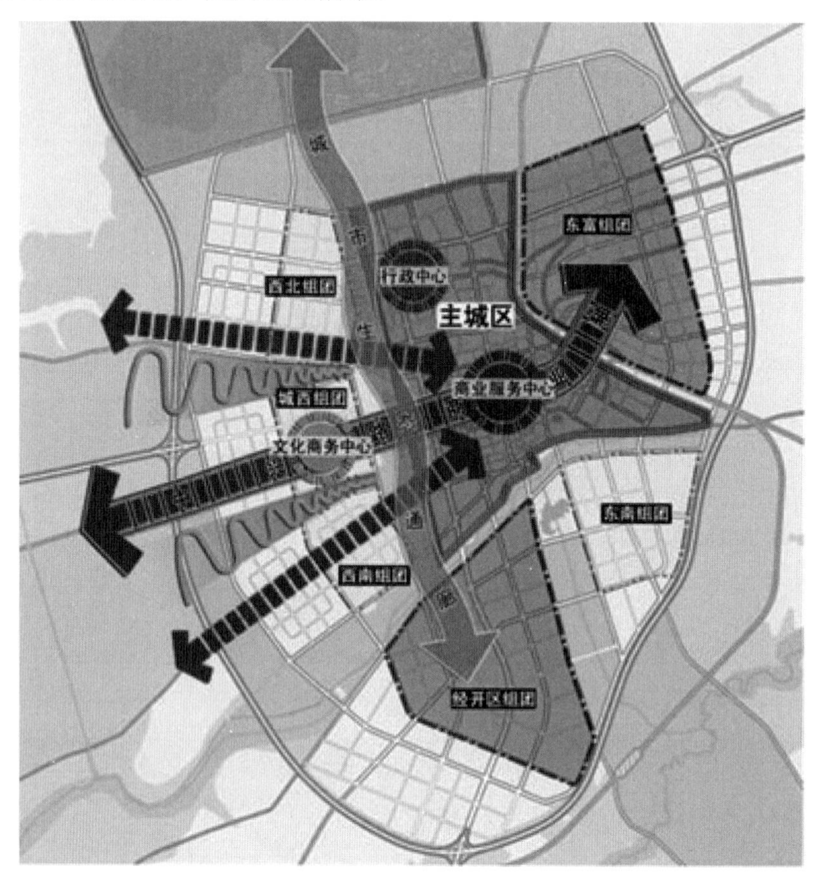

图 3.14　星指状布局形态

3.5 镇区总体城市设计

3.5.1　总体城市设计的任务

城镇总体城市设计对应于城镇总体规划阶段，应该对城镇整体风貌特色、景观与空间环境形态、实施运作机制等方面进行专项整体研究，为城镇下层次规划和详细设计提供指导依据，见表 3-5。

表 3-5 总体城市设计与各层规划衔接的主要内容

衔 接 要 素	规划衔接内容
城镇外围生态环境	规划范围内的旅游资源整合及环境保护规划；各旅游区分期开发规划；郊区山体及生态湿地保护规划
总体建设风貌	各主要节点、街道详细规划；各主要新区开发强度控制性规划
绿地环境	绿地系统专项规划；生态农业景观规划；主要公园详细规划
道路景观	主要道路街景规划；主要道路沿街建筑立面改造规划；主要道路街道家具专项设计
滨水景观	各河流景观详细设计；各河流生态整治规划
文化保护及展示	总体规划修编及周边地区建设协调规划；风貌环境保护规划；雕塑专项设计
建筑风貌	主要道路沿街建筑立面改造规划；主要节点及出入口主体建筑设计；主要新建居住区详细设计；其他各类建筑单体设计
夜景照明	主要道路街景及节点规划(含夜景)；主要道路及节点灯具专项设计

城市设计就是“设计城市”。城镇的城市设计过程不是单纯的工程设计，而是将其纳入城乡规划系统，结合环境特色和质量，塑造整体城市环境，从而达到 “设计城市”的目的。其首要任务是分析和研究城镇风貌特色。小城镇独特的风貌特色是其发展和繁衍的基础，是增强感染力和吸引力的核心，引发民众的归属感和自豪感的灵魂。任何城镇都有其特有的历史积淀、文化传统、社会环境和风土人情等风貌资源，只有对这些元素进行挖掘和提炼，有机组织到城镇发展策略和空间发展中，才能创造出鲜明的城镇特色。

3.5.2 总体城市的研究内容

1. 城镇风貌特色

城镇风貌涉及城镇建筑风貌、城镇形态、历史与传统、传统与现代、自然环境等五大领域内容。

城镇特色主要受到城市性质、规模、社会历史、地理环境、经济发展、文化背景等方面影响。我国很多城镇素有“山城”“瓷都”“泉城”的美誉，都来自城市特色的具体体现，其外显特征也包括城镇结构布局、建筑实体、开放空间、社会生活等方面。如云南香格里拉城镇整体形象风貌设计中就提炼了香格里拉整体形象构成要素(表 3-6)，并从自然生态环境系统、城市建设风貌系统、城市地方文化系统、建筑风貌系统等方面进行研究，如图 3.15 和图 3.16 所示。

城镇风貌特色设计应包括这些内容：①城镇特色资源环境调查；②特色环境现状评价；③城镇景观设计，包括城镇特色分区设计、景点设计、景观轴线、视廊设计、天际线设计等方面；④开放空间规划设计；⑤标志性建筑及其环境设计，环境设施与环境艺术设计；⑥历史文物建筑与历史街道、街区保护设计；⑦城市特色维护政策、特色设计的实施与管理。

表 3-6　香格里拉城市特色构成要素汇总表

大类	亚　类	基本类型	典型景观
自然特色构成要素	地文类景观	远山	哈巴雪山、石卡雪山
		近山	白鸡寺山、玉凤山、大龟山、小龟山
	水域类风光	河流	奶子河、纳曲河
		湖泊	龙潭湖、纳帕海
	天象景观		纳帕晚霞、格宗月夜
	生物类景观	行道树种	云杉、冷杉
		奇花异草	虫草、杜鹃、星叶草、雪莲、贝母、红山茶、格桑花、薄荷
		草甸草场	纳帕草甸
		特有动物	牦牛、藏獒、黑颈鹤、熊
人工特色构成要素	古迹与建筑类	社会经济文化遗址	茶马古道
		古城遗址	独克宗古城(蛛网式布局，呈莲花状)
		宗教建筑	噶丹松赞林寺、百鸡寺、大宝寺
		殿堂	中心镇公堂
		雕塑	飞马拾银
		陵园	县革命烈士陵园
		特色村落	错古隆特色民族村镇
		机场	香格里拉机场
	健身消闲类	公园	五凤山公园、小龟山公园
		休闲地	跑马场
人文特色构成要素	宗教文化类	宗教	藏传佛教、原始宗教
		节庆日	藏历年、迎佛节、转山节、朝水节、三相会节、朝圣节、燃灯节、枯冬节
	民俗风情类	舞蹈	锅庄舞、东巴舞、羌姆舞、琵琶舞、葫芦笙舞、弦子舞、呀哈里、门达磋等
		赛会	五月赛马会、遛马会、正月骑射舞歌会
		音乐	洞经音乐、锅庄调、冈桑等
		体育	赛马、拔河、射箭、射弩、秋千、摔跤、阿学、举石等
		服饰	蒙古族服饰、纳西服饰、傈僳服饰、普米服饰、苗族服饰、黎族服饰等
		庙会	城隍庙会、观音庙会、玄天庙会、圣母庙会等
		市场与购物中心	建塘镇购物场所、池步卡步行街、无公害市场
		工艺品	木碗、土陶、牦牛头、挂毯、藏刀等
		地方产品	松茸、虫草、贝母、当归、羊肚菌、天麻、雪茶、牛皮、羊皮、牦牛肉、酥油等

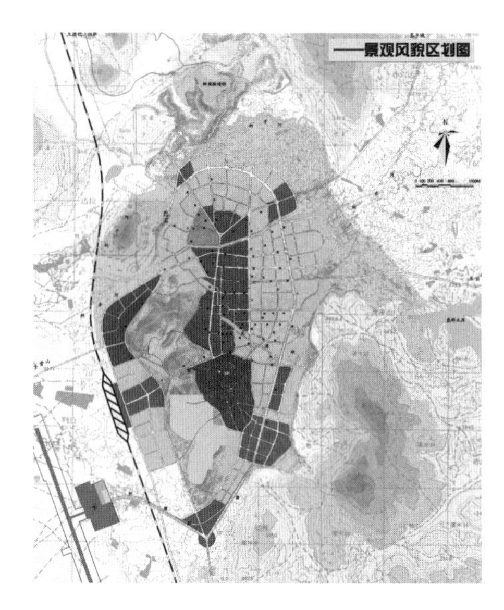

图 3.15　香格里拉景观风貌区划

图 3.16　香格里拉建筑风貌区划

2. 景观设计

城镇景观体系主要包括城镇形态、城镇竖向轮廓、城镇建筑景观、城镇标志系统等内容。

1) 城镇形态

城镇形态是形成城镇整体、空间秩序，构筑城镇格局特色的基础。城镇形态是根据自然历史环境及历史发展的文化积淀，结合城镇功能发展需要，经过形式艺术处理而形成的。世界许多富有魅力和特色的城镇常常具有优美的构图效果，如巴西利亚、华盛顿等，这些是城镇空间艺术布局的体现。城镇形态设计内容包括：自然地理条件特征及其运用、城镇历史文化的保护与发展、城镇现状格局基础、城镇功能和物质发展要求、城镇空间形态艺术安排等。

2) 城镇竖向轮廓

城镇竖向特征与城镇天际线是构成城镇景观的决定条件。在城镇空间布局、建筑高度控制、景观轴线和视线组织等方面都要考虑利用起伏变化的地形条件，制定相关的发展控制对策和措施。

城镇天际线是指城镇空间建筑或自然地形在高度上的天际轮廓，是反映城镇总体形象艺术的重要方面。如何结合地形特征、建筑群布局等方面创造出城镇主要入口和主要景观方向的天际线，是总体城市设计的任务。

3) 城镇建筑景观

建筑高度分布是形成整体城镇景观效果的重要因素，例如重要视线走廊范围内建筑适当退让或降低高度，重要主题性标志物周围建筑高度与之协调，不同的特色分区从高度分区上得以体现等，都要根据整体建筑高度控制策略确定。

景观视线走廊是规定一个空间范围以保证视线畅通，保证人在一定的位置与自然景点、人工景点之间在视觉上保持方便联系。景观视廊系统由重要的景观点、观景点和视线走廊组成。视觉走廊要通过限制建筑物的位置、高度、宽度、布置方式来实现，防止城镇景观和观景点被遮挡。

建筑景观也是城镇环境与景观中影响最大的要素。城镇建筑艺术在城镇环境艺术中占重要地位，城镇建筑特色和风格是构成城镇整体环境特色和风格的重要方面。总体城镇设计要研究城镇现状建筑景观的综合建设水平、建筑艺术特色基础，并提出建筑风格、色彩、材质使用等方面的总体艺术策略。

4) 城镇标志系统

城镇标志系统主要由标志性构筑物、标志性建筑物及其组群和标志性城镇空间环境等构成。要从总体上对具有标志意义的要素进行发展方向、对策措施上的研究，并根据城镇发展和城市设计的目标完善标志系统，丰富城镇景观，突出城镇特色。

3. 城镇开发空间系统

城镇城市设计的根本任务是改善城镇空间环境质量，所涉及的空间主要包括公共开放空间中的公园绿地、广场、街道等。

1) 城镇公园绿地

城镇公园绿地是非常具有活力的城镇公共活动场所，能提供宽阔的场所，是城市园林绿地的主体。城镇公园绿地设计要对现有开放型公园绿地空间进行系统的调查分析，从公共空间和场所意义角度进行综合评价，确定发展目标，并结合城镇性质和功能提出发展对策和控制引导措施。

2) 城镇广场

广场不仅是具有象征意义的城市中心，而且是市民活动的主要空间。广场类型多样，如交通广场、市民活动广场、行政广场等，其规模和面积大小不等。城镇总体城市设计要系统组织好城镇各级广场布局、规模、场所位置，以及界面效果。

3) 城镇街道

街道是空间分布最广、连续性最强的线性公共空间，承担着交通功能，也为人们提供了公共活动场所，是城市公共服务设施依附载体。在城市设计中要组织好城市交通、步行街、步行区系统；解决街道的交通与沿街商业等功能之间的关系；处理好机动车、自行车的停放功能问题，安排好集中的社会停车和分散的专用停车空间；组织街道的建筑物、构筑物、绿化等元素构成的侧界面，处理好墙体的景观效果；创造公共开放空间，组织街道的地面铺装和绿地布置；解决行人在街道上的各种行为需求及相关设施、小品的配置等，如图 3.17 和图 3.18 所示。

图 3.17　特色街道空间

图 3.18　景观街道示意方案

本章小结

改革开放以来，我国社会经济持续高速增长及经济全球化等因素带动了城镇化快速发展。然而，在这种快速城镇化进程中，我国城镇化发展也日益凸显了很多问题，尤其对村镇土地空间的蚕食和侵占现象凸显，城乡发展失衡，人居环境水平差距加剧。因此，要加强村镇土地利用规划和相应管理，建设有序的发展模式。

村镇总体规划是对镇(乡)域范围内镇村体系及重要建设项目的总体部署。本章阐述了村镇规划与建设中存在的主要问题，并提出村镇发展迫切需要解决的问题和途径。镇(乡)规划中阐述了其规划内容及乡村居民点布局要求和布局模式。在建设有序发展的城乡规划基础上，要加强镇区用地布局规划，节约用地，紧凑发展，阐述了镇区用地发展和布局形态，以及镇区总体城市设计的任务和内容。

思考题

1. 镇(乡)域规划的内容包括哪几方面?
2. 乡村居民点总体布局规划内容有哪些?
3. 乡村居民基本布局模式有哪些?
4. 影响村镇布局的基本因素有哪些?
5. 镇区用地布局的基本形态有哪些?
6. 镇区总体城市设计的任务和内容是什么?

第4章

村庄建设规划

【教学目标与要求】

● 概念及基本原理

【掌握】村庄规划的任务、内容和规划依据；村庄规划的相关法律法规及地方规范；村庄环境整治和更新改造设计内容；乡村院落空间布局的基本形式。

【理解】村庄规划相关法律和规范内容；村庄建设规划和环境整治。

● 设计方法

【掌握】村庄环境整治内容；乡村院落空间布局方法。

4.1 村庄规划的任务、内容和依据

4.1.1 村庄规划的任务

1. 村庄规划的作用

乡规划和村庄规划是做好农村地区各项建设工作的基础，是各项建设管理工作的基本依据，对改变农村落后面貌，加强农村地区生产、生活服务设施、公益事业等各项工作，推进新型城镇化背景下美丽乡村建设，统筹城乡发展，建设美丽乡村的和谐社会等具有重大意义。

2. 村庄规划的主要任务

首先，从农村实际出发，尊重农民意愿，科学引导，体现地方和农村特色。其次，坚持以促进生产发展、服务农业为出发点，处理好美丽乡村建设与工业化、城镇化快速发展之间的关系，加快农业产业化发展，改善乡村人居环境和经济发展现状。

4.1.2 村庄规划的内容

1. 调研内容

村庄建设规划调研包括以下几项内容。

(1) 村庄的历史沿革与文化，既强调那些在区域中相对独特、具有较高价值的历史和文化要素，也重视村庄当地的民间工艺、生产生活方式、建设方式、空间格局等广义上的文化要素。

(2) 村庄所在地域的自然与用地条件，包括地形、地貌、水系、农田、植被、名古木

树等。另外，收集当地的土地利用规划，掌握未来农村建设用地、基本农田、一般农田、林地等各类用地的数量和空间。

(3) 人口状况及其历史变动，包括户籍人口、常住人口、外来人口，特别强调掌握外出务工人员的数量。村庄人口的年龄结构，户均人口等数据。

(4) 村民的生产方式，一方面了解村民生产空间的分布；另一方面了解产业的结构和各类从业人员的大致数量。

(5) 村民的生活方式，包括对私有空间、公共空间、交通设施、社会设施、基础设施的使用方式。

(6) 居住状况，调查村庄的每个住宅，掌握其主要的特征，如空间形式、高度、质量、风格、色彩等方面。

(7) 公共建设及使用状况，包括道路的走向、宽度、质量以及使用状况；公共服务设施，如学校、公交站、卫生所、文化站、敬老院的位置、空间、数量以及使用状况；基础设施，如给水设施和管网、排水设施和管网、电力设施和线路、燃气设施和管网、垃圾收集设施、公共厕所、消防设施、防灾设施和避难场所等的空间位置和运营状况。

(8) 村民、村干部对村庄问题的看法及意向。

2. 村庄规划的主要内容

1) 村庄用地功能布局

依据村镇建设用地分类标准，确定规划范围内的用地功能，完成用地平衡表，确定主要经济技术指标。同时，根据村庄建设的灵活和混合功能特点，在用地布局时不应固执于城市规划思维中的明确功能分区，而应该具体判断用地功能之间的关系，以及村民使用的便利性，是否符合村民生活方式。当遇到规划用地功能与现状不一致的情况时，以建设质量评价为依据，尽量利用既有的房屋、设施进行功能转换，把功能上冲突小的进行混合。

2) 道路与交通系统规划

道路与交通系统规划要重点解决村庄道路与交通的现状问题。村庄道路普遍存在的问题是路面质量差、宽度不足、连通性差、可达性低，难以适应现代生活的需求。特别是在新型城镇化推进下，村庄机动化发展趋势下，村庄道路难以满足机动车通行、停车的需求，村庄消防通道存在严重安全隐患。在村庄道路与交通系统规划时，应注意以下几方面内容。

(1) 尊重村庄现状，避免大刀阔斧的路网调整。村庄的现状布局有其历史原因，已经形成了既定的利益格局，因此不宜对道路体系进行大幅度的改变，而应尽量在现状的基础上，因地制宜地进行改善，比如增设连接道路，增加路网的连通性，扩宽局部路段。

(2) 工作宜尽量细致，考虑规划建设对村民的影响。考虑村民的住宅或产业与道路规划存在的矛盾，可以对这些村民进行安置或补偿。

(3) 道路交通规划应满足机动车交通需求。一般村庄内部空间有限，将道路都改造达到适合小汽车通行通常不现实，往往需要采取折中办法，在村庄边缘或空闲地结合服务设施，规划停车场。

(4) 重视公共交通规划。村庄普遍存在的问题是公交落后，以致村民与外界交流不便。由于公共汽车体积大，一般难以进入村庄内部，因此公交站宜设置在村庄外围的入村道路附近。

3) 生产用地与建设规划

村庄规划要合理安排生产用地与生活用地。生产用地既包括制造业，也包括与农业生产相关的活动及家庭副业。对于不同类型的生产，在布局和建设上需要采取相应措施。制造业中，大体可分为有污染和低污染两类。对于有污染的产业，尽可能减少与生活功能的混合与干扰；宜集中规划在村庄的边缘，这样有利于集中控制污染并处理排放。同时，产业用地选址宜接近交通运输条件较为方便，用地比较充足，可以满足堆场、仓储需要的地方。对于低污染的产业，在满足生产要求的前提下，可以与生活用地混合。

家庭养殖是村庄生活的一个普遍现象，容易产生一些问题和矛盾。一刀切地改家庭养殖为集中养殖不符合村民的生活方式，不具有现实可操作性，应以“小集中、大分散”为原则规划养殖产业。

4) 居住用地

居住用地是村庄中的主要用地类型，布局的灵活性较高。在规划中，主要任务是通过对村民住宅的修整、改造，提高村民的居住质量；通过形式、风貌上的控制，保持与村庄整体风貌协调。

(1) 要尊重村庄原有居民的居住方式。要充分调查村民的居住方式，如有哪些不同功能的空间组成，空间的组织方式如何等。

(2) 根据房屋的功能、质量、外观、经济、历史与文化价值，选择对住宅的处理方式，包括保护、整修、改造、重建、新建等。

(3) 提出住宅处理的具体做法。如结合村庄旅游服务业以及农家乐场所等，可以设计灵活的居住组合模式。

5) 公共设施用地与建设用地

村庄公共设施规划内容按村庄的规模有所不同。按照《村镇规划标准》(GB 50188—1993)，在中心村这一层面，必须设置的公共设施有：村委会、小学、幼儿园；托儿所、卫生院、文化站可根据条件而设。尽量布局在人流集中、交通方便、可达性高的地方。根据村庄实际情况，设施尽量共享用地，如村委会、卫生站、文化站、活动场地，学校的活动场地和设施也可以开放共享。

6) 商业服务设施用地

村庄基本商业服务设施包括商店、街市等形态，处于村庄的中心或者交通区位较好的地带，规划布局原则上尊重村庄原有的生活形态。特别需要注意配置的是街市、菜场等，这些是村民与外界交易农产品、生活用品的场所。因此，这些场所内外交通条件应便利，而且需要配置交通工具停放空间和设施、公共厕所，另外给水、排水、电力等基础设施要有所保障。

在有条件的村庄，除规划一些常规商业服务设施外，应结合历史文化、自然资源，规划古村落旅游、农业休闲旅游，吸引游客体验村庄的原始风貌，同时配置游客服务中心，家庭旅馆和农家乐等设施，以及农产品生产与加工体验作坊。

7) 基础设施用地

村镇基础设施条件差是普遍问题，也是村民最为关心和需要解决的方面。因此规划中要着重解决这些问题。基础设施规划应贯穿因地制宜的原则，必须符合当地的自然条件，以及村民的生活习惯、偏好和经济承受能力。

(1) 给水规划的水源选择要根据地区的状况进行规划。对距离上位城镇较近的村庄，首先考虑由城镇的水厂统一供水。需要自行解决供水的，根据资源条件选择山泉水、地表水、地下水。用水量估算不仅要考虑本村的需求，还要考虑邻近自然村共用的情况，能共用则共用。水处理设施尽量成规模，如难以实现，可分为十几户到几十户为一组集中处理。供水管道按需分级，尽量成网。

(2) 排水规划首先考虑与上位城镇的关系，如果距离较近、工程难度和成本低，可将污水输送至城镇污水处理设施统一处理。需要自行解决排水的，优先考虑建设集中处理设施。因农村主要为生活污水且总量有限，对环境的污染可控，可以采用简易处理设施，经浅度处理后排放。无条件建设处理设施的，可以考虑采用湿地生态处理方式。

(3) 电力供应一般由外部输入，通过对用电负荷进行测算后，根据上位电力规划，在村内建设变电站。在条件允许的前提下，线路尽量采用地下敷设，注意高压线走向与村庄建设用地的关系，必要时留出高压走廊。

(4) 能源结构要根据村庄发展实际情况确定。利用农村大量的禽畜粪便，可大力发展沼气。可以用来施肥，一物多用，节能环保，实施简单，成本低廉。以家庭为建设单位，也可以几个家庭共同建设，或者在养殖场集中建设作为公共气源。

(5) 重视环卫设施规划。农村环境卫生条件差，严重污染了乡村生态环境，影响了村民生活质量。垃圾收集点的设置要尽量多，方便村民就近投放，同时需要有高效的垃圾收集工作来保障。有条件的村庄可以设置垃圾压缩中转站，规划在村庄边缘且对外交通方便处，由城镇负责运输和统一处理。公共厕所宜设置在公共设施、广场、公交站等人流聚集处，也可设置在住宅组团中，为没有条件进行厕所改造的家庭服务。

3. 规划成果

1) 规划文本

规划文本的内容包括：新村规模与选址；规划范围现状条件分析；规划原则和总体构思；用地布局；空间组织和景观特色要求；道路和绿地系统规划；各项专业工程规划及管网综合；竖向规划；主要技术经济指标，一般应包括总用地面积、总建筑面积、住宅建筑总面积、平均层数、容积率、建筑密度、工程量及投资估算。

2) 规划图纸

规划图纸主要包括：规划选址范围图；规划地段现状图(1∶2000～1∶500)；新村建设总平面图(1∶2000～1∶500)；道路交通规划图(1∶2000～1∶500)；竖向规划图(1∶2000～1∶500)；单项或综合工程管网规划图(1∶2000～1∶500)；住宅建筑选型平面、立面、剖面图；表达规划设计意图的模型或鸟瞰图。

4.1.3 村庄规划的依据

现行乡村综合性标准、法律法规和技术规范主要有《城乡规划法》《镇规划标准》(GB 50188—2007)及《村庄整治技术规范》(GB 50445—2008)。

《城乡规划法》明确了城乡规划的层级关系和相关法律规范内容；《镇规划标准》(GB 50188 —2007)适用于全国县级人民政府驻地以外的镇规划、乡规划；《村庄整治技术规范》(GB 50445—2008)主要为村庄整治工作，在安全与防灾、给水设施、垃圾收集与处理、粪便处理、排水设施、道路桥梁及交通安全设施、公共环境、坑塘河道、历史文化遗产与乡土特色保护、生活用能等方面进行了技术上的规定。

《城乡规划法》中第三条规定："县级以上地方人民政府根据本地农村经济社会发展条件，按照因地制宜、切实可行的原则，确定应当制定乡规划、村庄规划的区域。在确定区域内的乡、村庄，应当依照本法制定规划，规划区内的乡、村庄建设应当符合规划要求。县级以上地方人民政府鼓励、指导前款规定以外的区域的乡、村庄制定和实施乡规划、村庄规划"。

乡规划由乡政府组织编制，乡规划成果报送审批前应当依法将规划草案予以公告，并采取座谈会、论证会等多种形式广泛征求村民、社会公众和有关专家的意见。公告的时间不得少于三十日。村庄规划由村庄所在乡、镇人民政府组织编制，村庄规划在报送审批前，应当经村民会议或者村民代表会议讨论同意，见表 4-1。

表 4-1 村庄规划相关法律法规内容

法 律 法 规	相关条文说明
城乡规划法	第二条 本法所称城乡规划，包括城镇体系规划、城市规划、镇规划、乡规划和村庄规划。 第二十二条 乡、镇人民政府组织编制乡规划、村庄规划，报上一级人民政府审批。村庄规划在报送审批前，应当经村民会议或者村民代表会议讨论同意。 第二十六条 城乡规划报送审批前，组织编制机关应当依法将城乡规划草案予以公告，并采取论证会、听证会或者其他方式征求专家和公众的意见。公告时间不得少于三十日。组织编制机关应当充分考虑专家和公众的意见，并在报送审批的材料中附具意见采纳情况及理由
村庄和集镇规划建设管理条例	第八条 村庄、集镇规划由乡级人民政府负责组织编制，并监督实施。 第十一条 编制村庄、集镇规划，一般分为村庄、集镇总体规划和村庄、集镇建设规划两个阶段进行。 第十四条 村庄、集镇总体规划和集镇建设规划，需经乡级人民代表大会审查同意，由乡级人民政府报县级人民政府批准。 村庄建设规划，须经村民会议讨论同意，由乡级人民政府报县级人民政府批准
镇(乡)域规划导则	镇(乡)域规划的组织编制和审批应当分别按照《城乡规划法》对镇规划和乡规划组织编制和审批的要求执行

4.2 村庄环境整治和更新改造设计

《村庄整治技术规范》(GB 50445—2008)中明确提出，村庄整治应充分利用现有房屋、设施及自然和人工环境，通过政府帮扶与农民自主参与相结合的形式，分期分批整治改造农民最急需、最基本的设施和相关项目，以低成本投入、低资源消耗的方式改善农村人居环境，防止大拆大建、破坏历史风貌和浪费资源等现象的发生。

村庄整治应因地制宜、量力而行、循序渐进、分期分批进行，并应充分传承当地历史文化传统，防止违背群众意愿，搞突击运动，并应符合下列基本原则。

(1) 充分利用已有条件及设施，坚持以现有设施的整治、改造、维护为主，尊重农民意愿、保护农民权益，严禁盲目拆建农民住宅。

(2) 各类设施整治应做到安全、经济、方便使用与管理，注重实效，分类指导，不应简单套用城镇模式大兴土木、铺张浪费。

(3) 根据当地经济社会发展水平、农民生产方式与生活习惯，结合农村人口及村庄发展的长期趋势，科学制定支持村庄整治的县域选点计划。

(4) 综合考虑整治项目的急需性、公益性和经济可承受性，确定整治项目和整治时序，分步实施。

(5) 充分利用与村庄整治相适应的成熟技术、工艺和设备，优先采用当地原材料，保护、节约和合理利用能源资源，节约使用土地。

(6) 严格保护村庄自然生态环境和历史文化遗产，传承和弘扬传统文化。严禁毁林开山，随意填塘，破坏特色景观与传统风貌，毁坏历史文化遗产。

村庄整治项目应包括安全与防灾、给水设施、垃圾收集与处理、粪便处理、排水设施、道路桥梁及交通安全设施、公共环境、坑塘河道、历史文化遗产与乡土特色保护、生活用能等。具体整治项目应根据实际需要与经济条件，由村民自主选择确定，涉及生命财产安全与生产生活最急需的整治项目应优先开展。

4.2.1 改善村庄人居环境状况

1. 加强村庄人居环境建设

村庄人居环境改善涉及的方面包括：道路建设与修缮、公共设施的完善和提升、水系疏通与整治、垃圾及污水处理、安全饮用水保障、乱搭乱建整治工程、村工业污染排放整治等。因而，村庄人居环境改善重点要加强村庄基础设施建设，包括供水、排水、供电、垃圾收集、污水处理等，提高公共服务设施能力，改善人居环境。尤其在西部一些丘陵或山区，引水成为急需解决的问题，如甘肃大坪村村庄规划，村民饮用水仍然采用水窖作为人畜饮用水源，如图 4.1 所示。

图 4.1 甘肃省大坪村

【村庄饮用水】

【村庄垃圾收集处理】

2. 保护村庄特色与乡土风情

【生态循环】

1) 保持乡村生态环境

良好的生态环境是农业生产之本、农民的生存之本，维持良好的生态环境系统是村镇建设的重要目标，也将成为脱贫致富之后农民的第一需求，更是吸引人下乡旅游的主要因素之一。村庄周边的区域对农民的资源支撑能力，农业农村的生态共生能力和废物吸收分解能力是有限的，所以村庄整治规划必须更加重视“生态的承载力”，保持乡村生态循环，如图 4.2 所示。

图 4.2　浙江富阳区大溪村鸟瞰图

2) 传承乡土文化

村庄整治应该保留和传承农民熟悉的传统文化场景，要尽可能地向历史学习，尊重与保护村庄的文化遗产、地域文化特征以及自然特征的混合布局相吻合的文化脉络。这应成为村庄整治建设的守则，更是村庄环境整治的重要内容。

3) 生活污染治理与资源利用相结合

村庄垃圾应及时收集、清运，保持村庄整洁。 村庄生活垃圾宜就地分类回收利用，减少集中处理垃圾量。人口密度较高的区域，生活垃圾处理设施应在县域范围内统一规划建设，宜推行村庄收集、乡镇集中运输、县域内定点集中处理的方式，暂时不能纳入集中处理的垃圾，可选择就近简易填埋处理。工业废弃物、家庭有毒有害垃圾宜单独收集处置；少量非有害的工业废弃物可与生活垃圾一起处置；塑料等不易腐烂的包装物应定期收集，可沿村庄内部道路合理设置废弃物遗弃收集点。结合农业利用可降低生活污水处理投入，并使农业生产成为生活废弃物消纳的重要场地。农村生活污水处理与农业生产相结合是实现减量化、资源化处理的有效途径。

3. 建筑整治与引导

在建筑整治与引导上，规划应结合现状建筑质量及风貌进行综合分析评价，根据建筑现有的使用功能和所处位置，将建筑划分为保护、保留、重点整治、一般整治、拆除五类，并分别提出整治措施与要求，如图 4.3 所示。

图 4.3 沿街建筑改造前后对比

应根据地域居民特征及村庄自身建筑特色，提出建筑整治目标及整治意向；同时将与建筑整治直接相关的建筑外观元素进行分类处理，并提出各类元素的整治模板。

【乡村建筑风貌整治】

4. 节点空间设计与引导

村庄公共环境整治应遵循适用、经济、安全和环保的原则，恢复和改善村庄公共服务功能，美化自然与人工环境，保护村庄历史文化风貌，并应结合地域、气候、民族、风俗营造村庄个性。对村镇宅基地以及闲置用地的整理，结合组团布局设置组团绿化，并以修建性详细规划深度对节点进行设计，直接指导村庄建设，如图 4.4 所示。

图 4.4 村庄公共活动广场

5. 村容村貌规划设计

1) 村庄环境整治

村庄环境整治前后对比如图 4.5 所示。

(a) 环境整治之前<一>

(b) 环境整治之后<一>

(c) 环境整治之前<二>

(d) 环境整治之后<二>

图 4.5　村庄环境整治前后对比

【村庄街道整治】

(1) 村庄主要街道两侧可采用绿化等手法进行美化，街巷两侧乱搭乱建的违章建(构)筑物及其他设施应予以拆除。

(2) 公共场所的沟渠、池塘、人行便道宜采用当地砖、石、木、草等材料进行铺装，手法应自然，岸线应避免简单的直锐线条，人行便道避免过度铺装。

(3) 村庄重要场所可布置环境小品，其应简朴亲切，以农村特色题材为主，突出地域文化民族特色。

(4) 公共服务建筑应满足基本功能要求，且宜小不宜大，建筑形式与色彩应与村庄整体风貌协调。

(5) 根据村庄历史沿革、文化传统、地域和民族特色确定建筑外观整治的风格和基调。

(6) 引导村民逐步整合现有农民住宅的形式、体量、色彩及高度，形成整洁协调的村容风貌。

(7) 通过保留村庄现有水系的自然岸线，整治边坡与岸线建筑环境，形成自然岸线景观。

(8) 保护村庄内部的古树名木、祠堂、名人故居、碑牌甬道、井台渡口等特色文化景观。

2) 村庄公共活动场所整治

【村庄公共活动场所】

(1) 公共活动场所宜设置在靠近村委会、文化站及祠堂等公共活动集中的地段，也可根据自然环境特点，设置在村庄内水体周边、坡地等处的宽阔位置。

(2) 已有公共活动场所的村庄应充分利用和改善现有条件，满足村民生产生活需要。

(3) 无公共活动场所或公共活动场所缺乏的村庄，应采取改造利用现有闲置建设用地作为公共活动场所的方式新建公共活动场所，严禁侵占农田、毁林填塘。

(4) 公共活动场所整治时应保留现有场地上的高大乔木及景观良好的成片林木、植被，以保证公共活动场所的良好环境。

(5) 公共活动场地应平整、畅通，无坑洼、无积水、雨雪天无淤泥。条件允许的村庄可设置照明灯具。

(6) 公共活动场所可根据村民使用需要，与打谷场、晒场、非危险品的临时堆场、小型运动场地及避灾疏散场地等合并设置。

(7) 公共活动场所可配套设置坐凳、儿童游玩设施、健身器材、村务公开栏、科普宣传栏及阅报栏等设施，提高综合使用功能。

(8) 公共活动场所上下台阶处应设置缓坡，方便老年人、残疾人使用。

3) 乡土风貌特色保护

在村庄整治中应严格、科学保护历史文化遗产和乡土特色，延续与弘扬优秀的历史文化传统和农村特色、地域特色、民族特色。对国家历史文化名村和各级文物保护单位，应按照相关法律法规的规定划定保护范围，严格进行保护。对其他具有历史文化价值的古遗址、建(构)筑物、村庄格局和具有农村特色、地域特色以及民族特色的建筑风貌、场所空间和自然景观应经过认定，严格进行保护。

村庄整治应注重保护具有乡土特色的建(构)筑物风貌、山水植被等自然景观及与村庄风俗、节庆、纪念等活动密切相关的特定建筑、场所和地点等，并保持与乡土特色风貌的和谐。

4.2.2 村庄更新改造的内容

乡村更新改造应根据乡村自身实际情况，包括乡村经济社会发展水平、村庄建设现状、发展潜力、人居环境状况、现状建筑质量等。一般来说，村庄更新改造内容包括以下几个方面。

(1) 确定乡村的建设用地标准。乡村建设用地标准包括人均建设用地标准、建设用地构成比例、人均各项建设用地标准。

(2) 确定各项建筑物的数量和等级标准。

(3) 提出调整村庄布局方案。根据乡村总体发展情况，合理确定生产建设用地、住宅建筑用地和公用服务用地及基础设施用地，调整乡村总体空间布局，将村镇公共设施适当集中布置，形成村镇中心，便于村民使用。

(4) 根据总体更新改造方案，合理确定分期实施方案，安排近期建设项目。

村庄整治规划要从我国村庄数量大、规模小的实际情况出发，结合城镇化进程中乡村人口逐渐减少、资源投入有限等条件，集中力量搞好村庄特色整治，促进村庄可持续发展。要立足现有基础整治，绝不能盲目地铺摊子、上工程、圈土地、搞建设，要坚决防止用城市建设的方法搞规划整治，防止大拆大建。同时，要根据村庄发展特点和区位条件，合理安排符合村庄实际发展的产业和建设内容。

4.3 乡村院落空间布局形式

乡村院落空间组成包括三大部分：居住部分、辅助设施和院落空间。

居住部分是院落空间主要部分，包括堂屋、卧室和厨房。辅助设施包括厕所、禽畜圈舍、沼气池、水井等设施和空间。村庄住宅一般都有一个或多个院落空间，在院落中有田园菜地、房舍、可以堆放农机具和村民必要生活设施，是进行家庭副业的场所，也是家庭田园的种植空间。

4.3.1 乡村院落空间的基本形式

乡村院落空间布局形式多样，受到不同地域自然环境、气候条件以及生活习性等影响。乡村院落布局形式最主要还是尊重当地历史发展环境和民俗民风，一般分为常用的四种形式，如图 4.6 所示。

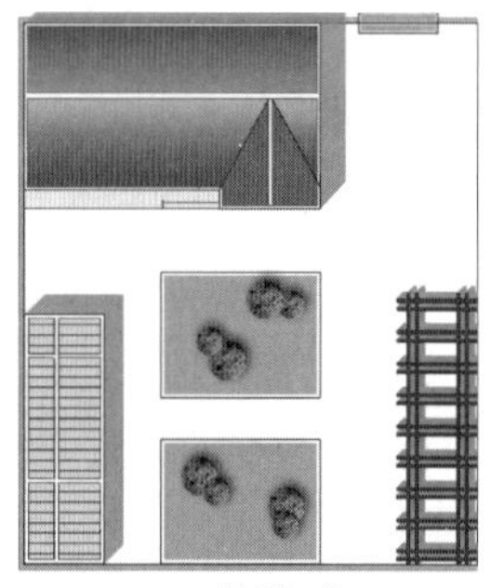

(a) 前院式

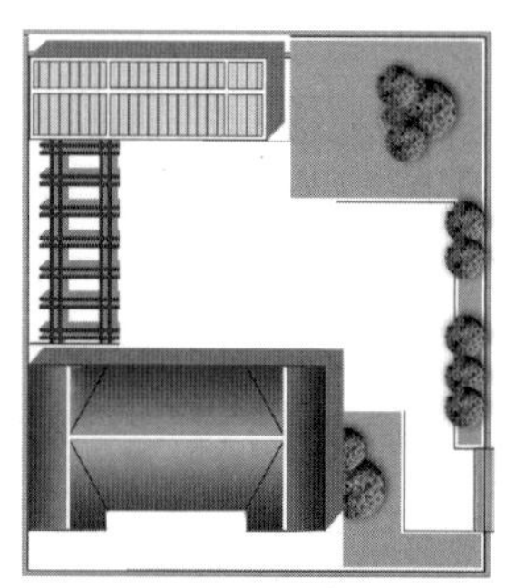

(b) 后院式

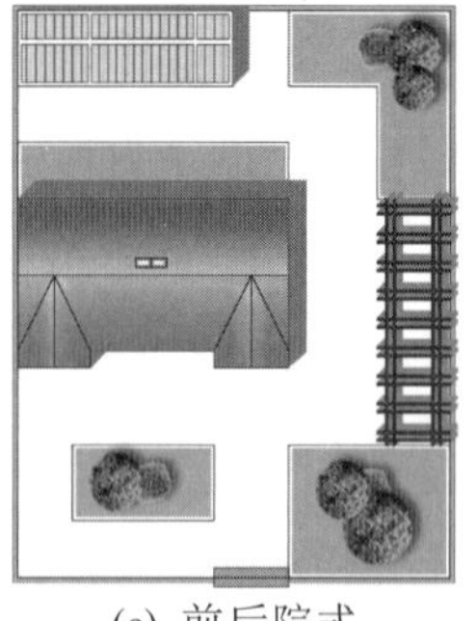

(c) 前后院式

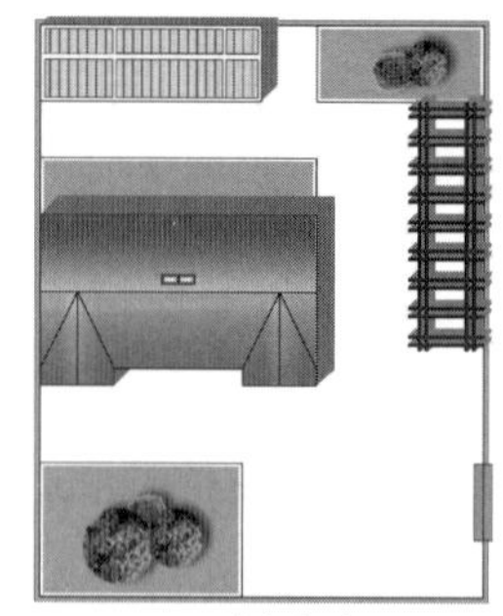

(d) 侧院式

图 4.6 乡村院落布局形式

1. 前院式

院落一般布置在南向，优点是避风向阳，适宜种植蔬菜，发展田园经济，饲养家禽等。不足之处是生活院与生活杂货院空间混合在一起，环境卫生条件较差。这种院落一般适宜北方气候寒冷地区，北方乡村地区采用前院式布局较多。

2. 后院式

院落空间布置在住宅北向，这种布局模式优点是住房朝向好，院落隐蔽、遮光纳凉，适宜炎热地区进行庭院经济和副业，前后交通方便。不足之处是住宅容易受到外部环境干扰。这种院落适宜南方地区。

3. 前后院式

这种院落被住宅分割成前后两个院落，形成生活和储藏及杂物堆放两个功能场所。南向院落多为生活院落，北向院落一般以饲养和杂物堆放为主。优点是功能分区明确，使用方便，清洁、卫生、安静。一般在宅基地较窄，进深较长的住宅平面布置中使用，如图 4.7 所示。

图 4.7 前后院式院落鸟瞰图

4. 侧院式

侧院式布置，将院落分割成两部分，生活和杂物院。一般分别设在住宅前面和侧面，构成分割又连通的空间。这种院落布局方式，优点是功能分区明确，如图 4.8 所示。

图 4.8 侧院式院落鸟瞰图

4.3.2 村庄户型设计

1. 村庄住宅户型组合模式

村庄住宅按照院落形式和建筑拼接，一般分为独立式住宅、两院落双拼式住宅、多宅院联排式等多种形式。新建住宅要达到结构安全、功能完善、布局合理、节能环保、造型统一的要求。

1) 独立式住宅

独立式院落是指独门、独院，不与其他建筑相连。这种住宅的布局特点是，居住环境安静、户外干扰小；建筑四周临空、平面组合灵活，朝向、通风采光好；房屋前后及两侧均朝向院落，可根据生活和家庭副业的不同要求进行布置。独立式住宅的缺点是占地面积大，建筑墙体多，公用设施投资高。独立式住宅如图 4.9 所示。

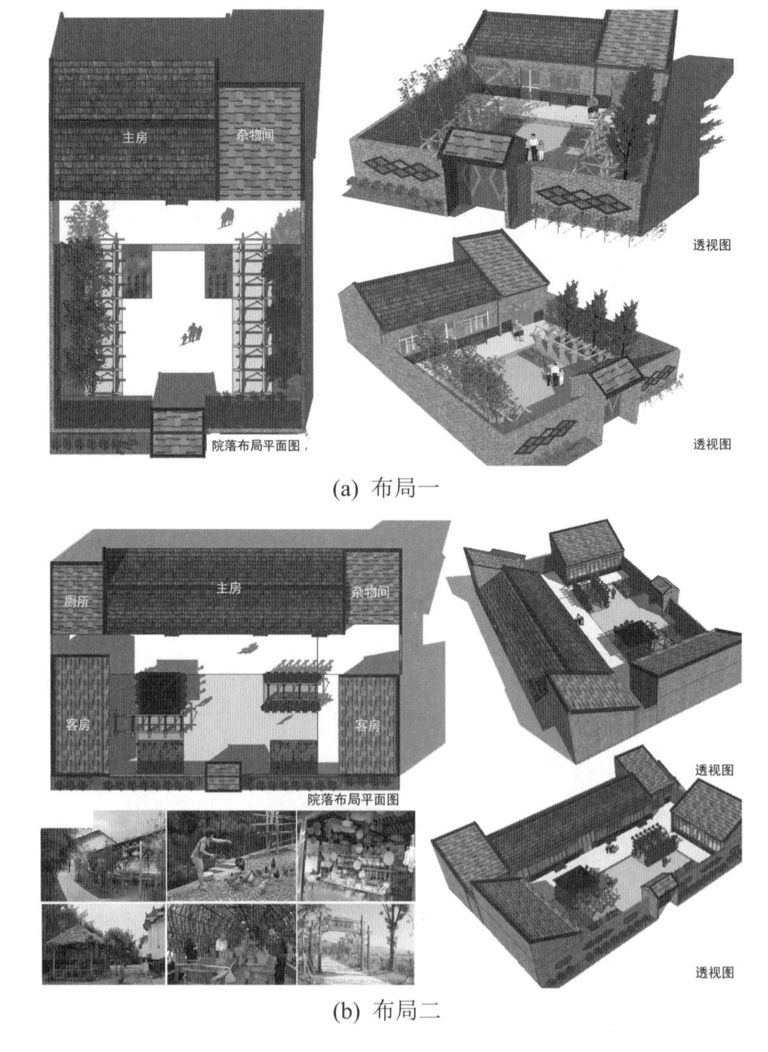

(a) 布局一

(b) 布局二

图 4.9 独立式住宅

2) 两院落双拼式住宅

双拼式住宅是指两栋建筑并连在一起，两户共用一面山墙。双拼式住宅三面临空，平面组合比较灵活，朝向、通风、采光也比较好，用地和造价较独立式住宅经济一些。两院落双拼式住宅如图 4.10 所示。

图 4.10 两院落双拼式住宅

3) 多宅院联排式住宅

联排式住宅是指三户以上的住宅建筑进行拼联。这种住宅拼联不宜过多，否则建筑物过长，前后交通迂回，干扰较大，通风也受影响，且不利于防火。一般来说，建筑物的长度以不超过 50m 为宜。多宅院联排式住宅如图 4.11 所示。

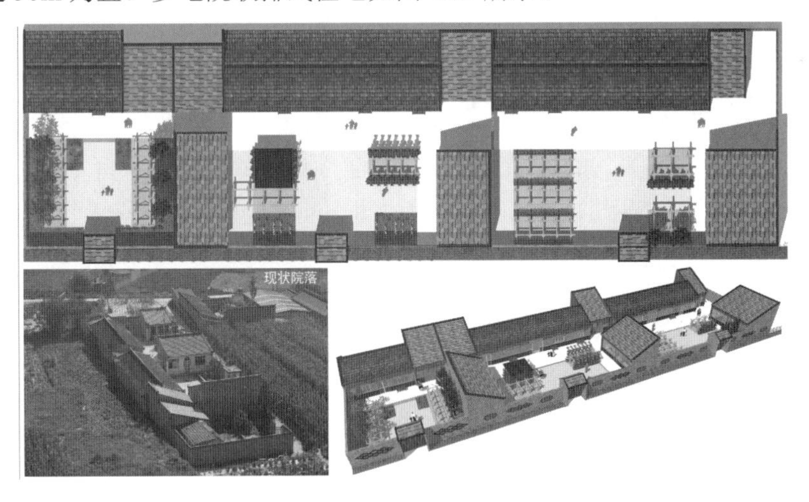

图 4.11 多宅院联排式住宅

2. 村庄住宅设计

村镇建筑应吸收地方传统文化符号，色彩、材质方面多与地域情况结合，以体现宁静优雅的山村风貌特征。住宅设计应遵循实用、经济、安全、美观、节能的原则，积极推广节能、绿色环保建筑材料。住宅设计风格应适应农村特点，体现地方特色，对具有传统建筑风貌和历史文化价值的住宅和祠堂等应进行重点保护和修缮，如图 4.12 所示。同时为满足村民发展农家经济需要，可以将其设计成满足村民居住和游客食宿的农家乐户型，如图 4.13 所示。

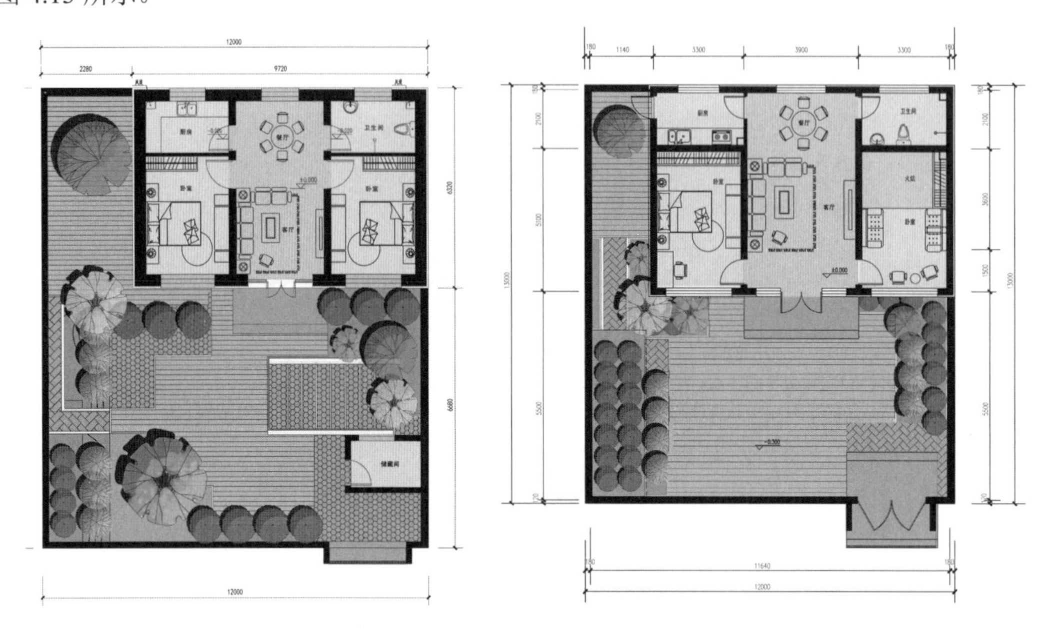

图 4.12　普通村庄住宅户型设计

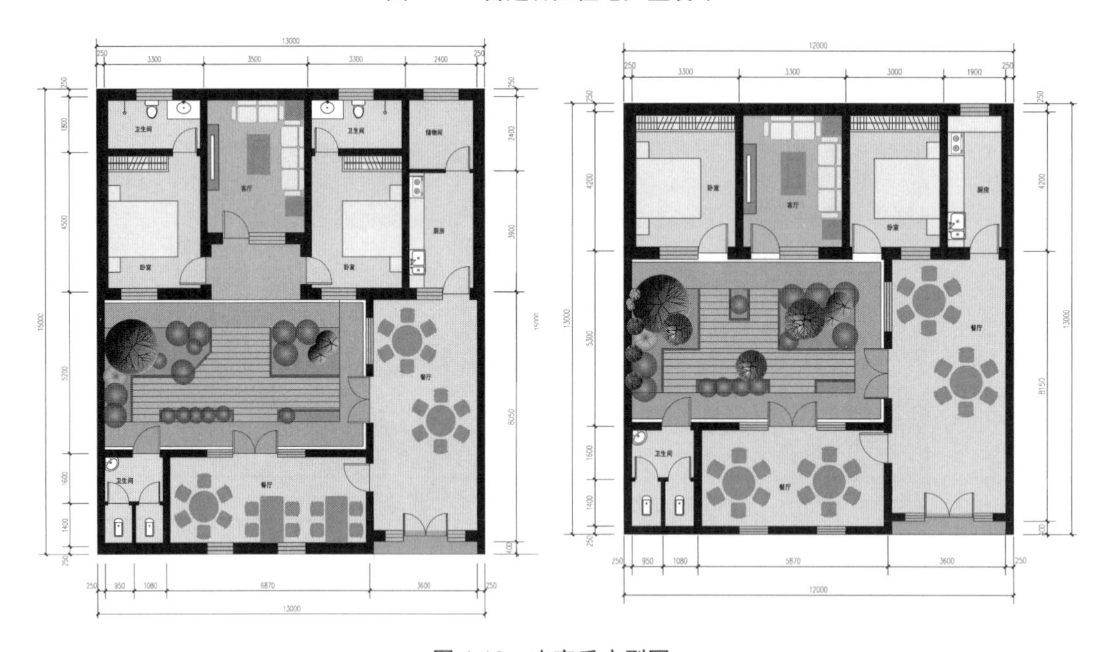

图 4.13　农家乐户型图

4.3.3　庭院设计

一般村镇地区，多数村民庭院中宅基地与园田地混杂，占地面积过大，加之庭院为村民自发性建设与布局，因此造成庭院空间利用率低，功能分区不明确，布局混乱，环境质量差等问题，也使得村庄整体视觉观感较差，缺乏统一感。

规划将庭院空间明确划分为居住空间、附属空间、交通休闲空间、绿化空间，丰富庭院的空间层次，提升空间质量。居住空间布局上要与邻近庭院统一，使整条街坊更具有整体感。建议居住与交通功能相脱离，提高建筑使用效率。附属空间要尊重习俗，方便村民使用。晒场紧邻库房，缩短运送距离。压水井靠近菜地，方便浇灌。在交通休闲空间方面，与邻近居住空间处布局休闲空间，设置桌椅，提供下棋、打牌、聊天、乘凉等娱乐活动空间。同时在庭院绿化方面，增加庭院绿化，庭院内被占用和荒废的园田地结合庭院绿化复耕利用。庭院绿化乔、灌结合，丰富院落绿化层次。建议栽植果树，绿化与经济效益都可兼顾。庭院布局模式如图4.14所示。

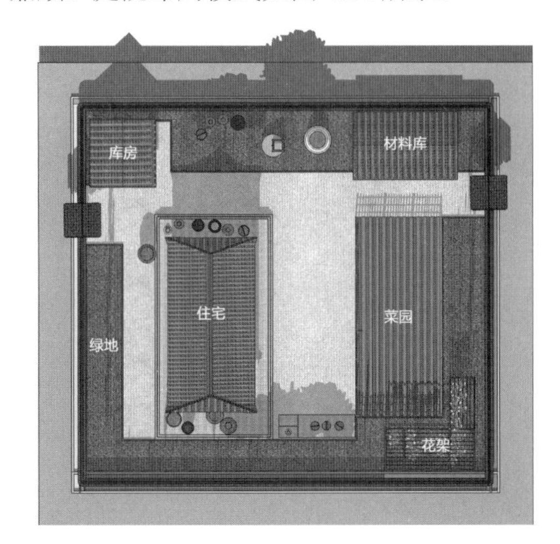

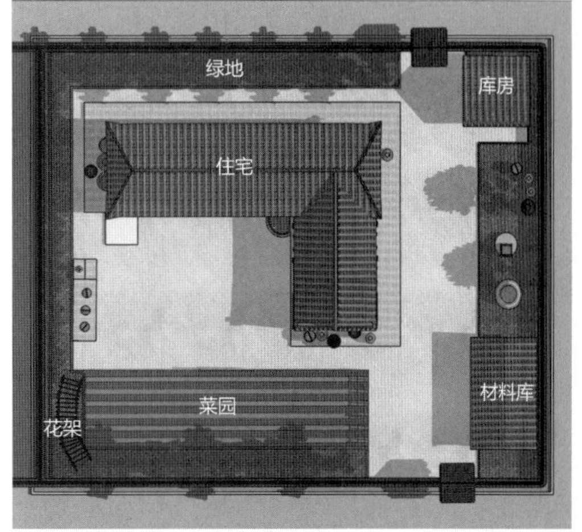

图4.14　庭院布局模式

本 章 小 结

村庄建设规划是在镇(乡)域镇村体系规划的指导下，具体安排村庄各项建设的规划。主要内容可以根据本地区经济社会发展水平，对村庄住宅、公共服务设施、供水、供电、道路、绿化、环境卫生以及生产配套设施等做出具体安排。村庄建设规划应与乡村产业发展相结合，强化村庄建设的产业支撑，推进农业产业化建设。要尊重乡村地区长期形成的现状，要因地制宜，突出乡村特点和地方特色。

本章主要内容包括村庄规划的主要任务、村庄环境整治和更新改造的内容。村庄整治规划是以改善村庄人居环境为主要目的，以保障村民基本生活条件、治理村庄环境、提升村庄风貌为主要任务。村庄环境整治要切合实际，符合当地经济和地域环境。乡村院落空间环境也因地域环境不同，采用的院落空间形式有所差异，本章介绍了乡村院落的几种基本形式，包括前院式、后院式、前后院式和侧院式等。同时村庄规划要注重庭院空间的利用和合理功能分区，创造宜居的美丽乡村居住环境。

思　考　题

1．村庄规划的任务和内容是什么？
2．村庄环境整治中村容村貌规划内容是什么？
3．乡村院落空间的基本布局形式有哪几种？
4．村庄户型设计的基本要求有哪些？
5．村庄规划用地分类有哪些？
6．村庄建设规划的重要意义有哪些？

第 5 章 村镇道路系统及停车设施规划

【教学目标与要求】

● 概念及基本原理

【掌握】村镇道路的分级及村镇道路系统的组成；村镇道路系统规划的基本要求；村镇道路系统的基本形式；村镇道路横断面的组成、道路横断面的形式、道路横坡的确定；村镇道路纵断面的设计方法。

【理解】村镇道路与停车设施存在的问题；村镇道路的分级及村镇道路系统的组成；村镇道路系统规划的基本要求；村镇道路系统的基本形式；村镇道路断面设计方法。

● 设计方法

【掌握】村镇道路横断面设计方法；村镇道路纵断面设计方法；静态交通组织方法。

5.1 村镇道路与停车设施存在的问题

村镇道路是村镇的重要组成部分，是保证村镇有序运行的基本体系。自村镇形成以来，道路就具有不可替代的作用。一般情况下，经济越发达，村镇道路系统越完善，村镇交通也就越发达，各种资源就更加容易实现优化配置。

1. 缺乏科学规划，道路网不成系统或存在政绩工程

一方面，我国大部分村镇都是在居民点基础上自发形成的，缺乏合理的道路规划，使得村镇道路网不成系统；另一方面，基于形式主义建设了一些政绩工程，如不合时宜的大广场、宽马路(图 5.1)等。

图 5.1 失去亲切感的宽马路

2. 缺乏交通廊道规划与建设

村镇道路的规划和建设没有与生态建设相结合，因而没有成为村镇的道路交通绿道，降低了道路交通绿道对村镇的缓冲作用，进而影响了生态城镇的建设与发展。

3. 过境交通穿村镇现象较为普遍

我国大部分村镇是沿过境公路交通发展起来的，如图 5.2 所示。其表现为村镇的商业居住中心沿过境公路两侧布置(图 5.3)，使得过境公路同时也兼具了村镇干道的职能，从而造成了过境公路穿越村镇中心的局面，且互相干扰较为严重。一方面，过境公路上大量的车流，影响了村镇的安宁，尘埃污染严重；另一方面，过境公路作为村镇主干道，行人和车流穿越公路，影响了过境公路上车辆的通行能力和通行速度，甚至造成交通事故(图 5.4)。

【村镇交通事故】

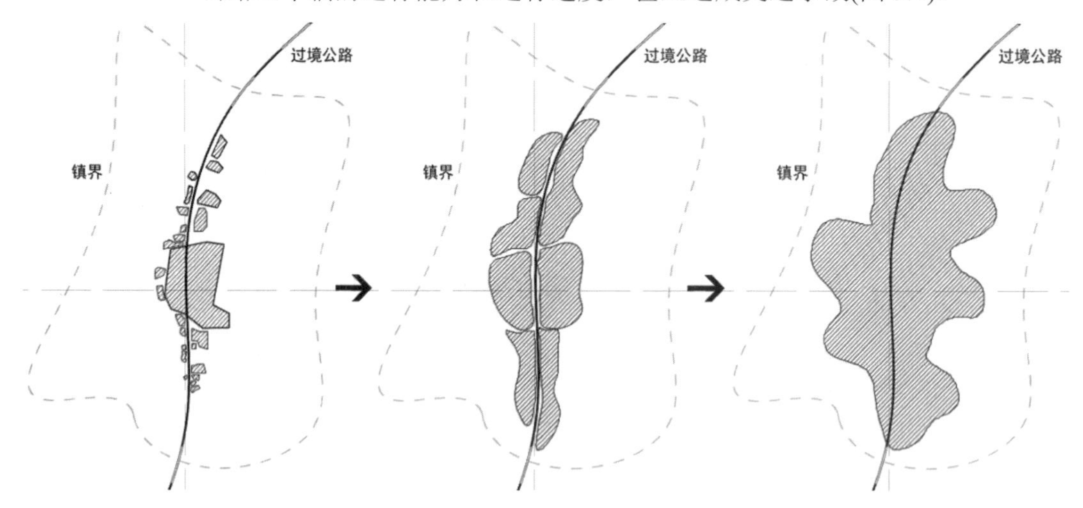

图 5.2　沿过境公路发展起来的小城镇用地布局发展示意

图 5.3　过境路沿街两侧布置商业

图 5.4　过境车辆造成的交通事故

4. 道路建设过分迁就现状

由于大部分地区村镇的建设资金不充足，为了节省投资，出现了道路建设过分迁就现状的情况。尤其是在建设条件复杂的山区村镇中，道路平曲线半径、纵坡大小、行车视距、交叉口的形状、道路排水和路面质量等很多指标都不符合规定的标准。

5. 村镇道路交通用地严重不足，无法解决静态交通问题

据调查，镇的现状用地中，人均道路面积为 8.5m^2，其中属于过境公路交通用地所占比例较大，真正属于镇内部基础设施的道路广场用地，人均道路面积则不足 4m^2。无论是现状还是规划布局上，都很少设置有自行车和机动车停车场，大量的车辆只能随意停放在街道两侧，使得原本已经很狭窄的道路上的交通更加拥挤，如图 5.5 所示。

【停车用地缺乏】

图 5.5 拥挤的镇区交通

5.2 村镇道路的分级及村镇道路系统的组成

这里所讨论的村镇道路，主要是指镇区及村庄内部的道路。由于镇区和村庄的人口规模差别比较大，为了使道路的分级更合理、更科学，镇区和村庄应具有不同的分级标准。

5.2.1 镇道路的分级及道路系统的组成

1. 镇道路的分级

《镇规划标准》(GB 50188—2007)中，按使用功能和通行能力的不同，将镇区的道路划分为主干路、干路、支路、巷路四级。镇各级道路的规划技术指标应符合表 5-1 的规定。

表 5-1 镇区道路规划技术指标

规划技术指标	道路级别			
	主干路	干路	支路	巷路
计算行车速度/(km/h)	40	30	20	—
道路红线宽度/m	24～36	16～24	10～14	—

续表

规划技术指标	道 路 级 别			
	主干路	干路	支路	巷路
车行道宽度/m	14～24	10～14	6～7	3.5
每侧人行道宽度/m	4～6	3～5	0～3	0
道路间距/m	≥500	250～500	120～300	60～150

2. 镇道路系统的组成

《镇规划标准》(GB 50188—2007)中，规定镇区道路系统的组成应根据镇的规模分级和发展需求按表 5-2 确定。

表 5-2　镇区道路系统的组成

规划规模分级	道 路 级 别			
	主干路	干路	支路	巷路
特大型、大型	●	●	●	●
中　型	○	●	●	●
小　型	—	○	●	●

注：表中●—应设的级别；○—可设的级别。

5.2.2　村庄道路的分级及道路系统的组成

1. 村庄道路的分级

目前我国的村庄大多比较分散，一般规模都不太大，其道路系统构成比镇区道路简单。村庄道路一般分为干路、支路、巷路三级。村庄各级道路的规划技术指标应符合表 5-3 的规定。

表 5-3　村庄道路规划技术指标

规划技术指标	道 路 级 别		
	干路	支路	巷路
计算行车速度/(km/h)	30	20	—
道路红线宽度/m	13～24	10～14	—
车行道宽度/m	6.5～13	6	2.5
每侧人行道宽度/m	2～4	0～2	0
道路间距/m	250～500	120～300	60～150

2. 村庄道路系统的组成

村庄道路系统的组成应根据镇的规模分级和发展需求按表 5-4 确定。

表 5-4 村庄道路系统的组成

规划规模分级	道 路 级 别		
	干路	支路	巷路
大 型	●	●	●
中 型	○	●	●
小 型	—	●	●

注：表中●—应设的级别；○—可设的级别。

5.3 村镇道路系统规划

村镇道路应根据用地地形、道路现状和规划布局的要求，按道路的功能性质进行规划布置。

5.3.1 道路系统规划基本要求

1. *在合理的村镇用地功能布局基础上，组织完整的道路系统*

村镇各组成部分是通过村镇道路构成一个相互协调、有机联系的整体。村镇道路系统规划应该以合理的村镇用地功能布局为前提，在进行村镇用地功能组织过程中，充分考虑村镇道路的要求。《镇规划标准》(GB 50188—2007)规定："连接工厂、仓库、车站、码头、货场等以货运为主的道路不应穿越镇区的中心地段；文体娱乐、商业服务等大型公共建筑出入口处应设置人流、车辆集散场地；商业、文化、服务设施集中的路段，可布置为商业步行街，根据集散要求应设置停车场地，紧急疏散出口的间距不得大于160m；人行道路宜布置无障碍设施。"

【村镇道路规划】

同时，村镇道路应分级明确，形成完整的道路系统，如图 5.6 所示。主次分明的道路系统不仅能更好地满足交通需求，还可以降低工程成本。

村镇道路网密度是指村镇建设用地范围内道路总长度和建设用地面积的比值。道路网密度是衡量道路系统的重要指标之一。道路网密度越大，道路系统就越发达，越方便村镇各个组成部分的交通联系。但道路网密度增大时，会增加交叉口的数量，如果交叉口太多就会影响行车速度和道路通行能力，同时也会使道路用地占村镇用地的比例过高，增加道路建设投资和改造拆迁工作量。道路网密度过小，也会影响村镇交通的合理组织，增加居民的交通出行时间。

调查发现，目前我国村镇交通量都不大，很难达到饱和状态。很多路的主要功用就是保证通畅，对道路的技术指标及车速都要求不高，所以在村镇道路建设时可以增大支路的比例，干道的长度占道路网总长度的比例较城市可以适当降低，大部分村镇干道的间距都在 300～500m。实际规划时应结合村镇道路现状、地形条件来设置，应灵活变通，不应过分拘泥于指标的限制。村镇交通组织应尽可能简单，方便各种车辆通行。一般情况下，一个交叉口上交会的道路不宜超过 4 条。

图 5.6　分级明确的村庄道路系统

2. 充分利用地形，减少工程量

自然地形对规划村镇道路影响较大。道路选线时应充分结合地形，以减少工程土方量，减少工程投资。考虑到不同等级道路的功能及交通要求，村镇干道应尽可能平直。在条件困难、地形起伏很大的村镇，主干道走向也应与等高线成小夹角相交。条件受限严重时，可以考虑采用分离式路基，如图 5.7 所示。根据自然坡度的大小，通常采取不同的处理办法。如果地面坡度为 5%～11%时，通常使主干道与地形等高线小角度斜交，避免与主干道相交的其他一般道路纵坡过大；但如果地形起伏过大(如地面坡度超过 12%)，支路可采用“之”字形道路，如图 5.8 所示。

图 5.7　分离式路基

图 5.8　“之”字形道路

3. 考虑村镇环境的要求

通风条件是村镇道路系统规划应该考虑的重要因素，不同地区应根据当地的气候选择适合的布置方式。一般南方地区的村镇气候炎热、降雨量大，为了避免夏季村镇内部过于闷热，道路走向最好平行于夏季主导风向；北方地区的村镇冬季严寒且多风沙和大雪，为了不让寒风直接灌入村镇内部，主干道宜与冬季主导风向垂直或接近垂直。

随着交通运输需求越来越大，村镇机动车的数量迅速增加。村镇道路系统规划应考虑交通噪声的防治。一方面，应分离过境交通，优化路网系统。为了解决过境公路对镇区的干扰和实现镇区建设的可持续性发展，应使过境公路与镇区道路进行分离，并在过境公路和镇区道路的转接处设置客运站和物流中心，配置必要的停车场，以应对未来城镇发展的需求。以江西省宜黄县梨溪镇为例，规划时将连接宜黄县城、抚州市和各行政村的公路移至镇区外围，实现了过境公路与镇区道路的分离，并在过境公路与镇区道路的转接处设置客运站，解决了过境交通对镇区的干扰和影响。分离过境交通的小城镇规划如图5.9所示。

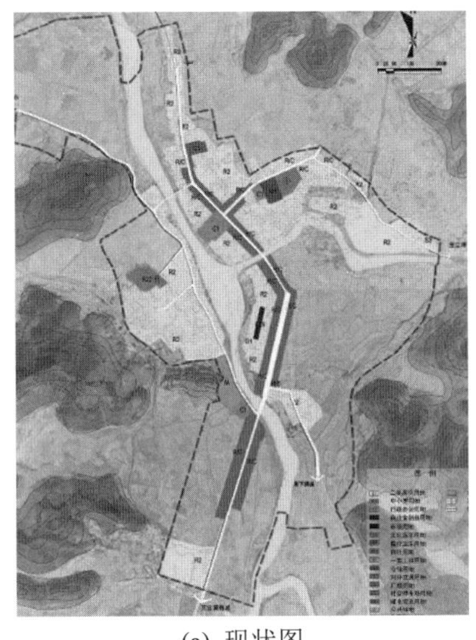

(a) 现状图

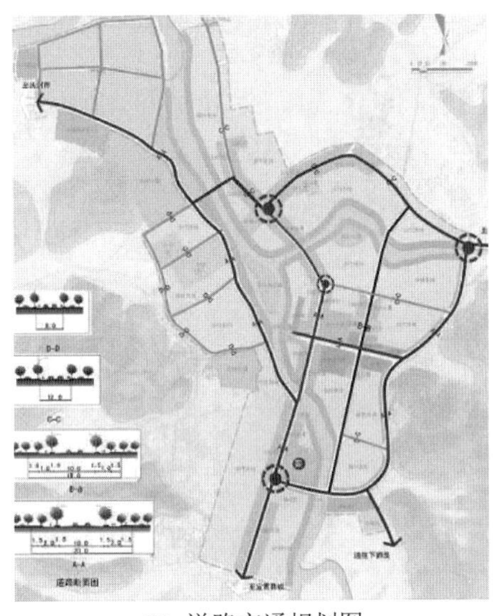

(b) 道路交通规划图

图5.9 分离过境交通的小城镇规划

另一方面，应设置必要的防护绿地来吸收和阻隔噪声。声音在空旷地区以340m/s的速度向四周传播，遇到植物的阻碍时，立即由直线传播变为分散式传播，其强度变弱。据测定，通常的街心花园能使噪声减少4～7dB。因此树木与植物能起到隔音墙与消声器的作用，街道两旁多栽植乔、灌木能极有效地防噪声污染，如图5.10所示。

4. 考虑村镇面貌的要求

村镇道路特别是主干路和干路反映着村镇面貌。因此沿街建筑与道路宽度之间的比例要协调，并配置适宜的绿化带，如图5.11和图5.12所示。同时还应结合地形和河流等自然条件，通过道路将村镇自然景色、历史文物及现代建筑连通起来，组织系统化的景观，形成地域文脉和场所，并提倡地域主义建筑风格，形成特色鲜明的村镇风貌，如图5.13～图5.16所示。

图 5.10　吸收和阻隔噪声的街道密植的乔、灌木

图 5.11　重庆永城镇主干路风貌

图 5.12　浙江南浔镇干路风貌

图 5.13　云南丽江大研镇风貌

图 5.14　四川水磨镇街景

图 5.15 日本村庄风貌

图 5.16 法国依云小镇风貌

5. 满足敷设各种管线的要求

村镇中各种工程管线一般是沿着道路敷设的，不同的工程管线，规划布置的要求也不一样。如架空敷设的管线，需要考虑一定的净空高度，以便车辆通行；排水管道埋设较深，施工开槽用地较多；电信管道，需考虑检修方便，一般需要较大的检修孔；燃气管道，因考虑防爆要求，一般需要远离建筑物。同时为了保证施工养护时不影响相邻管线的工作和安全，各种管道之间要求保持一定的水平净距和垂直净距。因此，进行村镇道路规划时，要考虑留有足够的用地。

在规划设计道路纵断面和确定路面标高时，应考虑雨水管、污水管等重力自流管对排水纵坡度的要求，以保证雨水、污水的及时排除。设置排水明沟的村镇道路，应使街道的标高稍低于两侧场地地面的标高。排水沟的设置如图 5.17 所示。

图 5.17 排水沟的设置

5.3.2 村镇道路系统的基本形式

村镇常用的道路系统形式可分为四种类型，即方格网式(即棋盘式)、放射环式、自由式、混合式，前三种是基本形式，混合式道路系统是由基本形式组成的。

1. 方格网式

方格网式又称棋盘式。方格网式道路系统是目前最为常见的村镇道路网形式，特别适用于平原地区的村镇，如图 5.18 所示。其优点是道路布局比较整齐，基本呈直线；街坊用地多为长方形，有利于建筑物布置和方向识别；交通组织简单便利，不会形成复杂的道路交叉口；交通机动性好，当某条街道受阻车辆绕道行驶时，其路线和行程时间不会增加。其缺点是交叉口数量多，对角线方向交通的非直线系数较大。

图 5.18　河南省新乡市小店镇镇区方格网式道路系统规划

2. 放射环式

放射环式道路系统由放射式道路和环形道路组成。放射环式道路系统适用于规模较大的村镇，如图 5.19 所示。放射式道路担负着对外交通联系；环形道路担负着各区域间的交通联系，并连接放射式道路，以分散部分过境交通。其优点是使公共中心区和各功能区有直接通畅的交通联系，环形道路可将交通均匀地分散到各区；易于结合自然地形和现状。其缺点是容易造成中心区交通拥挤，一些地区的联系要绕行，交通灵活性不如方格网式好。

3. 自由式

自由式道路系统形式多用于山区、丘陵地带或地形多变的地区，道路为结合地形变化而布置成路线曲折不一的几何图形。它的优点是充分结合自然地形，节省道路建设投资，布置比较灵活，并能增加自然景观效果，组成生动活泼的街景。其缺点道路弯曲，不易识别方向，不规则形状的地块多。

图 5.19　浙江省江山市清湖古镇放射环式道路系统规划

4. 混合式

混合式道路系统是结合村镇用地条件，采用方格网式、放射环式、自由式几种道路形式组合而成，因而具有上述几种形式的优点，如图 5.20 所示。在村镇规划建设中，往往受各种条件的限制，不能单纯采用某一种形式，而是因地制宜地采用混合式道路系统，这样比较灵活，对不同地形有较大的适应性。

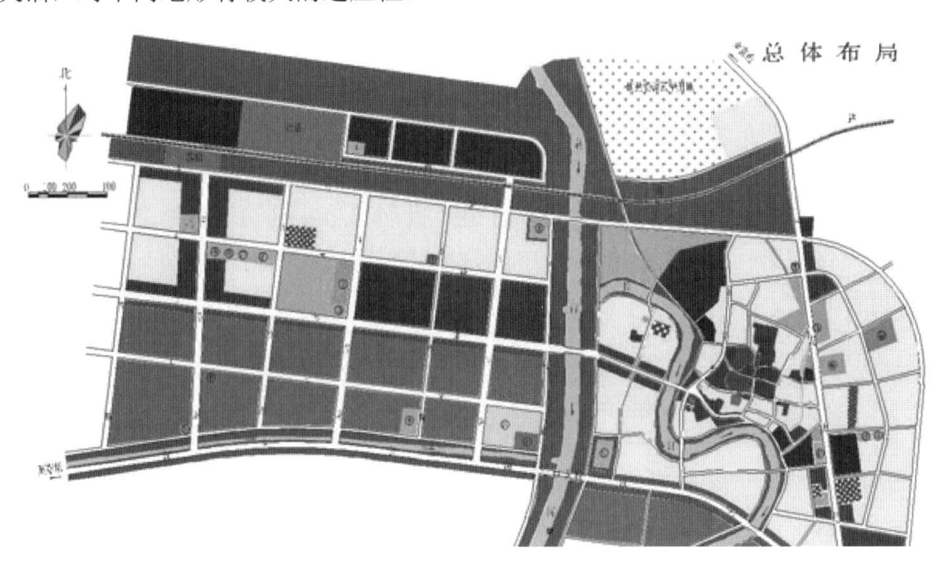

图 5.20　天门市皂市镇镇区混合式道路系统规划(方格网式与自由式的混合)

5.3.3 村镇道路断面设计

1. 道路横断面设计

1) 道路横断面的组成

沿道路宽度方向，垂直于道路中心线所做的断面，即为道路横断面。道路横断面设计的主要内容是在满足交通、环境、管线敷设等条件下，经济、合理地确定道路横断面组成部分及其宽度。道路横断面一般都由车行道、人行道、分隔带等组成。根据道路性质、交通功能的不同，可有不同的组合形式。

(1) 车行道宽度。车行道宽度包括机动车道和非机动车道的宽度，是保证车辆安全和顺利通行所需要的宽度。机动车道宽度的大小以“车道”为单位来确定，所谓车道是指道路上提供每一纵列车辆安全行驶的地带。车道的宽度取决于车辆的车身宽度及车辆在行驶时的安全距离，车道宽度的设计可参考《镇规划标准》(GB 50188—2007)。

(2) 人行道宽度。人行道主要是为满足行人步行的需要，同时还要满足种植绿化带、立灯杆、埋设地下工程管线的需要。其宽度应包括人流通行宽度，浏览橱窗、宣传廊等滞留宽度，绿化种植带宽度。一般每条步行宽度以 0.75m 计，其中，步行带指一个人在人行道上行走时所需要的宽度，其通行能力为 800～1000 人/h，步行带条数，一般主干路上 4～6 条，次干路上 2～4 条。地下工程管线尽可能埋设在人行道下，只有当人行道宽度不够时，才考虑把排水和给水管线埋设在车行道下。绿化种植带的宽度由种植情况来决定，一般种植一排行道树所需宽度为 1.25～2m，种植两排行道树所需宽度为 2.25～5m。

(3) 分隔带。分隔带又称分车带或分流带。其主要作用是分隔机动车和非机动车，或分隔两个不同方向行驶的车流。分隔带种植的树木不应遮挡驾驶员的视线，以低矮灌木为主。为了保证行车安全，除了交叉口和有较多机动车出入的单位出入口处，分隔带应该是连续的。

2) 道路横断面的形式

村镇道路横断面常采用的基本形式有三种：一块板、两块板和三块板，如图 5.21 所示。一块板是指机动车与非机动车都在同一车行道上混合行驶；两块板是在车行道中间设一条分隔带，将车行道分为单向行驶的两条车行道，机动车与非机动车仍然混合行驶；三块板是由两条分隔带把车行道分为三部分，中间为机动车道，两侧为非机动车道，机动车与非机动车分道行驶。

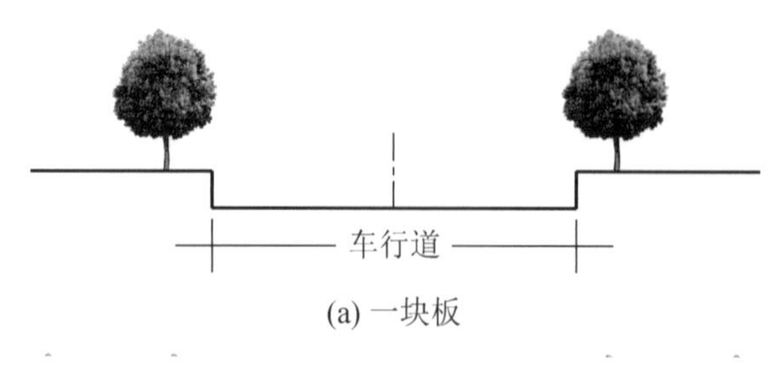

(a) 一块板

图 5.21 道路横断面的形式

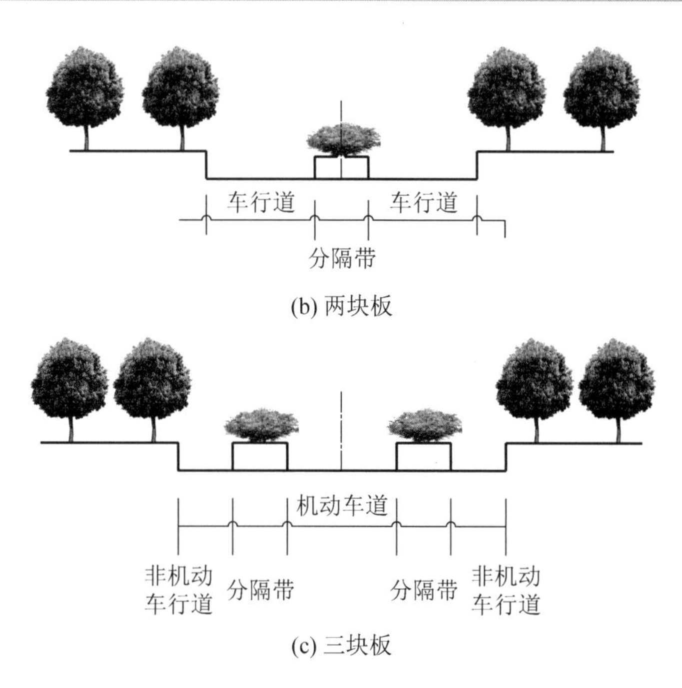

图 5.21　道路横断面的形式(续)

一般来说，三块板适用于道路红线宽度较大，一般在 30m 以上，机动车辆较多，行车速度较高，非机动车较多的主要交通性干路。两块板可减少对向机动车相互之间的干扰，适用于双向交通比较均匀的过境道路或村镇交通性道路。一块板适用于道路红线较窄，一般在 30m 以下，机动车辆较少，行车速度不高，且机动车与人流较多的生活性道路。

3) 道路横坡的确定

道路横坡是指道路路面在横向单位长度内升高或降低的数字，一般用 i 表示。道路横坡值以%、‰或小数值来表示。为了使道路的雨水通畅地流入边沟，必须使路面具有一定的横坡，横坡的大小取决于路面材料、路面宽度和当地气候条件。

2. 道路纵断面设计

沿道路中心线的纵向剖面即为道路纵断面。纵断面设计的主要内容是确定道路中心线的设计标高和原地面标高、纵坡度、纵坡长度。小城镇道路的纵断面设计，一般是在平面线型确定以后进行，两者之间是相互联系、相互制约的。

道路纵坡是指道路纵向的坡度。道路纵坡的大小要有利于车辆的安全行驶和路面雨雪水的迅速排出。若纵坡值过大，上下坡行车不方便，容易发生事故。若纵坡值过小，又不利于路面水的排除和地下各种工程管线的埋设。因此，对道路的最大纵坡和最小纵坡应有一个限度范围，一般平原地区纵坡不大于 6%，丘陵地区和山区纵坡不大于 7%，特殊情况可达 8%～9%，考虑到村镇非机动车较多，在确定纵坡时不宜过大，一般以不大于 3%为宜。

5.4 村镇停车设施规划

随着经济的持续稳定增长和汽车工业的迅速发展，我国村镇家庭的私家车拥有率越来越高，这使得停车设施规划成为村镇规划设计的重要部分。“停车难、乱停车”的问题，不仅在城市司空见惯，在村镇也频频出现。如果村镇内停车场(停车位)设计不合理，将会扰乱人们的正常生活秩序，造成各种纠纷，甚至可能导致交通事故，但停车设施作为一项具有公益性的重要的交通设施，并没有像城市道路那样得到应有的重视和关注。因此必须合理进行村镇停车设施规划设计。

在了解我国村镇停车现状的基础上，只有处理好停车供给与需求的矛盾，加快规划停车设施的建设，加强系统性的停车政策法规体系的实施，才能从根本上解决村镇停车问题。

5.4.1 停车设施分类

1. 按照国际惯例分类

停车设施可划分为路上(内)停车设施和路外停车设施两大类，每类又细分为不同的小类，具体的分类明细情况如图 5.22 所示。

路上停车设施是指在一些道路两侧或一侧划出若干路面供车辆停泊的场所。具体是指在道路红线宽度范围内划定的供车辆停放的场地，包括道路行车带以外加宽部分、较宽的绿带内、人行道外的绿地等。路外停车设施是指在道路红线范围外专辟的停放车辆的场地，这种停车场由停车场地、出入口通道及其他附属设施组成。

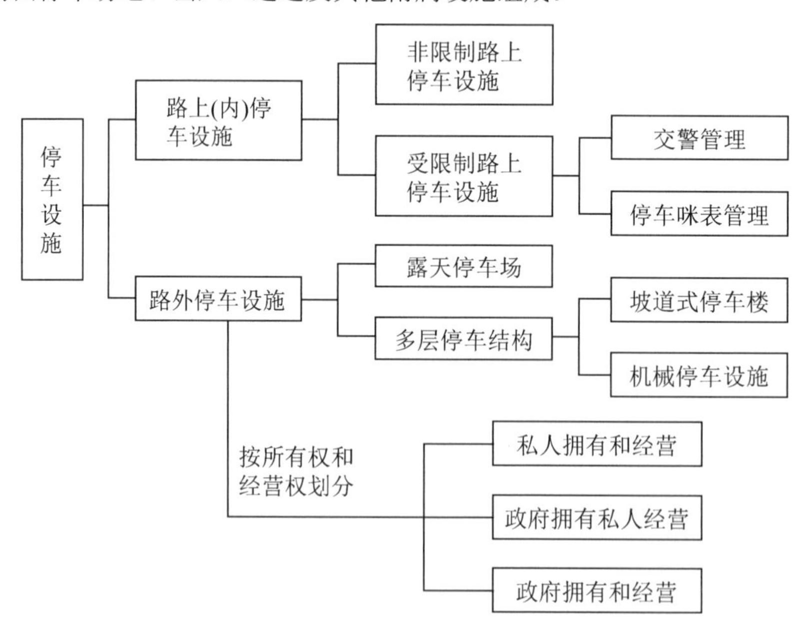

图 5.22 停车设施的分类

2. 按照服务对象分类

按服务对象分类，停车场分为公共停车场、配建停车场和专用停车场。公共停车场设置在风景旅游区、大型商业中心区、文化娱乐的公共设施附近，面向社会开放，为各种出行者提供停车服务，是投资和建设的相对独立的停车场。配建停车场为某建筑或设施配建，主要为与之相关的出行者提供停车服务。专用停车场指建在工厂、行政企事业单位等内部，仅为其单位内部车辆提供停车服务的停车场。

3. 按照建筑类型分类

按建筑类型的不同，停车场可分为地面停车场和地下停车场。地面停车场即广场式停车场，其优点是布局灵活、不拘形式、不拘规模、不拘场地、泊车方便、管理简单和成本低廉，是最常见的停车场，但是占城市用地面积较大。

地下停车场是指建在地下的具有一层或多层的停车场。它能缓解城市用地紧张的矛盾，提高土地利用价值。而且，由于其经常建在建筑物下面，开发了建筑物的地下空间，使得成本中的用地费用大幅度削减。但是，由于需要附加的照明系统、空调系统、排水系统，还要设置大量的电子监控设备，因此地下停车场成本高于地上停车场。

4. 按照管理方式分类

按管理方式分类，停车场可分为收费停车场和免费停车场。免费停车场多见于地面，如住宅区或商业区的路上或路边停车场，大型公用设施和体育馆、商店、宾馆饭店、办公大楼等配建的停车场。泊车者的出行目的一般多为购物，故停车时间较短，车位的周转率不至于过低。

村镇人口规模少，一般城镇街道成为人们交往的空间，因而道路两侧停放车辆和占道现象比较严重(图 5.23 和图 5.24)。村镇的停车场类型多集中为路边停车和院落内停车。根据村镇停车规模和需求，可以在道路两侧划定停车场。同时在较为宽敞的乡村院落内可以停放车辆。

图 5.23 停车问题现状图

图 5.24 停车问题现状——占用马路

5.4.2 村镇停车现状分析

基于上述村镇停车出现的问题，为了更好地解决供需矛盾，对问题进行如下分析。

(1) 无规划管理意识。在汽车拥有量较小时，供需矛盾不明显，但农村不能走城市交通发展的老路，应根据规划规模预测停车位，对停车问题给予重视。

(2) 村镇停车问题相关法规规范只停留在认识阶段，部分地区缺乏针对性。

(3) 停车场的建设水平相对比较落后，优良的停车设施会产生或吸引新的交通，反之会束缚部分交通。

5.4.3 村镇停车设施存在的问题

(1) 沿路停车设施匮乏，路内停车场不规范。汽车、三轮车、板车、自行车乱停乱放、占路停靠，带来事故隐患；门店更是占路经营，汽车维修店待修车辆沿路摆放，严重阻碍交通。

(2) 社会公共停车场少。公共空间停车设施缺乏统一规划，没有配建社会停车场。

(3) 收获季节货运交通繁重。由于缺乏大型运输车的专用停车位，乱停乱靠给交通运输带来非常大的压力。

(4) 尘土大、噪声严重、污染严重，致使村镇居住环境下降。道路上行驶的汽车产生大量的噪声、废气、灰尘，污染了村镇环境，直接危害临路居民身体健康。停车空间功能单一，缺乏绿化，应兼具减少噪声、较低污染的功能。

(5) 村镇交通综合整治不到位。过去村镇道路交通治理的工作较为片面，着眼点也主要放在了机动车上，而对大量的自行车、人力三轮车、行人和一定数量的兽力车、板车管理不够，因而忽视了车辆的停放问题(图 5.25～图 5.30)。

图 5.25 停车问题现状——占用公共空间

图 5.26 停车不规范问题

图 5.27　三轮车乱停乱放

图 5.28　运输车缺乏停车场地

图 5.29　占路经营

图 5.30　路旁修车

5.4.4　改善村镇停车问题的策略

停车场规划既包括硬件设施的规划，也包括和停车有关的软件(政策、法规等)的规划。

(1) 村镇停车设施规划要与村镇道路交通规划相协调，处理好动静交通的关系。

(2) 与国家及地区的汽车产业发展政策相一致。

(3) 停车设施的供应不仅要考虑满足停车需求，还要兼顾路网容量，充分考虑区域差异性。

(4) 要有针对性地解决城市的停车问题。

(5) 停车设施系统要能可持续发展。

(6) 重视综合对策研究，促进停车场规划建设。从实际落实的情况看，规划的停车场并没有得到很好的实施建设。原制定的停车位配建标准过时，使得停车供需矛盾更加尖锐，为解决乡镇停车日显突出的种种问题，须重视综合对策研究，旨在加快促进乡镇各类停车场的规划与建设，为乡镇停车健康发展提供良好的对策。

(7) 逐步健全政策法规体系，加强停车管理力度。相关执法部门，根据相应的政策法规严格批建各类停车场，严格督查停车场的合法使用，在实际的执法过程中可以进一步加强停车管理力度。

(8) 及时调整收费标准，发挥经济杠杆作用。国内外成功的停车管理经验证明，合理的停车收费，对缓解停车难、平衡停车供应具有积极作用。

(9) 推广应用先进技术，提高停车管理效率。解决停车问题，除了采用经济、行政、法制手段外，还应通过积极推广应用先进的科学技术手段和有关设备，提高停车管理的效率。

(10) 加大宣传力度，强化现代化交通意识。停车秩序是城市管理的一个重要组成部分，停车秩序的好与坏，直接关系到乡镇建设和社会稳定。通过强化交通参与者现代化交通意识和遵守法规的观念，来改善乡镇交通整体环境。

5.4.5 改善村镇停车问题具体方法

在方针策略和城市停车策略的基础上，结合村镇特点提出了针对居住区、商业区具体的改善和解决方法。

1. 针对居住区

在镇区，对新建的住宅小区，要严格执行住宅小区配建标准；随着小汽车进入家庭的速度加快，停车需求的增加，可预留一定场地，其近期作为绿地和活动场地，远期可修建地下停车库或者立体停车楼。对已建小区，第一，利用小区内的绿地的地下空间建设地下停车库；第二，利用住宅小区夜间停车需求大，而道路上夜间流量小的特点，在小区周边的道路设置限时段路边停车泊位(图 5.31 和图 5.32)；第三，鼓励按照“谁投资谁受益”的原则，经有关部门批准，在居住区内通过引进立体停车技术增设停车位(图 5.33 和图 5.34)。

在乡村，随着汽车保有量的增加，传统的庭院不再能满足停车需求，为避免占用乡村道路停车，在不占用农田的基础上，可以将像打谷场等这样的空旷场地进行改造，提供收费停车位。

2. 针对商业区

商业用地停车的特点是吸引量大，时间差异大，车辆进出次数多，停车便利性要求较高(特别是仓储性购物中心)，因此建议采用地面限时停车方式或以地下停车库为主，并尽可能配置专业电梯通道，方便购物者进出。此外需专门布置供货车装卸货物的装卸车位。另外，对于批发市场和农贸市场，应考虑其购物特性，采用地面停车场和画线停车位形式，以不影响动态交通。

图 5.31　限时停车<一>

图 5.32　限时停车<二>

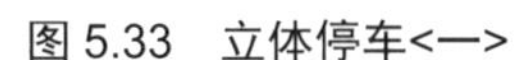

图 5.33 立体停车<一>

图 5.34 立体停车<二>

本章小结

村镇道路系统是承载村镇经济、社会和产业发展重要支撑体系。村镇道路一般分为外部交通和村镇内部道路交通。外部交通主要包括公路、水路或铁路。村镇内部交通一般都是一块板道路，优点是道路使用率高，有利于街道两侧商业环境发展，缺点是人车混行，车辆占道问题严重等。

本章内容主要包括村镇道路与停车设施存在的主要问题，村镇道路分级及村镇道路系统组成，村镇道路系统规划，村镇道路断面形式。村镇停车设施建设水平良莠不齐，本章从停车设施分类、村镇停车现状存在的问题及改善停车设施策略方面提出了具体的应对方法。

思考题

1. 村镇道路分级及道路组成是什么?
2. 道路系统规划的基本要求有哪些?
3. 村镇道路系统的基本形式有哪些?
4. 村镇停车设施分类有哪些?
5. 改善村镇停车问题的策略有哪些?

第6章 村镇产业发展规划

【教学目标与要求】

- 概念及基本原理

【掌握】产业规划的概念及内涵；村镇产业规划的基本原则；特色产业的含义；发展村镇特色产业的战略意义；村镇特色产业规划内容；村镇产业规划方法及范例；循环经济思想的含义及其对规划的导向作用。

【理解】产业规划面临的主要问题；特色产业的界定；特色产业与特色经济；产业规划引导村镇规划的基本路径和模式；村镇发展循环经济的必然性及其特征。

- 设计方法

【掌握】村镇产业规划布局方法。

产业是人类活动的结果，是在生产发展的过程中，随着社会分工的产生而产生，随着社会分工的发展而发展，是社会分工协作发展的产物。在原始社会中后期，随着生产力水平的提高，先后发生了三次社会大分工，形成了农业、畜牧业、手工业和商业。第一次产业革命发生后，人类社会进入了工业经济时代和市场经济时代。马克思主义政治经济学曾将产业表述为从事物质性产品生产的行业，并被人们长期普遍接受为唯一的定义。20世纪50年代以后，随着服务业和各种非生产性产业的迅速发展，产业的内涵伴随科技的发展发生了变化，定义为生产同类产品(或服务)及其可替代品(或服务)的企业群在同一市场上的相互关系的集合。目前，国内通常认为产业是指进行同类经济活动组织的总和，也可以说是具有某种同一属性组织的集合。

6.1 村镇产业规划概述

6.1.1 产业规划的概念及内涵

1. 产业规划的概念

目前，产业规划在学术界尚无统一定义。普遍的理解为：产业规划是产业发展的战略性决策，是实现产业长远发展目标的方案体系，是为产业发展所制定的指导性纲领。具体来看，就是政府从产业发展的历史、现状和趋势出发，明确规划产业发展方向和发展目标，对区域产业发展中的重点发展领域、发展程度、资源配置、产业支撑条件等进行统筹安排，并提出具体实施政策的全面而长远的区域产业发展构想。它是描绘区域产业未来发展的蓝图，具有系统性、战略性、前瞻性和可操作性等特点。

2. 产业规划的目标

产业规划的基本目标是：在单个产业内平衡各企业之间的结构关系以促进产业规模的提高；在城市或者区域范围内，平衡产业之间的结构关系以及人口、资源、环境的关系，以促进城市和区域经济发展。因此，总的来说，总量、结构和协调就是产业规划的三个核心指标。

3. 产业规划的内涵

从产业规划内部体系来看，产业规划包含了发展预测、组织形式和规划过程三个基本要素。发展预测是指围绕经济增长和发展目标在产业基础、资源条件、市场需求等多种约束条件下制定最优化产业发展目标。组织形式是指产业规划要将政府组织和市场组织有效结合起来，以充分发挥两者的优势，促进产业规划目标的实现。产业规划过程就是根据特定的经济增长与发展目标，在产业基础、资源条件、要素条件等多重约束下，进行目标最优化的过程，它是产业规划内部体系中最关键的一个因素。产业规划过程主要包括产业规划的制定和产业规划的实施与评价等环节。产业规划制定首先要对产业发展的内外部环境做一个全面的了解和分析，要对当地的区域定位、资源约束、产业基础、人口及环境、产业发展空间、消费市场、区域竞争与合作情况等基本情况进行总体的把握。在此基础上，制定一个切实符合当地情况的产业规划方案。产业规划的实施主要是运用各种政策手段，为产业规划组织提供具体的政策保障，保证产业规划目标的实现。产业规划的评价是产业规划过程的最后一个环节，它是对产业规划的最后总结和建议，能更有效地指导今后产业规划方案的优化。

从规划体系来看，产业规划是一种专项规划，它对一个国家或地区经济发展具有较为深远的影响意义，科学合理的规划可以促进优势产业和相关产业发展。然而，很多国家并未明确定义。国外关于这方面的理论研究也相对较少，它常被当作政府干预产业发展的一种方式。一般的文献中产业规划与产业政策的内涵很容易混淆，有些文献甚至把政策表面化地定义为规划。在市场经济国家，市场是经济运作的主导力量，而政府具有辅助的调节功能，政府对产业经济发展的规划、计划均是通过一系列产业政策来实现，因此产业规划与产业政策密不可分。在日本、法国等资本主义计划化国家，指导产业发展的经济计划实际上就是产业结构政策、产业技术政策和产业布局政策的总和。事实上规划和政策是两个不同的概念，两者存在一定的区别：规划是宏观层面的战略步骤和方案，而政策是具体准则和指南，是规划的实施途径和手段。产业规划如图 6.1 所示。

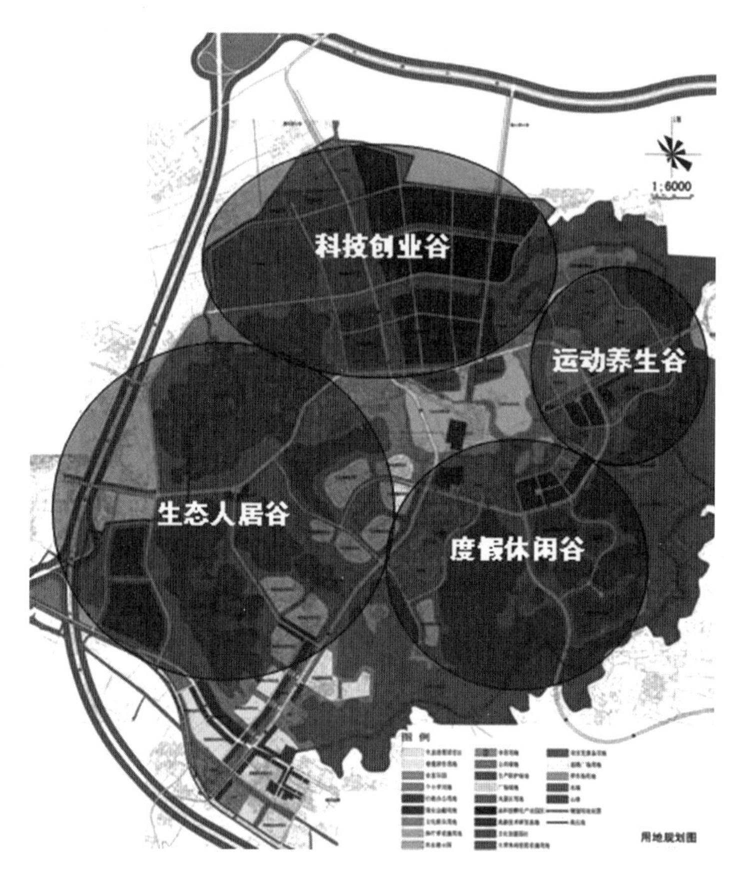

图 6.1　江苏省苏州市吴中区木渎镇产业规划图

6.1.2　产业规划面临的主要问题

村镇产业规划是建设新农村，实现土地集约化、富民产业化的一项基础工程，其发展目标就是以产业带动就业，以增收带动致富，从而实现全镇经济又好又快的发展。

1. 我国村镇产业结构面临的主要问题

作为农业大国，我国仅有南方少数村镇由于改革开放后处于特殊经济区位，以第二、三产业为主，其余绝大部分村镇在产业结构上都面临着如下的问题。

(1) 第一产业比重大、种植业比重大、农业产业化水平低；经济作物、养殖业等未能大力发展，农业的产出效益不高，农产品加工转化增值率低。

(2) 第二、第三产业相对不发达，在产业结构中比重偏低，且缺乏支柱产业，第二产业多呈现萎缩的态势。工业企业多为有污染的二、三类工业，科技含量、机械化程度均不高，且经营状况一般，后续发展不容乐观。

【农业产业转型】

(3) 未充分利用当地的田园风光等旅游景观资源发展第三产业。

(4) 农村就业结构仍以第一产业为主，第二、第三产业就业渠道不多。随着人口规模的扩大和农业劳动生产率的提高，农村剩余劳力越来越多，单靠仅有的土地从事第一产业已不可能吸收如此庞大的农村劳力。

2. 村镇产业规划面临的现实矛盾

产业和村镇发展的实践经验表明：产业的发展和村镇经济的发展具有双向因果关系，两者是区域发展缺一不可的两极。一方面，产业竞争力是村镇经济发展的源泉，没有产业竞争力，村镇经济发展就如同无源之水；另一方面，村镇用地的功能协调是产业得以持续发展的基础，没有村镇用地功能的协调，产业将失去发展的空间和持续成长的生命力。产业发展和城市村镇经济发展之间的这种双向因果关系要求实践中产业规划和村镇规划相协调。然而，现实的情况却是在城市化快速发展的今天，由于体制、学科、认识、法律等方面的原因，产业规划和村镇规划却往往不能协调进行。它们之间的不协调主要体现为：在城市化初期，产业规划不考虑村镇规划的约束，而规划也没有给产业的发展留下足够的空间，最终导致产业布局的不合理，削弱了产业竞争力，阻碍了经济社会的可持续发展。

我国现有的产业规划和村镇规划相互分离的传统规划方法已经难以适应现代产业和村镇发展的需要。在现代化和城市化加快发展的背景下，注重产业规划和村镇规划的有效结合，充分发挥产业规划对村镇规划的导向作用能有效实现产业的合理布局，优化功能结构，从而改善环境，促进产业竞争力提升，实现村镇和产业的协调发展，最终促进村镇和区域经济社会的可持续发展。

6.1.3　村镇产业规划的基本原则

【村镇特色产业】

村镇产业规划的编制，应遵循以下主要原则。

(1) 突出产业特色原则。各个村镇都应在其特定的区域历史、不同的地理空间条件以及现时产业发展拥有的优势的基础上，在规划中明确重点发展哪几类产业，或者是重点发展某一类产业中的某一环节，突出城市产业特色。

(2) 产业集聚原则。产业集聚能给村镇产业和经济发展带来显著的优势：大量的采购与销售有助于规模经济的实现，有利于专业性外部服务与配套设施的发展，有利于技术、管理知识的交流与人才资源的培养与利用等。按照这一原则，各个村镇首先应明确重点发展的产业或某一产业中的重点环节，然后进行产业集中布局，形成若干具有一定规模的工业园区，最后依托园区进行产业的集聚和产业链整合。

(3) 整体协调发展原则。国内外城市化进程的实践和经验表明，整体协调好区域内三大产业的发展以及该区域与周边地区的关系，就能有力推动区内建设，优化空间布局，促进产业结构升级，实现城市工业产业的快速健康发展。因此，在村镇规划过程中，要充分重视这一原则，协调好三大产业的发展比例及布局，协调好与周边地区在经济上的分工协作，制定正确的产业发展战略。

(4) 区域分工合作原则。在村镇产业规划过程中，不能简单地就村镇论村镇，而要有区域观念，充分重视区域的分工协作。随着经济全球化、一体化进程的加速，城市不再是一个孤立的封闭单元，而是处于区域的循环和国际交流圈中。因此，必须本着区域分工合作的精神，强调区域的整合，采用跨越式的产业布局模式。

(5) 可持续发展原则。村镇的可持续发展包括经济的可持续发展潜力和可持续发展的生态环境。村镇经济的可持续发展潜力一般是由知识和技术创新系统、知识传播和应用系统等构成一个体系。而知识和技术创新系统是衡量一个地区可持续竞争能力的重要指标。因此，在产业规划过程中，我们重视知识和技术的创新，加大产学研的结合力度，统筹规划相关高校、现有研究机构及相关产业用地的布局，形成高教、科研、开发区三者之间的互动关系，推动知识和技术创新。村镇可持续的生态环境则要求我们在产业规划中融入生态设计的理念，大力发展循环经济，实现可持续发展。

6.2 村镇特色产业发展

6.2.1 特色产业的含义

伴随着生产力的不断提高，信息交流得更加顺畅，贸易的愈加频繁，市场的竞争也越来越激烈与残酷。特色产业为区域经济寻求自身比较优势产业开拓了新的途径。特定的地理分布、自然环境、资源禀赋，形成了特定的生活、生存方式，进而形成了不同的文明特性。在特定的地域条件与历史条件下，村镇自身所特有的产业按照外部条件形成了自己独特的发展方向，最终生成了特色产业。

村镇特色产业往往与村镇内的主导产业所一致。在村镇所在经济区域中，具有核心竞争力的产业才能有效地带动村镇经济的发展，抢占更多的市场份额。具有规模经济的产业在降低自身的产出成本的同时也更加利于出口、外销。对于市场来说，某一区域所拥有的这种独特的优势，并且能够在区域经济出口中起主导作用的产业即为村镇特色产业(图 6.2 和图 6.3)。

图 6.2 生态养殖业

图 6.3 特色工业

6.2.2 特色产业的界定

特色产业作为依赖于特定的地理位置、资源禀赋、时间限定等多方面因素共同结合形成的产业，具有以下特征。

(1) 独具性特征。一些特殊的产业，具有其独特的功能，是其他产业难以替代的，甚至不可能进行模仿。首先，特色产业具有空间上的独具性。虽然这些特色产业在一定的空间范围内具有特殊性，但是在其他空间范围中其特殊性便可能消失。其次，特色产业具有时间上的独具性。时间的变化同样能够影响特色产业所需条件，因此只有在空间与时间的共同条件下，才能构成特色产业的独具性。

【产业发展链】

(2) 规模特征。特色产业的形成与发展，并非单个行为体所能完成的，相反，是有规模条件限定的，是由形成规模体的产业群共同塑造而成的。只有在形成规模经济的前提下，才具有塑造独立品牌并且被消费者认可的能力。

(3) 战略性特征。特色产业创业之初，普遍都是较弱的产业体，因而地方政府的战略性保护是必不可少的。所谓战略性，即需要对特色产业的前景做出有效、正确判断并且根据特色产业的自身发展情况与外部条件的变化调整。在发展方向与发展阶段、生产力水平等限制条件发生改变时能够适时制订该阶段正确的发展计划。

(4) 可持续特征。一些特色经济，要形成一种产业，需要通过长期的发展，花费大量的人力、物力、财力，但产业规模化对地区经济的长期发展有巨大的影响，因此，特色产业的可持续发展，关系到一个地区的发展前景。在欠发达地区特色产业发展，有几种情况值得注意：①起点低，缺乏市场竞争力；②没有长远性的目标，无法捕捉市场的正确动态信息；③选择正确，但缺乏栽培措施，方法不当，投入不足，管理不善或市场的发展不深；④已经形成规模，但由于缺乏创新，缺乏应对新的形势下，已经萎缩产业化的特点，甚至消除自身的特色方面。特色产业的可持续发展，涉及整个系统的演变，但它的核心是要完善运行机制，科学和技术进步，产品创新，产业升级。在经济发展中，没有绝对的夕阳产业，只要不断注入新的科学和技术成果，传统产业也将获得重生。

【村镇特色经济】

6.2.3 发展村镇特色产业的战略意义

(1) 村镇特色产业所代表的是一个村镇所具有的核心竞争指向。村镇特色产业的发展是与区域内的主导产业相一致的，只有特色产业迅速发展，才能在市场中有效地抢占份额，从而使区域的主导产业的发展得到保障。当区域特色产业在市场中占有足够的份额后，甚至能够对市场消费者的消费偏好起到一定的引导作用。

(2) 村镇特色产业是发展区域经济的有效途径。村镇特色产业是具有区域内比较优势与具有资源优势产业的结合。特色产业相对于其他产业而言，在发展的初期就已经占有优势，加上有利的外界条件发展更为迅速。除了在自然资源方面的优势，人力资本的优势也要优于其他产业。由于特色产业是村镇内长期形成的，即说明有大量劳动力长期对该产业进行熟练操作，这在村镇特色产业的发展中，节约了大量的劳动人员培训成本。

(3) 有效促进城乡一体化进程。发展村镇特色产业，能有效地吸收农村的劳动人口。根据刘易斯的理论，在农村中存在“隐蔽性失业”，而特色产业的出现能有效地缓解“隐蔽性失业”，同时起到了加速城市化进程，工业反哺农业，城市带动农村的作用。在工业得以产业化的同时，农业的转型——农业产业化成为缩短城乡差距的有力基础，特色产业的规模发展，对城乡一体化进程起到催化作用。

6.2.4 特色产业与特色经济

村镇的资源结构特色是发展其特色经济的资源基础，要培育、形成各地区的特色优势，必须立足于该地区的资源结构的特色，依托特色资源，发展特色经济。对于特色经济的内涵，我们可以这样理解。首先，特色经济具有需求约束性，只有适应市场需求，特色村镇经济才能为市场所确认，获得市场准入并占有市场，否则将被市场无情地淘汰。其次，特色经济具有稀缺性。特色经济参与市场竞争必须依托特色资源和发展时机的把握，特定环境生成的资源稀缺性构成特色经济的自然基础，特定发展环境稍纵即逝的时机的把握构成稀缺机会，如果把握住时机就可以独占市场，利用对稀缺机会的把握确立市场优势，发展出特色经济。最后，特色经济具有独特性。特色经济依托特色资源形成独具特色的产品，特色产品的开发既依托特色产业的开发，又依赖于特色技术的开发。特色产品要形成大的经济优势，必须依托于大规模的产业开发，即以人力资源、物力资源和资本的高度集中，对各地区的产业结构进行专业化整合，形成独具优势的特色产业。特殊的设计，特殊的工艺过程，特殊的材质会使同样的资源生产出不同品质的产品，品质不同，其经济价值和市场竞争力会截然不同。因此特色产品的优势在更大程度上取决于生产它的特色技术。可以这样认为，特色经济是以特色产品为核心，以特色产业为依托，以特色资源为基础，以特色技术为支撑的一个系统工程。

村镇特色经济是以村镇为载体，发挥其资源的比较优势，通过一定的运行机制将自然资源、科技能力和市场条件等要素结合起来，形成某一产业的经济增长极，从而提高村镇经济的发展的一种经济模式。

村镇经济发展到现在，已经不再是以农业单一产业为主的格局。工业、建筑业、旅游业、房地产业等各种行业，逐渐丰富了村镇经济的内容，而且在发展过程中这些产业相互联系构成了完整的县域经济体系。村镇特色产业是村镇经济的特色，是利用村镇独特的自然条件、地理位置和资源等，采用特有的生产技术，对具有特色的资源进行加工和生产，从而形成有一定优势的行业。村镇特色产业代表了该村镇的优势，是村镇经济发展的一个方向和动力。如果能够选择好本村镇的特色产业，就能推动该地区经济的发展。

6.2.5 村镇特色产业规划内容

要确定村镇特色产业规划内容，应从村镇所在区域产业环境调查做起，通过分析资源优势来确定村镇特色经济结构，从而确定产业发展模式。

1. 村镇区域产业环境调查

当前，我国一些地区区域产业结构失衡问题日益严重，各地区在产业结构布局上未能充分发挥自身优势，从而导致特色丧失、资源的低效配置、生态环境恶化等。因此对村镇所在区域产业环境进行充分调查，并分析优势，才是让村镇正确选择特色产业，区域产业结构走向合理化的有效方法。

村镇所在区域产业环境调查内容如下。

1) 资源条件

土地资源的种类、数量、种植物及其产量、潜力评价；矿产、林木资源的种类、储量、开采价值、开采及运输条件；旅游资源的形态、价值、发展潜力、客源、承载力等；地方建筑材料的种类、储量、开采条件等。

2) 产业条件

农、林、牧、副、渔等产业的基本情况，如分布、规模、比重、远销地点等。收集对村镇发展有影响的项目，主要包括以下内容。

第一产业：村镇农作物的构成情况，农作物的加工、储运情况及其对村镇经济的联系和影响；农业为工业生产提供的原料和调运情况，蔬菜和经济作物的种植面积及产量；农业发展计划，专业户、重点户的概况，农村剩余劳动力的现状及发展趋势等。

第二产业：村镇工业的现状及近期计划兴建和远期发展的设想，包括产品、产量、职工人数、家属人数、用地面积、建筑面积、用水量、用电量、运输量、运输方式、三废污染及综合利用情况、企业协作关系；村镇工业组成特点分析；工业发展前景分析等。

第三产业：手工业和农副产品加工工业的种类、产品、产量、职工人数、场地面积、原料来源、产品销售情况和运输方式；手工业产品的发展前景等。

3) 生态因素

(1) 生物资料：野生动植物的种类、分布等。

(2) 环境资料：是否存在污染源，其存在的位置及概况、危害程度、采取的防治措施和综合利用途径等。

(3) 能源资料：能源的种类、构成、数量、质量、分布，可开发利用的新能源数量及技术等。

4) 社会环境资料

(1) 人口资料：包括村镇现状总人口、自然构成、社会构成、历年的自然增长率和机械增长率等。着重分析村镇人口的就业程度，待业青年或成年人的数量，各行业职工的数量及其比例。

(2) 社会各类群体，政府、其他部门以及各类企事业单位的基本情况。

(3) 周围居民点概况：包括周围的集镇和农村居民点的性质、规模、发展方向，与本村镇的距离等。

5) 经济环境资料

(1) 村镇整体经济状况，产业结构、产值及比重，经济发展的优势和制约因素。

(2) 集贸市场和商业建筑的分布、质量及规模：包括集市贸易场地的分布、占地面积、服务设施状况、存在的主要问题，集市贸易主要商品的种类、成交额、平日和高峰日的摊数、赶集人数，集市贸易的影响范围，赶集人距村镇的一般距离和最近距离，集市的发展前景预测。集市贸易是村镇商业活动的主要特征，对村镇经济发展起重要作用，因此在总体布局和详细规划时都要认真考虑。

(3) 对外交通联系：包括铁路站场、线路的技术等级及运输能力、现有运输量、铁路布局与村镇的关系、存在的问题及其规划设想；公路的技术等级、客货运量及其特点，同周围村镇及居民点的联系是否方便，有无开辟公路新线的设想；周围河流的通航条件、运输能力，码头设置的现状及其与村镇的关系、存在的问题和有关部门的计划或设想等。

在对区域概况有一定了解后，就能正确地研究分析周围地区的工业、农业、自然资源、交通运输等对该村镇发展的影响，确定所规划的村镇在区域经济体系和村镇居民点体系中的地位和作用。周围地区的资源和其他经济条件，往往限制或决定一个村镇的特色经济发展方向。

2. 村镇产业发展模式

1) 工业企业带动型

以当地基础条件为出发点，以发展工业企业为契机，通过工业企业的发展壮大带动农村政治、经济、设施、教育、文化、卫生等事业的综合发展，同时，在土地、劳动力等资源整合的基础上又进一步促进工业企业的发展。这种模式需要有发展工业企业的基本要素，如土地、资源、信息、技术、资金和能力强威望高的村庄领导人。

注意点：推广和发展该模式不能忽视农业的发展，要注意环境保护和可持续发展。

2) 特色产业带动型

在一个乡或村的范围内，依据所在地区独特的优势，围绕一个特色产品或产业链，实行专业化生产经营，通过一村一业发展壮大来带动乡村综合发展。

注意点：发展这种模式要注意定位准确，重视示范带头作用，发展订单农业和产业一体化组织，重视农业技术推广和自主创新。

3) 畜牧养殖带动型

在畜牧龙头企业的带动下，通过产业化经营和循环化利用带动农村发展。该模式的必要条件是有规模化的畜牧龙头企业、特色的养殖品种和相应的市场需求。

注意点：养殖小区应大力发展循环经济，防止粪便污染；发展规模化、产业化养殖，规避市场风险。

4) 休闲产业带动型

利用农业生产经营活动、农村自然环境和农村特有的乡土文化吸引游客，通过集观赏、娱乐、体验、知识教育于一体的新兴休闲产业带动城乡一体化建设。这种模式包括建立农业生态园、采摘园、学农教育基地、农艺园、民俗村等。

注意点：休闲产业带动城乡一体化建设，要注意整体规划突出特色，因地制宜；在开发自然资源的同时重视生态保护。

5) 商贸流通带动型

通过发展现代农村商贸流通服务业和市场网络，进而形成以当地农村为中心的市场，以市场促产业，以产业带乡村，最终实现商贸发达和乡村繁荣。

注意点：该模式要具备便利的交通、完善的基础设施及配套条件和相关产业发展的支持。

6) 旅游产业带动型

以农民为经营主体，以旅游资源为依托，通过农村旅游促进城乡一体化建设。

注意点：发展旅游业既要有可以挖掘的自然资源和人文资源，也要有便利的交通条件，另外还要有与旅游相配套的娱乐、住宿、餐饮等基础设施。

7) 合作组织带动型

以各种农民合作组织为依托，促进农村各种生产要素的合理配置，突破原有一家一户分散经营的制约，提高农业资源的综合利用开发水平，通过壮大集体经济，改善公共设施，使农村的生产和生活条件不断提高，促进村容村貌不断改善。

8) 劳务经济带动型

通过转移大批的农村剩余劳动力进城，加快工业化、城镇化进程，优化农村劳动力资源配置，提高农村劳动生产率；转移就业后的农村劳动力将获得收益的一部分投入到农业生产和农村建设中，推进城乡一体化建设。

应用：适用于经济发展比较落后的农村。

3. 村镇特色产业布局

为避免与相邻地区形成恶性竞争，村镇产业发展过程中必须充分发挥自身优势，走差异化发展之路。在发展特色产业过程中既要充分注重第一产业优势的发挥，又要逐步扩大第二产业在村镇经济中所占的比重，一般新型现代化农业和农产品深加工行业比较符合村镇经济的实际情况。因此村镇特色产业应该以特色农业及其加工业为核心，逐步推动农业现代化和新型工业化的实现。

从长远发展来看，村镇特色产业建设应以经济理论为指导，遵循上级主体功能区布局中对区域的定位，结合自身的资源优势，充分开发当地的农业资源，推进农业现代化建设，大力发展农产品加工等产业，同时还要积极发展土地集约型项目，打造集生产和深加工于一体的特色产业集群。

(1) 以传统农业为基础，通过调整种植结构、优化种植品种、发展畜牧水产、推进农业现代化等措施，加快农业转型升级，实现规模化、集约化生产。

(2) 实行“以农促工、以工兴农”战略，不断提高农业优势的同时，大力发展农产品深加工，逐步加快工业发展速度。

(3) 充分挖掘第三产业潜力，如旅游业、服务业等。

6.3 村镇产业空间布局

6.3.1 产业规划引导村镇规划的基本途径和模式

1. 产业规划引导村镇规划的基本途径

产业规划引导村镇规划的基本途径有两条：第一，是产业规划中关于产业结构的调整引导着村镇经济增长从而引导村镇规划；第二，产业规划中关于产业布局的优化引导着村镇空间布局从而引导村镇规划。下面通过具体分析产业结构和产业布局对于村镇发展的影响来明确产业规划引导村镇规划的两条基本路径。

1) 产业结构演进促进村镇发展

从村镇经济发展的角度来考虑，主导产业的选择推动了产业结构的演进。围绕主导产业的选择，产业扩张从两条线上展开：一是为主导产业提供生产服务的横向产业扩张；二是围绕主导产业向前、向后的纵向产业延伸。主导产业及其相关产业的横向、纵向的扩张引起了产业结构的演进。主导产业及其所决定的产业结构的演进是村镇发展的主要动力。产业结构演进通过影响村镇经济增长速度、村镇就业结构和村镇地域扩张等方面，进而影响着村镇的经济规模、就业规模和地域规模。此外，产业结构的演进还直接影响着村镇职能。例如，由第二产业向第三产业的转变，就会引起村镇职能由生产性向服务性转变。反过来，村镇职能的确定也会影响产业的选择，进而影响产业结构的变迁。村镇职能又通过影响人口集聚，与村镇的经济、就业和地域规模决定整个村镇规模。村镇职能的确定，决定了村镇的用地特征等，进而影响村镇空间布局。村镇空间布局优化和村镇规模扩大相互推动，最终促进村镇发展。

2) 产业布局优化促进村镇发展

产业布局就是将不同区域、不同产业之间进行配置的过程。产业布局的最终目标就是实现资源在空间上的最优配置。村镇产业布局就是资源在具体的村镇空间上的配置。村镇产业布局对村镇发展的影响主要体现在以下三个方面。

(1) 产业布局影响村镇经济发展。合理的产业布局就是使每一产业能获得比较有优势的区位，而区位优势将直接拉动产业发展进而促进城市经济增长。反之，不合理的产业布局则会导致企业间物流、信息流等交流不畅，令企业生产成本增加，产业竞争力削弱，从而削弱经济增长。

(2) 产业布局影响村镇社会结构的优化。产业布局的变化还会带来村镇社会结构的变化，这是因为产业布局的变化会直接引起产业人口的变动，还会引起居住空间的变动。同时，产业布局优化还能改善村镇交通、社会治安等问题。

(3) 产业布局影响村镇生态环境。产业空间布局的变化通过影响着村镇生态系统和景观格局，影响人流、物流、信息流等循环和空间态势，从而影响村镇的自然和生态环境。村镇发展过程中出现的经济发展和生态环境恶化的矛盾冲突，归根到底就是产业布局的不合理所导致。因此，解决村镇发展过程中的环境污染问题，最终还是要通过产业结构的调整和产业布局的合理化来实现。

2. 产业规划引导村镇规划的模式

产业发展引导村镇发展的基本模式有三种。第一，在村镇起步初期，产业规划引导村镇规划编制，最终促进了村镇的形成和繁荣；第二，在村镇发展到一定规模后，产业规划引导村镇规划的调整改善，从而促进原有村镇规模迅速有序地扩张；第三，是在村镇发展的衰落阶段，产业规划通过引导村镇规划的编制，最终推动了村镇的复兴。

1) 产业规划促进村镇形成、繁荣

产业的发展和转移能带来人口的变化，产业在哪里发展，就会给那里带来人口的聚集，产业和人口的集聚无疑就启动了城市化进程。因此，在城市化初期，各村镇往往都是以产业规划为导向进行村镇规划的编制，产业规划的发展推动了村镇的形成和日渐繁荣。

2) 产业规划引导原有村镇扩张

随着经济的不断发展，村镇规模的扩张是一种不可逆转的大趋势，而指导村镇规模扩张的村镇规划的编制更需要产业规划的导向作用，以避免村镇的无序扩张。研究表明，村镇规模并不是越大越好，村镇规模的无序扩张会造成交通时间延长等众多问题。因而，如果不以产业规划为导向，单纯的通过村镇建设扩大村镇规模有可能会导致扩张的效益递减，最终无法实现预期的目的。因而，我们需要以产业规划和产业发展的驱动来引导村镇的扩张，以实现村镇和产业的相互协调发展，促进村镇合理有序扩张。

3) 产业规划推动衰落村镇复兴

对于曾经繁荣过而后逐渐衰退的村镇，其村镇规划的制定更是需要产业规划的引导。因为村镇衰落的根本原因就在于产业结构和产业布局的不合理，使得村镇经济的发展难以为继，村镇曾经的繁荣随即消逝，而通过编制新的产业规划，制定合理的产业发展战略，可以促进这些衰落村镇原有产业结构合理调整，培育出新的产业增长点，最终促使这些村镇得到复兴。这些村镇原来都有一定的工业基础，但是要实现村镇复兴不能仅靠原来的这些工业基础，而是要加快第三产业和流通业的发展，以促进人口和资源的流动，聚拢人气，然后再利用村镇原有的完善的基础设施促进新产业的发展，产业的发展最终会带动村镇的发展。

3. 村镇产业用地的内容

产业用地规划属于土地利用规划的专项规划之一，是国家为了加快调整产业结构，以促进产业用地的集约化利用，根据国民经济计划、社会发展规划和土地利用规划等相关规划，确定产业发展方向和目标，合理调整产业用地结构，优化布局产业用地，并对产业用地进行统筹安排的能动行为。其意义在于，通过对产业用地的调整和规划来引导其他生产要素的流向和配置。产业用地规划的具体内容包括主导产业选择、产业用地结构优化、产业用地布局优化和规划实施的保障措施等，如图6.4所示。

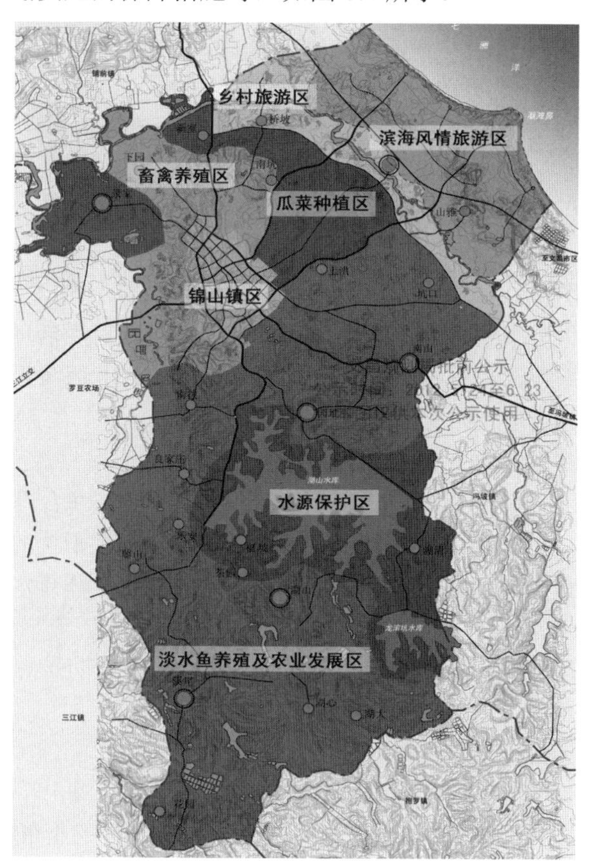

图6.4 文昌市锦山镇镇域产业规划布局图

无论是1993年老版的《村镇规划标准》(GB 50188—1993)还是2007年新版的《镇规划标准》(GB 50188—2007)，产业用地可按照用地性质的不同均分为：M和W两大类。虽然《村镇规划标准》(GB 50188—1993)已经不再使用，但是作为一种简便的指标分配方式，其用地分类方式及指标至今依旧被很多省市现行的导则所沿用，对村镇规划相关内容具有较好的指导作用。

4. 生产设施(建筑)用地规划布置原则

1) 用地分类

用地分类如图6.5和图6.6所示。

生产设施用地(M)：独立设置的各种生产建筑及其设施和内部道路、场地、绿化等用地，可分为四类。一类工业用地(M1)，对居住和公共环境基本无干扰、无污染的工业，如缝纫、工艺品制作等工业用地。二类工业用地(M2)，对居住和公共环境有一定干扰和污染的工业，如纺织、食品、机械等工业用地。三类工业用地(M3)，对居住和公共环境有严重干扰、污染和易燃易爆的工业，如采矿、冶金、建材、造纸、制革、化工等工业用地。四类农业服务设施用地(M4)，各类农产品加工和服务设施用地；不包括农业生产建筑用地。

图6.5 村镇工业用地

图6.6 村镇仓储建筑

由此可见，在用地分类中主要是按照生产经营的特点和对生活环境的影响程度，分为无污染、轻度污染和严重污染三类情况。以下单独讨论了农业服务设施用地，并对这几类用地分别提出了相应的选址和布置的要求。

其中关于生产设施用地的总体要求如下。

(1) 新建工业项目应集中建设在规划的工业用地中。节约和合理用地，同类型的工业用地应集中分类布置，协作密切的生产项目应邻近布置，相互干扰的生产项目应予分隔；可紧凑布置的建筑，宜建设多层厂房，应有可靠的能源、供水和排水条件，以及便利的交通和通信设施。

(2) 公用工程设施和科技信息等项目宜共建共享，应设置防护绿带和绿化厂区，应为后续发展留有余地。

针对一、二、三类生产设施用地，提出如下要求。

(1) 一类工业用地可布置在居住用地或公共设施用地附近。

(2) 根据工业应逐步向镇区工业用地集中的原则，对现有工业布局应进行必要的调整，规定了新建和扩建的二、三类工业应按规划的要求向工业用地集中。

(3) 二、三类工业用地应布置在常年最小风向频率的上风侧及河流的下游，并应符合现行国家标准《村镇规划卫生标准》(GB 18055—2012)的有关规定，并应符合现行国家标准《工业企业设计卫生标准》的有关规定。

(4) 三类工业用地应按环境保护的要求进行选址，并严禁在该地段内布置居住建筑。

(5) 对已造成污染的二类、三类工业项目必须迁建或调整转产。

针对农业服务设施用地，提出如下要求。

(1) 农机站、农产品加工厂等的选址应方便作业、运输和管理。

(2) 养殖类的生产厂(场)等的选址应满足卫生和防疫要求，布置在镇区和村庄常年盛行风向的侧风位和通风、排水条件良好的地段，并应符合现行国家标准《村镇规划卫生标准》(GB 18055—2012)的有关规定，并严格防止对生活环境的污染和干扰。

(3) 兽医站应布置在镇区的边缘，并应满足卫生和防疫的要求等。

2) 用地布置的原则

在进行用地布置前应首先对村镇现有企业进行分类，然后按类别进行用地选择安排。同时注意，企业用地除了要满足各类专业生产的要求外，还要分析用地的建设条件。

(1) 有足够的用地面积，有方便的交通运输条件，能较好解决给排水。

(2) 职工的居住用地应布局在卫生条件较好的地段上，且尽量靠近工业区，并有方便的交通联系。

(3) 工业用地和村镇各部分，在各个发展阶段应保持紧凑集中，互不妨碍，同时节约用地。

(4) 相关企业之间应取得较好联系，考虑资源的综合利用。

3) 用地布局的基本要求

(1) 自身要求。

(2) 交通运输的要求。

4) 下列地段和地区不得选为生产建筑用地

地震断层和设防烈度高于 9 度的地震区；有泥石流、滑坡、流沙、溶洞等直接危害的地段；采矿陷落(错动)区界限内；爆破危险范围内；坝或堤决溃后可能淹没的地区；重要的供水水源卫生保护区；国家规定的风景区及森林和自然保护区；历史文物古迹保护区；对飞机起落、电台通讯、电视转播、雷达导航和重要的天文、气象、地震观察以及军事设施等有影响的范围内；具有开采价值的矿藏区。

5) 工业区规划

工业用地在镇区的布置根据生产的卫生类别、货运量及用地规模，分为三种情况。

(1) 布置在远离镇区或与镇区保持一定距离的工业区。

(2) 布置在镇区边缘的工业区。

(3) 布置在镇区内的工业区。

5. 仓储用地规划布置原则

1) 用地分类及要求

仓储用地(W)：物资的中转仓库、专业收购和储存建筑、堆场及其附属设施、道路、场地、绿化等用地。

普通仓储用地(W1)：存放一般物品的仓储用地。

危险品仓储用地(W2)：存放易燃、易爆、剧毒等危险品的仓储用地。

仓库按储存货物的性质和设备特征分为：一般性综合仓库和特种仓库。

仓库按仓库的职能分为：储备仓库、转运仓库、供应仓库、收购仓库。

2) 仓储用地的要求

满足仓储用地自身的要求；地势高兀，地形平坦，有一定坡度，利于排水；地下水位不能太高；土壤承载力高；有利于交通运输；有利建设；有利经营使用；节约用地，但留有余地；注意环境保护。

3) 仓库及堆场用地的选址和布置应符合下列规定

生产建筑用地、仓储用地的规划，应保证建筑和各项设施之间的防火间距，并应设置消防通路；应按存储物品的性质和主要服务对象进行选址；宜设在镇区边缘交通方便的地段；性质相同的仓库宜合并布置，共建服务设施；粮、棉、油类、木材、农药等易燃易爆和危险品仓库严禁布置在镇区人口密集区，与生产建筑、公共建筑、居住建筑的距离应符合环保和安全的要求；对仓库及堆场用地的选址和布置的技术要求。对易燃易爆和危险品的仓库选址，应符合防火、环保、卫生和安全的有关规定。

6.3.2 村镇产业规划方法及范例

村镇规划中的产业规划应遵循如下方法(范例：某省会城市行政区下辖镇总体规划经济社会发展及区域条件评价及产业规划)。

进行经济社会发展及区域条件评价。对村镇现有经济发展阶段和产业结构进行分析，将产业阶段和产业结构作为主要分析内容，以明确当前产业问题和预测未来发展方向，并根据区域或周边地区产业转移、区域政策和本地区位、土地、人才、产业基础、产业特征等，分析产业发展面临的机遇、挑战及优劣势。

1. 社会经济发展背景

从国家政策及上级省、市、区域多个角度对该镇经济发展环境进行了定位，确定该镇作为老工业基地调整改造的主要承接地之一，可加速区东部工业产业区发展，该镇可利用与区东部工业区的区位优势和本地资源优势，大力发展区外溢产业承接工业区。结合城乡一体化建设，促进区城镇化建设与工业发展共同进步，加快镇城镇建设的步伐，使镇成为东北部连接对外商品流转集散的主要通道。

2. SWOT 分析

1) 发展优势

从区位、交通、自然资源、劳动力资源等方面分析该镇发展优势，得出在地理和交通方面该镇应与东部工业区的产业形成产业链，提供便捷的交通条件，对物流的运输起到至关重要的作用；在自然资源及劳动力方面形成农业经济持续提质增量，工业发展以农产品加工为主，同时拥有较好畜牧业养殖业资源优势的发展格局。

2) 发展机遇

从国家政策支持、省级大环境促进、经济改革政策背景下，在城乡一体化建设、国家改造东北等老工业基地政策的实施等方面，确定该镇在政策实施上的发展机遇。

3) 存在问题

根据现状用地分析得出该镇发展存在的主要问题有：建设用地不足，用地性质不符；乡镇企业规模结构不够合理，产业关联度低；基础设施水平仍滞后于经济发展水平；城镇群整体发展目标不够明确，村屯建设不够完善；城镇第三产业发展滞后，导致经济发展缓慢。

4) 制约因素

根据经济、人口分析得出该镇发展的制约因素为：劳动力素质较低，文化水平普遍偏低；投资环境、生产、生活环境滞后于经济的发展，基础设施的建设因起步晚，积累少，资金短缺等制约着该镇的进一步发展；整体经济实力较弱，以农村副业为主导产业，缺乏新的经济增长点，经济发展后劲不足，乡镇企业专业化水平及科技含量较低，缺乏深层次开发；工业滞后状况没有明显改变，城乡之间、贸工农之间不够协调，连接不紧密，城乡一体化步子不快，各产业之间的关联效应和集聚效应发挥得不好。

针对现状和发展条件，提出产业发展目标和总体战略，如结构升级、中心服务能力提升、集群化、高技术化、区域协调分工等，并按一定标准确定优势(或主导)产业及其战略。

总体目标：以科学发展观为指导，以生态保护为前提，以加快村镇发展为核心，坚持经济社会协调发展，坚持城乡一体化协调发展，建设环境友好型和资源节约型社会。把该镇建设成为某市近郊游的生态节点，形成功能完备、生态宜游、交通便捷的生态宜居、宜业、宜游的新型村镇。

产业目标：新兴产业区与农业示范区、旅游服务产业区三区互动的低碳生态示范区。

改革目标：为贯彻和执行十八届三中全会精神，要分阶段、分目标制定社会经济发展改革目标，改变区域二元结构，努力实现区域统筹发展一体化，积极推进区域职能体系调整，形成以城带乡、以工促农，全面实现“经济发展”和“安居乐业”双向协同发展的新型城镇化发展模式。

人口发展目标：根据城镇经济社会发展，加快城镇化步伐，大力发展镇区与产业区人口，促进产业和社会经济发展，提升区域竞争力，引导农村人口向城镇就业和生活，建立合理的人口空间分布格局。加快就业战略重点向投资密集型、技术密集型为主的产业转移，改善人口的就业环境和就业结构，加强人口素质教育，建立健全与经济社会发展水平相适应的社会保障体系，实现人口与社会经济发展的和谐统一。

社会经济发展战略目标：到规划期末，成为承接某市外溢功能的重要产业区，完善生态产业分区与基础设施建设，使该镇成为某市率先实现绿色产业开发的地区之一，特色高科技休闲农业园旅游节点。社会经济发展战略为提高第一产业，优化第二产业，积极发展第三产业，集约利用与节能减排。

城乡统筹发展目标：协调城乡建设，加快产业发展，提升公共服务，完善政府职能，探索制度创新。

城乡统筹发展策略为积极推动村屯发展，分圈层引导村屯发展。最后，根据现状产业分布和发展连片企业进园等原则，确定点、轴、带、圈片区的总体布局，或提出优势产业布局意向明确各区区产业类型及规模，有些则将产业布局任务交给空间部分。

3. 现状产业特征分析

从产业的角度，再次对现状进行梳理，分析适合的特色产业。

(1) 区位条件优越。交通条件便利，对外货运条件便利，土地资源丰富，可成为东北部外溢承接工业区。

(2) 承接外溢产业功能弱。由于政府政策不成熟、建设用地不足、没有规划指导等多方面原因，致使承接外溢产业能力较弱，有待于完善政府招商引资政策，编制法定规划来指导外溢产业落户该镇，带动经济发展。

(3) 产业结构不合理，产值结构还需要进一步调整。从近十年的趋势来看，第一产业处于主导地位；第二产业处于初级阶段，初具规模，主要以农副产品、农业产品为主导，是典型依托地域农业和畜牧业的资源型产业，而且缺乏完整产业链条体系。产品类型单一，配套能力差，产品水平和效益低，在整个产业结构中比重偏低；第三产业比重严重偏低，处于萌芽状态，需要进一步优化产业结构，提高第三产业比重。

(4) 经济类型多样化，民营经济比例大。该镇的经济类型多样，企业主要是以民营企业为主，民营经济发达，经济活力大。该镇的私营企业数量与就业人数与其他各种经济类型相比分额都居首位。

(5) 产业导向特征明显，可构成特色的产业选择较为丰富。

4. 产业发展定位与策略

(1) 产业发展思路与定位：掌握优势产业的核心竞争力，拓展与提升产业链环节，避免粗放发展模式，提高土地利用效率，走集约化、创新型发展道路。实现块状经济向现代产业集群的转变、从内源发展到外向带动，培育新兴产业，增强外部发展动力。

(2) 产业总体发展目标与策略：根据对产业现状、发展情况进行详细分析，按照“产业第一”和“优势优先、新兴培育”的原则，以提升结构、创造品牌和优化布局为任务，形成分工清晰、互补配套的集约发展模式，促进产业、人口、布局的联动调整。

(3) 本次规划产业发展目标：促进现代化、都市型农业发展，重点发展粮油良种、蔬菜、苗木、生猪、肉牛、花卉、食用菌和经济林果等八类种养殖产业与农副产品加工业等主导产业。加快发展新兴环保产业、商贸旅游服务业等产业，推进劳动密集型、大中小型工业集中集约集群发展；促进旅游业与旅游服务业、生活服务业、流通商贸的成长和发展。实现人口产业合理布局，资源环境有效保护的城乡一体化发展局面。

规划产业体系形成三主(主导产业)、三兴(新兴产业)的体系，三大主导产业为农产品加工业、畜牧养殖业、生态种植业，三大新兴产业为环保产业、旅游服务业、商贸服务业。

(4) 产业发展策略：为实现经济发展目标，必须抓住发展机遇与发展优势，提升现有产业发展空间与发展力度，推动循环经济发展，具体发展策略如下。

① 壮大农副产品加工业，发挥地域优势。

② 积极发展节能减排新能源环保产业。

③ 加速发展旅游服务业。

5. 产业发展空间区划

1) 镇域产业空间布局原则

发展遵循“三个集中”的原则，即工业向工业园区集中，居民向居住区集中，工业生产向精细化规模化经营集中。通过集中与集聚，实现空间利用的集约化、生态环境的良性化，并为产业结构的升级和第三产业的发展提供条件，促使产业发展与城镇化的步调逐步一致。

2) 镇域产业发展空间布局

在对该镇社会经济发展基础、资源状况、区位环境等综合分析的基础上，通过系统分析，结合产业分布、产业基础和新近企业的发展趋势，规划产业空间布局模式为“一心、一点、三区”的格局。

一心：中心产业发展核心，是经济发展节点，是以农副产品为主导产业，建设环保、低碳产业基地核心。

一点：旅游发展景区，打造沿江湿地生态旅游景观节点。

三区：北部以新型农业经营体系为主，形成以粮油良种、蔬菜、苗木、生猪、肉牛、花卉、食用菌和经济林果等八类产业为主的产业区；中部以新型战略产业和绿色有机产业等特色产业和涉农产业为主的区域；南部旅游产业和商贸服务业、养老产业区，主要发展旅游服务业、生态养老业、都市农业休闲、设施农业为主。

6.4 村镇循环经济发展规划

6.4.1 循环经济思想的含义及其对规划的导向作用

1. 循环经济的含义

第一次明确提出循环经济(Circular Economy)一词的是英国环境经济学家戴维·皮尔斯。1990年，他在《自然资源和环境经济学》一书中试图依据可持续发展原则建立资源管理规则，并建立由自然循环和工业循环组成类似于工业代谢的循环经济模型。

循环经济一词在中国出现于20世纪90年代后期，它是1998年国内学者翻译德国颁布的《循环经济和废弃物管理法》时对物质闭路循环(Closing Material Cycle)的简称。由于我国学者在表述循环经济的概念时各自立场和认知有所差别，所给出的定义也不相同，因此，循环经济在我国尚未有统一的定义。目前较为代表性的定义如下。

(1) 从生态学的角度：所谓循环经济，就是把清洁生产和废弃物的综合利用融为一体的经济，本质上是一种生态经济，它要求运用生态学规律来指导人类社会的经济活动。

(2) 从资源综合利用的角度：指出循环经济是一种以资源的高效利用和循环利用为核心，以减量化、再利用、资源化为原则，以低消耗、低排放、高效率为基本特征，符合可持续发展理念的经济增长模式，是对大量生产、大量消费、大量废弃的传统增长模式的根本变革。

(3) 从环境保护的角度：循环经济是指通过废弃物和废旧物资的循环再生利用来发展经济，目标是使生产和消费过程中投入的自然资源最少，向环境中排放的废弃物最少，对环境的危害或破坏最小，即实现低投入、高效率和低排放的经济发展。

2. 循环经济的影响因素

研究村镇循环经济的运行与发展，需要明确影响循环经济模式的相关因素。影响循环经济模式选择的因素可以分为三类，即直接因素、间接因素和机制性因素，如图 6.7 所示。其中，直接因素包括资源、环境、产业结构、技术、资金等 5 个因素；间接因素包括自然禀赋、人口、经济发展水平、科学技术、社会文化、法制等 6 个因素。间接因素对循环经济模式选择的影响是通过对资源、环境等直接因素的影响而间接实现的。此外，政府干预和市场机制则是两种不同的机制性因素，它们对间接因素、直接因素以及循环经济模式选择都具有重要的影响。

1) 影响循环经济的直接因素

一个区域在进行循环经济模式选择时，需要考虑的因素是纷繁复杂的，这些因素中，影响作用明显且直接的是资源、环境、产业结构、技术、资金等 5 个因素。在某个具体的区域，可能是这 5 个因素中的一个或几个对模式选择发挥着主要的作用，但总的来说，这 5 个因素是具有普遍意义的。

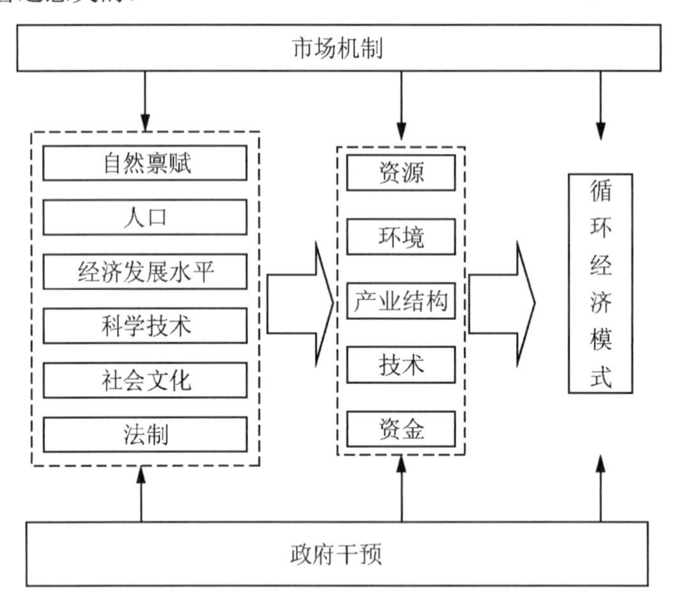

图 6.7　循环经济的影响因素

(1) 资源：循环经济的实践和理论是建立在人们对资源稀缺性的认识基础之上的。资源的存量、可利用量，资源的类型和不同资源类型的组合，产业发展对资源的依赖程度，资源的利用方式和利用效率等因素，都直接影响着循环经济模式的选择。进行资源分析，除了要考虑作为自然禀赋的资源类型和总量，还应考虑人口、经济发展水平等因素。通过人均可利用资源数量的分析，可以了解一个区域的可利用资源的上限；通过经济发展规模及趋势预测资源的需求量，可以了解支撑一个区域经济发展所需资源的下限。

(2) 环境：人类的生产活动和生活活动必须考虑环境的承载力。环境污染和环境压力过大是目前大部分国家普遍面临的问题。在我国，不同区域面临的环境问题类型和程度是存在差异的。比如，有的地区工业污染严重，有的地区土地环境质量下降，这就要求在选择循环经济模式时，要在准确把握各个区域面临的环境问题的基础上，把发展循环经济与环境治理结合起来。同样，对环境进行分析时，一方面要考虑环境自身的承载力；另一方面也要考虑人口、经济发展水平以及社会文化因素所造成的环境压力。人口数量可以被用来评估人类生活活动给环境带来的压力；经济发展规模和趋势则可用来评估人类生产活动所带来的环境压力。

(3) 产业结构：产业结构和布局是关系到循环经济发展成功与否的关键因素之一。只有在考虑产业结构和布局的同时，兼顾资源的可持续供给、环境的生态安全以及经济的绿色增长，循环经济的发展才有成功的基础。一个区域的产业结构是该区域自然禀赋、经济发展水平以及科学技术水平综合作用的结果。产业结构的现状构成了循环经济的实施基础，并影响着循环经济的推进方式。

总体而言，我国三次产业中，高能耗、高资源需求的第二产业比重过大，而低能耗、低资源需求的第三产业比重过低，高科技产业发展仍然不足。因此，循环经济的推进往往和产业结构的优化组合在一起。在循环经济视角下，产业结构优化不仅要考虑经济效益的提高，更要协调生态安全。因此，在发展循环经济的背景下，产业结构优化应包括三个部分：产业结构高度化、产业结构合理化和产业结构生态化。根据循环经济的基本原则，产业结构高度化是指提高资源利用效率高的产业比重，逐步减少或淘汰资源浪费严重、资源再利用率低的产业。产业结构合理化是指遵循再生产过程对比例性的要求，追求关联产业规模适度、三次产业比例协调和增长速度稳定的均衡。产业结构生态化是参考自然生态系统的有机构成和循环原理，在不同产业之间构建的类似于自然生态系统的相互依存的产业生态体系，以达到资源充分循环利用，减少废物和污染的产生，消除产业活动对环境的破坏，逐步将整个产业结构对环境的负外部效应降低到最低限度。

(4) 技术：循环经济自产生之日起就和技术密切相关。循环经济的核心思想——“减量化、再利用、再循环”，需要相应的技术手段为支撑才可能实现。发展资源回收、再生性资源产业和环保产业，改造高消耗的传统产业，实现传统产业的绿色生态转型，都必须依靠科技进步。技术在提高资源利用效率、替代资源能源的开发、降低资源能源消耗、污染物减排和废弃物转化等方面正在发挥着越来越重要的作用。在选择循环经济模式时，必须考虑本区域技术水平，以及发展循环经济所需技术的成本和可获得性。需要说明的是，本文把“技术”与“科学技术”当作不完全重叠的概念在使用。“技术”指的是，在实践中已经或即将得到广泛运用的实用技术，而非实验室技术；“科学技术”则侧重于基础性的研究，以及通过各种研究机构、研究活动所体现出来的总体的科学技术水平。

从技术创新理论的视角看，前者接近于该理论所述的技术“模仿”和“复制”，后者则接近于技术“创新”。很显然，按照这种理解，“技术”的可获得性以及应用的成本，主要受该区域的“科学技术”水平的影响和制约，后者构成前者的基础。

(5) 资金：循环经济，虽然也被称为“经济”，但在推行循环经济的初期甚至较长的一段时间内，可能是“不经济”的。高投入是循环经济发展的基本特征和重要条件。循环经济技术比传统技术复杂得多，往往涉及多个学科领域，对设备、原材料的要求更高，技术更新速度更快，使得企业设备更新和折旧的速度大大加快，因此，需要的资金量也大大高于传统产业。循环经济技术的创新需要大量的资金支持，而要将科研成果转化为现实生产力，进而发展成为一个个微观循环经济体系，由点带面形成更大范围的中观和宏观循环经济体系，没有强大的资金支持是不可能的。为此，在进行循环经济模式选择时，必须考虑本区域的资金投入能力。显然，一个地区的资金投入能力的高低从根本上取决于当地的经济发展水平，但同时也受当地金融体系的完善程度和相关财政税收政策取向的影响。

2) 影响循环经济的间接因素

资源、环境、产业结构、技术、资金等因素直接影响一个区域的循环经济模式的选择，但这些因素并不是独立存在的，它们受更为复杂的其他因素的影响。这些在背后影响它们的因素，就是循环经济模式选择的间接影响因素。

(1) 自然禀赋。

自然禀赋是人类所有生产和生活活动的基础。自然禀赋不仅从根本上影响着所有的直接因素，而且也影响其他间接因素。不同区域的自然禀赋在类型和总量上的差别，影响着资源、环境的差异，也通过对经济发展水平的影响间接影响着产业结构和技术水平等因素。从循环经济的角度考察，自然禀赋一般包括矿产资源、土地资源、水资源和气候资源。

(2) 人口。

从某种程度上说，人口因素是自然禀赋的一个变量。人均可利用的资源数量比资源总量更能说明人类所面临的资源和环境状况。我国庞大的人口数量，决定了我国资源短缺、环境压力等普遍性特征。此外，人口也被视为一种资源——人力资源，人力资本理论和现代人力资源开发理论已经揭示了人力资源在经济和技术发展等方面的巨大能动作用和贡献。

(3) 经济发展水平。

一个区域的经济发展水平，与该区域的自然禀赋、人口和人力资源、科学技术以及社会文化之间存在相互影响的关系，而一个区域的资源需求量、环境压力、产业结构、技术水平以及资金供给能力，却更主要受当地经济发展水平的影响。

(4) 科学技术。

科学技术的发达程度往往和经济发展水平相关。在经济发展能够提供所需支持的前提下，一个区域的基础性科研水平越高，科研力量越雄厚，这个区域的技术创新和扩散的能力也就越强，适用技术得到广泛应用的可能性也就越高。循环经济从它产生之日起就具备了明显的技术特征，循环经济的发展是以大量的技术创新和技术扩散为支撑的。

(5) 社会文化。

社会文化同样和其他间接因素间存在互相影响的关系。在循环经济的实践中，人们对于循环经济的理解和认同程度构成了发展循环经济的“软”环境。我国朴素的“节约”观念是符合循环经济的基本思想的，但是，不同区域由于社会文化上存在一些具体的差异，对于循环经济理念的认同程度以及对循环经济的理解也是存在差异的。这种理念和认识上的差异不会直接影响循环经济模式的选择，但会对循环经济的发展形成支撑或制约作用。

(6) 法制。

发展循环经济，没有法律制度的保障和推进是不可能实现的。一方面，循环经济是新生事物，人们受习惯影响，接受较慢。法律制度具有公共选择型、强制性、权威性和见效快等特点，可以较快地推进循环经济。另一方面，循环经济需要更高的资金投入、智力投入和更多的自我约束，从而会加大了人们的工作负荷。一个区域的法制状态，尤其是关于循环经济的立法完善程度将会影响循环经济模式选择和推进策略的选择。

3) 影响循环经济的机制性因素

循环经济是对传统经济发展模式的变革，这种变革需要借助经济发展的内力和外力的推动。

所谓内力是指市场机制，而外力则是指政府的作用。发展循环经济需要社会重新构建一种新的制度框架，而这种制度框架的建立需要市场机制和政府行为的有机结合。

(1) 政府干预。

在循环经济的初始阶段，政府的推动作用是必需的，也是至关重要的。循环经济的产生已经证明了这一点。政府作用要以市场有效发挥作用为前提，不能代替市场，而是要培育市场，为市场主体提供公共产品和公共服务，降低其交易成本。在实践中，政府部门是否具备相应的意识与能力履行这些职责，是否会出现“缺位”或“越位”等问题，直接影响着一个区域的循环经济的发展。

(2) 市场机制。

循环经济的理论前提是自然资源正在成为制约人类发展的主要因素，它考虑的是如何在既定资源存量下提高资源的利用效率和经济发展的质量问题。因此，运用市场机制发展循环经济比使用强制手段有更高的效率，需要更少的管理成本。

3. 循环经济思想的内涵

20世纪60年代到90年代，发达国家在环境保护方面从末端治理开始逐步发展到清洁生产，在逐步解决了工业污染和部分生活污染后，由后工业化或消费型社会结构引起的大量废弃物逐渐成为环境保护和可持续发展的重要问题。在这一背景下，产生了以提高生态效率和废物的减量化、再利用与再循环(3R原则)为核心的循环经济理念和实践。北欧、北美的一些发达国家较早地开展了循环经济的实践活动，并且在世界各国的产业规划和城乡规划中得到了广泛的应用。

循环经济在我国作为一个完整的系统概念，很快得到国内环境保护部门和从事环境生态、资源工作的专家、学者、实际工作者和高层领导的重视，并从概念变成了实践，且进入国家决策层面。循环经济理念在我国能够被社会各界快速接受和大力提倡，主要有两个方面的原因。一是我国面临着繁重的发展任务，同时又面对着巨大的资源短缺与环境压力；二是循环经济恰恰是一种可以实现经济发展和环境改善双赢的经济发展模式，从而成为了解决我国经济发展面临的资源与环境矛盾可能的途径。

我们就从一个最简单的公式入手来分析各国大力发循环经济的必要性。公式为：

自然资源采出量－排入自然环境中的污染物＝净资产积累量

这个公式代表了经济系统和环境之间的简单的物质平衡模型。由这一公式我们可以得出以下两种结论：其一，公式表明了物质的平衡关系，即不能作为资本积累的那部分原料最终仍归于环境；其二，公式还表明在给定净资产积累量的前提下，排入自然环境中的污染物越多，则自然资源采出量越大，由此可以得出的结论是人类环境质量的恶化与自然资源的超量使用是紧密相关的。因此，在我们的人类生产生活等实践活动中，要自觉采取循环经济模式，以求合理使用资源，减少人类活动对环境的破坏。

循环经济是推进城市可持续发展的一种实践模式。它改变了传统工业社会由“资源—产品—废物”这样一种单向的线型经济，实现了由“资源—产品—再生资源”的可持续发展新模式。

循环经济具有以下技术经济特征：第一，循环经济提高资源使用效率，减少物质生产过程中的资源、能源消耗；第二，循环经济对生产、生活中用过的废旧产品进行回收，对于可以重复利用的废弃物通过技术处理进行反复循环利用；第三，循环经济延长了生产技术产业链，将污染尽可能地在企业生产过程中进行处理，减少生产过程的污染排放；第四，循环经济对一些企业无法处理的生产生活垃圾废弃物进行回收利用，扩大资源再生产业和环保产业的规模。

循环经济包含三个层面的实施主体。首先，微观层面是指企业内部的循环经济，企业内部要按照循环经济原则进行生产，如企业下游工序的废物返回上游工序，作为其原料重新利用；其次，中观层面则是指工业园区内部的循环经济，循环经济要求工业园区内具有组织网络共生关系的企业之间，按照不同的产业链关系，实现资源和物质的共享，使某一企业产生的废水、废气、废渣成为另一企业的能源或者原料；最后，宏观层面是工业和社会之间的循环经济，例如将生活居住区产生的生活垃圾转化为工业企业的能源。

4. 循环经济思想对规划的导向作用

随着循环经济思想的日益兴盛，循环经济理念日益深入城市规划领域，指导着城市功能布局的优化。循环经济对城市规划尤其是城市产业规划的影响作用主要有以下三点。

(1) 循环经济影响城市工业企业布局指向。一般来说，工业布局指向主要包括自然条件和自然资源指向、原料指向、市场指向、原料和市场双重指向、劳动力指向、交通枢纽指向、高科技指向、集聚经济指向和无明显指向。由循环经济内涵和经济技术特征可知，基于循环经济的企业布局对原料地的依赖相对减小，工业企业原料指向削弱；基于循环经济的企业布局的集聚经济指向也将逐渐转向，转为集聚循环经济指向；基于循环经济的企业布局势必将生态环境作为重要的区位因子加以考虑，许多指向不明的企业，例如日用化工品企业，由于其污染严重，将与其他企业共同组建生态工业园区，以减轻其环境污染，由此这些企业的集聚循环经济指向增强，从而使得布局指向不明的企业增多的趋势减弱。

(2) 循环经济尤其强调产业的多联产、一体化，强调产业的集中布局。在循环经济模式下，产业纵向、横向一体化趋势加强，产业关联度也日益加强，从而使得存在业务联系的企业表现为地理位置上的集中布局。循环经济的发展，使得单个企业难以消化自己产生的全部废物，因而在具体规划中，要依据生态学原理，建立类似于自然生态系统的企业共生网络，以达到物质、能量的最大利用。这就使得一些企业或者产业实现产业链的延伸，加剧了一体化趋势。因此，按照循环经济要求，在进行城市产业布局时，要考虑到企业横向、纵向之间的多联产和一体化，进行集中布局，预留一定的产业发展空间，避免出现因规划不合理而导致产业链被割断的现象。此外，城市产业发展规划要充分重视当地的资源存量，以避免过度开发破坏循环经济。

(3) 生态工业园区是循环经济在规划中的重要实现途径和实现形式。生态工业园区的建立是根据循环经济理论和工业生态学原理设计的一种新型的工业组织形式。在实践中，生态工业园区并不排斥重污染企业的进入，相反，它是解决城市重污染企业发展和布局的重要途径。生态工业园区通过发展相关产业链，将园区内一个企业生产的副产品作为另一企业的原材料或能源，通过废物交换，循环利用等手段，分解这些重污染企业造成的污染，实现污染的零排放。这一方面典型例子就是丹麦卡伦堡生态园区。该园区以火力发电厂、炼油厂、制药厂等为核心，大力发展循环经济，制药厂废水处理后成为炼油厂的淡水资源，使得炼油厂每年节省用水 120 万吨，电厂使用炼油厂排放的火焰每年节煤 30 万吨、节油 1.9 万吨。由此，该工业园区每年产生 1000 万美元经济效益，促进了城市环境和经济的协调发展。为此，在总体规划中，应注重循环经济导向作用，选择在本区域具有一定生态工业基础以及具有一定资源和产业优势的地区，建立不同类型的生态工业园。通过建立生态园区，积累经验，以点带面，逐步扩大循环经济普及面，从而促进整个区域的生态化规划和建设。

6.4.2 村镇发展循环经济的必然性及其特征

1. *产业共生循环经济内涵*

循环经济是以资源的高效利用和循环利用为目标，以“减量化、再利用、资源化”为原则，以物质闭路循环和能量梯次使用为特征，按照自然生态系统的物质循环和能量流动的方式运行的经济模式。循环经济的核心是资源利用和节约，最大限度地提高资源的使用效率，其结果是节约了资源、提高了效率、减少了环境污染。

产业共生是指通过合作，共同提高各个产业的生存能力和获利能力，同时实现对资源的节约和环境保护。产业共生研究以废物交换利用和废物闭路循环为核心，即通过建立产业实体间的废物交换关系来实现产业系统物质的闭路循环和能量的梯级利用。产业共生循环经济是由各类产业实体在一定的价值取向指引下，按照市场经济规律，为追求集体利益最大化而相互合作形成的产业实体联合体系，其中产业实体由一个或一个以上企业构成。产业共生循环经济是基于经济学、社会学、生态学等多个学科的系统科学。

2. *农村发展循环经济是必然趋势*

农村经济是国民经济的重要力量之一。但长期以来，由于传统观念等因素的影响，农村经济发展模式存在着许多缺陷，以至于导致资源大量浪费、环境严重破坏以及社会经济效益损失；同时由于产业之间发展的不协调，降低了产业共生的集聚规模效益，造成了系统资源低效利用，因此严重制约了农村可持续发展。产业共生循环经济主要基于产业结构的角度，从产业经济系统的源头进行规划，实现经济、社会、环境、资源、技术等多元素的协调统一发展，同时构建“资源—产品—废物—再生资源”循环封闭产业链条，最终实现社会经济的可持续发展。因此，为推动农村经济发展，应该全面实施产业共生循环经济模式，优化产业结构，合理利用资源，保护生态环境，推进技术创新，以提高生态、社会、经济三大效益。

3. 村镇发展循环经济模式

1) 产业共生循环经济村镇模式具有普遍性

产业共生循环经济村镇模式解决了农业生产的废弃物处理、工业生产原料来源问题，同时建立的原料储备系统、余热发电系统、工业用水处理及循环系统、物流服务系统、生态农业旅游系统，促使第一、第二、第三产业协调发展，提升乡镇经济发展的产业结构，做到了产业优势互补、资源共享、降低成本，形成了三大产业共生的循环经济。产业共生循环经济村镇模式具有普遍性。

2) 村镇经济要基于农业，协同第二、第三产业共同发展

村镇经济要基于农业协同第二、第三产业共同发展，如图 6.8 所示。

该模式是基于农村发展的经济模式，其显著特点就是以农业生产为基础，结合第二、第三产业共生发展。村镇可在发展循环经济过程中，实现农业生产的产品贡献、要素贡献、市场贡献三大作用，同时不断扩大产业、拓展市场、实现外汇贡献。

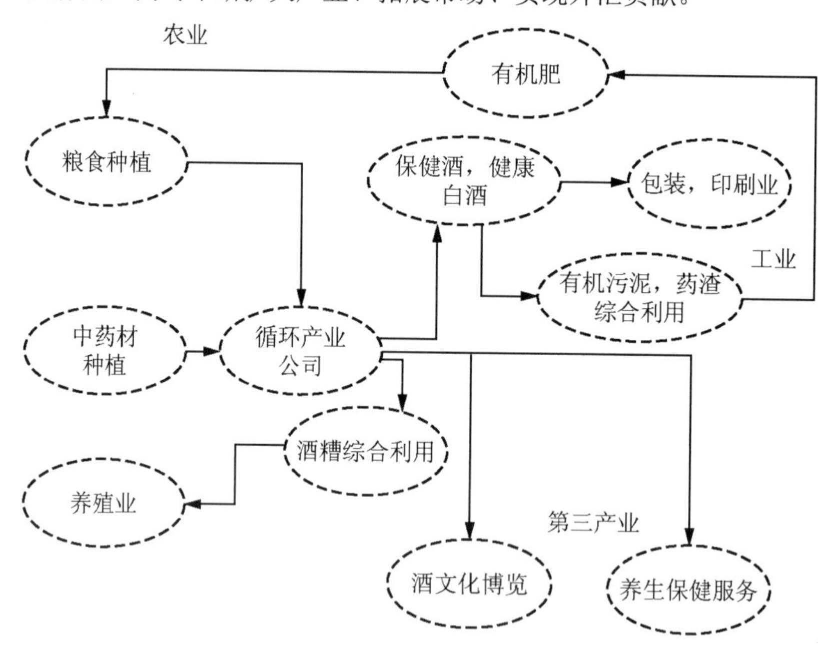

图 6.8　某循环产业公司三产循环图

3) 因地制宜，构建循环经济系统

在发展村镇经济中因地制宜地建立循环经济系统，全面体现了产业生态设计的思想。结合地区的地理位置、资源条件、生态环境、文化底蕴、经济程度的特点，进行科学规划，合理布局产业结构，形成了多个发展循环经济的复合结构体。在此基础上，努力发挥规模集聚效应，规划了新乡纸制品工业园区，全面实施循环经济。

4) 发挥产业循环网络的核心作用

将上游产业实体的废弃物变成下游产业实体的再生资源是发展循环经济的核心要素。

例如，村镇在建立原料储备系统、余热发电系统、工业用水处理及循环系统、物流服务系统、设备供应系统、生态农业旅游系统的基础上，可形成造纸生产、制药生产、余热发电、机械制造、物流服务、生态农业旅游、农副产品加工为主要内容的产业共生循环网络结构体系。从而形成功能合理的物质流、能源流，用资源、产品、再生资源的环状反馈式经济运行过程和规模经济，实现社会的大循环、大协作，使产业生产与环境治理相结合，区域内废弃物与生产需求平衡相结合，节约资源与改善环境相结合。同时可建立环保工程系统促进水资源、有机质循环利用，形成了产业循环经济发展的网络体系。

5) 建立完善健全的保障制度体系

发展循环经济是个系统工程，需要有完善健全的保障体系予以支撑。这就需要有健全的组织管理体系，加强组织领导，完善各项制度，健全决策机制；要有先进适用的技术支持体系，增强自主创新能力；要有充足的资金作为后盾，加强招商引资，拓展融资渠道；要有人力资源储备，全面引进人才，加大教育培训力度；健全循环经济信息系统，实现企业内部、行业之间以及政府、企业和社会的信息交流。

6) 通过完备的组织管理经济复合结构体，实现多重效益协调统一

乡镇经济的持续发展是建立在完善的组织制度和高效管理决策体系上的。为保障产业共生循环经济顺利实施，应建立以政府为中心、分工负责的组织体系，制定完善相关规章制度，健全综合决策机制为核心的组织管理体系；构建以贯彻国家、省、市的优惠政策，建设发展循环经济的准入标准体系，制定符合自身特点的政策体系为主要内容的政策制度体系；建立以设立公共信息服务中心，构建环境管理体系，建设安全监管体系为主要内容的公共服务体系；构建以加强人才和技术引进，加快循环经济技术开发和应用，加强企业自主创新能力为特点的高效技术研发体系；培养拥有较强的综合素质的优秀卓越的乡镇经济发展带头人；形成农业旅游等发展循环经济的复合结构体。产业共生循环经济村镇模式运行过程中，应始终体现经济效益、资源效益、社会效益、生态效益、技术创新效益、示范效益相互协调统一。

7) 拓展区域，形成广义的产业共生循环经济

村镇在发展循环经济的过程中，应该在协调环境和经济的发展的同时，使结构体彼此之间的相关性更充分地发挥作用，更大程度地实现规模经济，以充分体现产业之间的互动能效(产业之间互补、集聚效应)。因此，村镇循环经济的发展应该继续拓展区域，以资源节约、生态保护、经济效益、社会效益和技术创新为导向，在技术条件支撑力、市场配置内生力、政策调控牵引力、行政手段控制力和法规体系约束力的共同作用下，在原有的复合结构体运行的基础上，加强结构体之间的生产要素互补、共享，形成广义层面的产业共生循环经济，带动周边地区经济、社会、环境协调持续发展。

本 章 小 结

本章主要学习的内容是产业规划的概念及内涵；村镇产业规划的基本原则；特色产业的含义；发展村镇特色产业的战略意义；村镇特色产业规划内容；村镇产业规划方法；循环经济思想的含义及其对规划的导向作用。这些内容是学习村镇产业规划原理和进行村镇

产业规划设计所必需的基本知识。

产业规划是产业发展的战略性决策，是实现产业长远发展目标的方案体系，是为产业发展所制定的指导性纲领。产业规划的基本目标是在单个产业内平衡各企业之间的结构关系以促进产业规模的提高；在城市或者区域范围内，平衡产业之间的结构关系以及人口、资源、环境的关系，以促进城市和区域经济发展。

在特定的地域条件与历史条件下，村镇自身所特有的产业按照外部条件已经形成了自己独特的发展方向，便产生了特色产业。村镇的特色产业往往与村镇内的主导产业一致。村镇特色产业是区域资源禀赋、比较优势上具有核心竞争力，设置能够满足消费者特色需求的村镇特色产业。

村镇特色产业规划内容为：村镇区域产业环境调查；村镇产业发展模式确定；特色产业布局。

村镇产业规划方法为：首先，进行经济社会发展及区域条件评价。对村镇现有经济发展阶段和产业结构进行分析，将产业阶段和产业结构作为主要分析内容，以明确当前产业问题和预测未来发展方向，并根据区域或周边地区产业转移、区域政策和本地区位、土地、人才、产业基础、产业特征等，分析产业发展面临的机遇、挑战及优劣势。其次，针对现状和发展条件，提出产业发展目标和总体战略，如结构升级、中心服务能力提升、集群化、高技术化、区域协调分工等，并按一定标准确定优势(或主导)产业及其战略。最后，根据现状产业分布和发展连片企业进园等原则，确定点、轴、带、圈片区的总体布局，或提出优势产业布局意向明确各区区产业类型及规模，有些则将产业布局任务交给空间部分。

村镇循环经济改变了传统工业社会由“资源—产品—废物”这样一种单向的线型经济，实现了由“资源—产品—再生资源”的可持续发展新模式。

思 考 题

1．产业规划的目标是什么？
2．我国村镇产业结构面临的主要问题有哪些？
3．村镇产业规划的应遵循哪些基本原则？
4．简要回答特色产业有哪些特征。
5．村镇区域产业环境调查的内容有哪些？
6．村镇产业发展模式有哪几种？
7．提高资源使用率的目的是什么？
8．循环经济的直接因素和间接因素有哪些？
9．循环经济思想对规划有哪些导向作用？
10．产业共生循环经济有哪些？
11．村镇发展循环经济模式的特征有哪些？

第7章 村镇公共设施规划

【教学目标与要求】

● 概念及基本原理

【掌握】村镇公共设施用地与村镇公共服务配套设施；我国村镇公共服务设施配置的一般方法；村镇公共服务设施配置基本原则；村镇公共服务设施具体分类空间布局。

【理解】村镇公共服务设施现状调查及分析；村镇公共服务设施发展趋势。

● 设计方法

【掌握】村镇公共设施布局方法。

公共服务是指政府为满足社会公共需要而提供的、供全社会所有公民共同消费、平等享受的产品与服务的总称。公共服务有两个基本特征：一是满足社会公共需求；二是公众平等享受。

公共设施是指为公众提供公共服务产品的各种公共性、服务性设施，包括能够看得到的具有实物形态的公共服务设施，如教育设施、医疗卫生设施、文化体育设施等，以及一些非物质形态的公共服务，如社会保障、就业与再就业服务等，其通常又被称为公建配套。

【东营乡村建设】

7.1 村镇公共设施现状调查

7.1.1 村镇公共设施用地与村镇公共服务配套设施

1. 村镇公共设施用地

村镇内各类公共建筑及其附属设施、内部道路、场地、绿化等用地被称为公共设施用地(类别代号为C)[《镇规划标准》(GB 50188—2007)]。参考已经废止但分类方法仍被沿用的《村镇规划标准》(GB 50188—1993)，公共设施用地被称为公共建筑用地，其定义是一致的。另外，公共设施用地可分为以下6类(图7.1～图7.6)，本书按照《镇规划标准》(GB 50188—2007)给予描述，与《村镇规划标准》(GB 50188—1993)的描述内容稍有区别，但更为全面。

C1 行政管理用地：政府、团体、经济、社会管理机构等用地。

C2 教育机构用地：托儿所、幼儿园、小学、中学及专科院校、成人教育及培训机构等用地。

C3 文体科技用地：文化、体育、图书、科技、展览、娱乐、度假、文物、纪念、宗教等设施用地。

【村级卫生室建设】

C4 医疗保健用地：医疗、防疫、保健、休疗养等机构用地。

C5 商业金融用地：各类商业服务业的店铺，银行、信用、保险等机构及其附属设施用地。

C6 集贸市场用地：集市贸易的专用建筑和场地；不包括临时占用街道、广场等设摊用地。

图 7.1　行政管理用地

图 7.2　教育机构用地

图 7.3　文体科技用地

图 7.4　医疗保健用地

图 7.5　商业金融用地

图 7.6　集贸市场用地

2. 村镇公共服务配套设施

1) 公共服务设施项目

公共服务设施主要是为了便于管理、提升村镇服务能力、满足居民的发展性的需求等而建设的，旨在为居民的共同性需求而建设的服务设施，属于非营利或者低偿服务范畴。

结合《镇规划标准》(GB 50188—2007)并参考《村镇规划标准》(GB 50188—1993)相关内容，依照公共服务设施的发展趋势，遵循村镇公共服务设施的配置原则，参照国内外相关研究，可以把村镇公共服务设施分为 6 大类，50 小项，见表 7-1。

表 7-1 村镇公共建筑项目配置汇总表

类别	项　目	中心镇	一般镇	中心村	基层村
行政管理	1．人民政府，派出所	●	●	—	—
	2．法庭	○	—	—	—
	3．建设，土地管理机构	●	●	—	—
	4．林，水，电管理机构	●	●	—	—
	5．工商，税务所	●	●	—	—
	6．粮管所	●	●	—	—
	7．交通监理站	●	—	—	—
	8．居委会，村委会	●	●	●	—
	9．各专项管理机构	●	●	—	—
教育机构	10．专科院校	○	—	—	—
	11．高级中学，职业中学	●	○	—	—
	12．初级中学	●	●	○	—
	13．小学	●	●	●	—
	14．幼儿园，托儿所	●	●	●	○
	15．职业学校，成人教育及培训	○	○	—	—
文体科技	16．文化站(室)青少年之家	●	●	○	○
	17．影剧院，游乐健身场	●	○	—	—
	18．灯光球场	●	●	—	—
	19．体育场	●	○	—	—
	20．科技站	●	○	—	—
	21．图书馆，展览馆，博物馆	●	○	—	—
	22．广播电视台	●	○	—	—
医疗保健	23．中心卫生院	●	—	—	—
	24．卫生院(所，室)	—	●	—	—
	25．防疫，保健站	●	○	—	—
	26．计划生育指导站	●	●	○	—
	27．修疗养院	○	—	—	—
	28．专科诊所	○	○		

续表

类别	项　　目	中心镇	一般镇	中心村	基层村
商业金融	29. 百货站	●	●	○	○
	30. 食品店	●	●	○	—
	31. 生产资料，建材，日杂店	●	●	—	—
	32. 粮店	●	●	—	—
	33. 煤店	●	●	—	—
	34. 药店	●	●	—	—
	35. 书店	●	●	—	—
	36. 燃料店	●	●	—	—
	37. 文化用品店	●	●	—	—
	38. 银行，信用社，保险机构	●	●	○	—
	39. 饭店，饮食店，小吃店	●	●	○	○
	40. 综合商店	●	●	○	—
	41. 旅馆，招待所	●	●	○	—
	42. 理发，浴室，洗染店	●	●	○	—
	43. 照相馆	●	●	○	—
	44. 综合修理，加工，收购店	●	●	○	—
集贸设施	45. 蔬菜，副食市场	●	●	○	—
	46. 百货市场				
	47. 粮油，土特产市场	根据村镇的特点和发展需要设置			
	48. 燃料，建材，生产资料市场				
	49. 畜禽，水产市场				
	50. 其他专业市场				

注：表中●—应设项目，○—可设项目

2) 公共服务设施类型

按公共服务设施的性质分类有助于公共服务设施空间布局的优化，公共服务设施可以从时效限制、接受程度、数量多少、层次等级、必要程度五个角度进行分类。

(1) 时效限制。按照公共服务设施所提供的公共服务是否具有时效上的限制性可分为紧急性设施和非紧急性设施。一般来说前者具有相对严格的时效要求，例如医院属于时效性要求相对较高的公共服务设施；后者对时效性的要求并不是特别明显，大多数公共服务设施属于后者。这也是目前应用比较多的一种分类。

(2) 接受程度。从公共服务设施所提供的公共服务被公众接受的程度上划分可以分为邻避型设施和非邻避型设施两类：前者通常为附近居民相对比较厌恶、避讳的公共服务设施，例如农贸市场生肉区等；后者附近居民通常乐于接受或者不明显排斥。

(3) 数量。从公共服务设施数量多少的角度来考虑可以分为单设施和多设施。前者的空间布局影响因素相对单一，例如乡镇党委或者政府属于单设施。

(4) 层次等级。按公共服务设施所提供的服务功能是否具有层级关系来划分，可分为单等级设施和多等级设施。医疗卫生和学校教育为多等级设施。

(5) 必要程度。从公共服务设施对所在地需求满足的必要程度来划分，可分为必须设置设施和可以设置设施两类。对于中心村来说邮政储蓄所属于可以设置项目。

7.1.2 村镇公共服务设施现状调查及分析

1. 村镇公共服务设施现状调查内容

村镇公共服务设施的调研应该紧紧把握时代发展的特征。根据目前的社会经济条件及社会经济发展的趋势，在对村镇公共服务设施等级体系分类的基础上，村镇公共服务设施配置项目调查应遵循以下步骤：①从人口结构、经济体制、生活需求、消费结构及法规制度的角度分析现有公共服务设施配置项目；②对村镇公共建筑的数量、建筑面、规模、质量、占地数量、历年修建量和近期、远期的发展计划；③结合新时期对村镇公共服务设施配置的新要求及公共服务设施的影响因素预测村镇公共服务设施的发展趋势；④依据公共服务设施的影响因素和村镇公共服务设施的发展趋势，制定在村镇公共服务设施配置应遵循的基本原则；⑤综合现有相关规范和标准等研究资料的基础上，对村镇公共服务设进行初步选定；⑥通过对典型村镇调研及咨询专家意见，获取村镇村民对公共服务设施配置项目的需求数据，进行分析处理，对初步选定的配置项目进行修正，形成最终的方案。

【公共服务行业满意度调查】

2. 村镇公共服务设施建设现状

目前我国村镇公共设施配置仍短缺。村镇公共服务设施不能满足村民正常的生活需要，主要表现如下。

(1) 基本公共服务设施不足。基本公共服务是保障村民生活的基础，是提高村民生活水平、经济条件；缩小城乡差距，摆脱城乡二元经济结构最有效的途径。目前村民最关心、最急需的基本公共服务设施配置滞后，供给不足。看病难、看病贵；子女上学难、费用贵。

(2) 留守老人、儿童数量逐年递增。繁华大都市的生活模式吸引了大量的农村劳动力进城就业或居住，导致农村人口密度的降低，留守老人和儿童逐年递增。然而人口的密度高低决定了村庄的规模，公共服务设施的配置规模。据中国农村统计年鉴统计结果可知，乡村人口数、乡村就业人员数逐年递减；第一产业及第一产业人员所占比重逐年减少。

(3) 公共服务设施配置类型不全，供给不足。公共服务设施依附于基础设施，村镇的基础设施较薄弱，行政、教育、医疗、文体、社会保障等公共服务水平低，一部分村民，特别的是基层村的贫困群体难以获得公共服务。

① 行政管理水平低。多数中心村，基层村中只设有一个村委会。村委会占地面积狭小，其工作人员分工不明确，一人多职，也没有明确的管理方法与手段，这严重制约着农村经济的发展。

② 城乡教育水平、教育设施差距大。城乡二元经济的存在及村镇经济的落后导致村镇的教育水平一直处于落后阶段。师资力量匮乏，教学设施配置不齐全。

③ 医疗水平低，卫生设施短缺。除中心村配置了以本村村民为服务对象的小型医疗站

点外，缺乏基层卫生保健点，医疗机构严重缩水，设施短缺。

④ 文化体育设施不足。绝大多数农村没有配置文化娱乐场所，只有不到10%的中心村设置了供村民日常活动、交流的户外活动场地。居民劳作之余的消遣方式主要是聚众聊天。

⑤ 社会保障不到位。村镇养老院、福利院建设缺失。村镇社会保障制度建设处于起步阶段，村镇居民保障水平低于城市居民，村镇养老保障制度不健全。

(4) 相关规范、标准缺失。长久以来，公共服务设施的相关规范、标准都是以城市和建制镇为准制定，而对村镇公共服务设施规划指导方面的规范、标准相对欠缺，也没有具体的规划标准和配置要求。这样使得村镇在公共服务设施建设中缺乏依据，村镇公共服务设施的建设内容、规模不明确。

3. 村镇公共服务设施问题产生的主要原因

公共服务设施配置问题产生的原因多种多样，主要表现在以下几方面。

1) 区域经济差异大

由于各地区的社会生产力发展的水平不同和区域经济发展水平不同，村镇呈明显的区域特点。同时由于区域地理的差别，如土地(包括土壤、地形等)、气候等自然因素存在明显的地区差异，这决定了村镇的规模分布，而村镇的规模又直接制约着公共服务设施的配置标准。经济水平较高的村镇规模较大，公共服务设施配置相对齐全；经济水平较低的村镇规模较小，公共服务设施配置相对不足。

2) 村民教育程度低，意识匮乏

村民的素质与接受教育程度比城市居民低，其对生活的环境以及公共服务设施的配置匮乏意识，只关心居住的房屋。据中国农村统计年鉴统计，我国农村各地区农村家庭劳动力文化程度以初中文化水平为主，较城市居民以大专大学文化为主的水平差距较大。

3) 资金投入不足

村镇公共服务设施按其投资主体可分为政府投资和村民自建两类。村民自建的公共服务设施局限于保证村民最基本的生活需求，这会导致公共服务设施的缺失和供给不足。另外绝大多数经济不发达的村镇没有产业支撑，资金严重不足。因此，政府几乎是唯一的投资者，但是政府投资是有限的，无法长期承担供给齐全的公共服务设施。

7.2 村镇公共服务设施的发展趋势

7.2.1 我国村镇公共服务设施配置的一般方法

目前，我国各省规划建设主管部门大多公布了村镇规划技术导则和标准，这是当地村镇公共服务设施配置的主要依据。深入到支撑这些公共服务设施配置指标的规划技术层面看，这些导则和标准大都是将使用功能、村镇等级、运营方式等作为影响公共服务设施配置的主要因素。

1. 按使用功能配置公共服务设施

按照使用功能对公共服务设施进行分类，是进行设施配置基础。一些学者认为从实现城乡基本公共服务均等化以及村镇建设逐步推进的角度来讲，按使用功能所划分的公共服务设施类型不仅仅适合城市，也应同样适合村镇地区。然而在实践中我们发现，在城市和乡村地区，应用同样分配方式配置的设施，其服务水平和质量差异还是非常明显的。《城市居住区规划设计规范》1993 年版与 2002 年修订版相比较可见：城市公共服务设施分类有了一定变化，增加了社区服务的设施类型，反映了世纪之交国家在社区建设和管理方面的新发展。但是 2007 年颁布的《镇规划标准》却几乎完全延续了 1993 年《村镇规划标准》中对农村公共服务设施使用功能的分类方法。相关规范中公共服务设施分类见表 7-2。

表 7-2 相关规范中公共服务设施分类(按使用功能划分)

标准规划类型	城市居住区规划设计规范	城市居住区规划设计规范	村镇规划标准	镇规划标准
颁布年份	1993	2002	1993	2007
涉及的公共服务设施类型	教育 医疗卫生 文体 商业服务 金融邮电 市政公用 行政管理 其他	教育 医疗卫生 文化体育 商业服务 金融邮电 社区服务 市政公用 行政管理及其他	行政管理 教育机构 文体科技 医疗保健 商业金融 集贸设施	行政管理 教育机构 文体科技 医疗保健 商业金融 集贸设施
有效期限	修订	施行	已废止	施行

2. 按村镇等级配置公共服务设施

村镇公共服务设施配置是引导村镇建设发展的重要杠杆，因此村庄规划技术导则和标准中最常见的方法是：首先划定重点镇、一般镇、中心村、行政村，然后根据村镇等级规定设施配置的指标。这种公共服务设施级配的框架中不同类型的设施之间没有交叉，但也没有体现村镇之间服务的社会需求的差异性。在已废止的《村镇规划标准》(GB 50188—1993)中，公共服务设施配置方法就是如此，尽管这个国标不再使用，但是作为一种简便的指标分配方式，至今依旧被很多现行的省市导则所沿用。镇区、中心村各类公共建筑人均用地面积指标见表 7-3。

3. 按运营方式配置公共服务设施

随着社会主义市场经济的发展，随着政府职能转变，在许多省的村庄规划导则和标准中都已明确将公共服务设施按照运营方式分为公益性设施、经营性设施两类。前者多为基层政府或村集体主导规划建设，区位分布、规模等级等都预设了相应的标准；而对后者则很少有强制性的要求，主要引导市场的力量来补充村镇公共服务，指标也仅作为参考。但即便是公益性设施，对处在不同发展阶段，具有不同发展基础的村镇来说，其需求的差异性和配置的方式也是复杂多样的，绝非几个简单指标所能涵盖。

表 7-3　镇区、中心村各类公共建筑人均用地面积指标

村镇层次	规划规模分级	各类公共建筑人均用地面积指标/(m²/人)				
		行政管理	教育机构	文体科技	医疗保健	商业金融
中心镇	大型	0.3～1.5	2.5～1.0	0.8～6.5	0.3～1.3	1.6～4.6
	中型	0.4～2.0	3.1～12.0	0.9～5.3	0.3～1.6	1.8～5.5
	小型	0.5～2.2	4.3～14.0	1.0～4.2	0.3～1.9	2.0～6.4
一般镇	大型	0.2～1.9	3.0～9.0	0.7～4.1	0.3～1.2	0.8～4.4
	中型	0.3～2.2	3.2～10.0	0.9～3.7	0.3～1.5	0.9～4.6
	小型	0.4～2.5	3.4～11.0	1.1～3.3	0.3～1.8	1.0～4.8
中心村	大型	0.1～0.4	1.5～5.0	0.3～1.6	0.1～0.3	0.2～0.6
	中型	0.12～0.5	2.6～6.0	0.3～2.0	0.1～0.3	0.2～0.6

注：集贸设施的用地面积应按赶集人数、经营品类计算。

4. 千人指标配置公共服务设施

首先解释配套公建、配建水平、千人总指标及分类指标这几个概念。这几个概念原本出自居住区规划标准，现在也应用于各类村镇公共服务设施配置。

配套公建，是指作为居住区中的配建项目，其功能主要是满足除居住以外的居民相关生活需求。在以往约定俗成概念的基础上可归纳定义为：居住区公共服务设施是主要为满足居住区居民生活需要所配套建设的，与一定居住区人口规模相互对应的，为居民服务和使用的各类设施。

配建水平，是指居住区配建的各级和各类公共服务设施应该与居住区的人口规模相适应，同时应该与住宅同步规划、同步建设、同时投入使用。居住区公共服务设施的配建指标主要是为了保证居民日常生活的正常和便利，其中包括公共服务设施的千人总指标、分类指标和配件水平。

千人总指标，是指每千个居民拥有的各级公共服务设施的建筑面积和用地面积，它用于总体上保证居住区各级公共服务设施设置的基本要求，包括容量和空间。

分类指标，是指每千居民拥有各类公共服务设施的建筑面积和用地面积，它用于总体上保证居住区各类公共服务设施设置的基本要求，包括容量和空间。

在对公共服务设施从“使用功能”“村镇等级”“运营方式”等角度进行分类的基础上，用“千人指标”来计算公共服务配置的水平。通过对国家标准以及 18 个省(市)的村镇规划标准和村庄(整治)规划导则进行整理分析，发现众多省市的导则中都或多或少地设置了村庄公共服务设施的用地面积和建筑面积指标，见表 7-4。

但是作为一项基本的规划技术，人们无从证明人均公共服务设施享有量多少为宜。虽然各地在制定用地标准和建筑面积时已经关注到了所在地域的差异性问题，但却没有更扎实的论证过程来证明指标的合理性，也没有更切实的指标体系来分类指导，来反映本省市地域内部所存在的次区域的差异性。事实上，用“千人指标”配置公共服务设施的规划方

法一直面临这个问题。“千人指标”并不存在一个如同终极真理一样的“量”，大多数情况下是靠经验来确定具体的量，因此其中难免受主观意图的影响。

“千人指标”的确定应当在经验赋值的同时，也将地域的差异性和村镇发展的动态性考虑进去。在细化公共服务设施类型和指标的同时，规划使用的“千人指标”是将服务范围中的村镇人口视为一种均质的人口，需求的内容和有效需求的状态是同质化的。

从行政管理的角度看，统一的分类和定量标准更便于自上而下地进行资源分配和监管考核，这种与计划经济管理传统一脉相承的理论和技术在现实中被认为是可操作的，但是却不能很好地适应城镇化进程中不断变化的居民生活方式，也无法根据居民对设施的“有效需求”来丰富和细化公共服务的层次。

表7-4　我国各省村镇规划标准中公共服务设施用地占建设用地比重

典型代表	用地比重
全国标准，天津、陕西、广西、青海等	6%～12%
湖北	8%～10%
江西	5%～10%
宁夏	2%～4%
山东	6%～12%中心村，2%～4%基层村

5. 按公共服务设施配置类型协同

【特色产业转型升级】

设施类型的划分在很大程度上决定着设施配置的方式。为适应城镇化快速推进过程中的村镇需求，根据特定的公共服务类型能否依靠市场机制和是否需要独占服务产品使用权来更加细致地将公共服务划分为5个类型。

(1) 职能型：作为政府职能在村镇地区延伸的公共服务类型。

(2) 自治型：能依靠市场机制，需独占服务产品使用权的服务，像村镇地区的文体，以及其他公共事务。

(3) 保护型：不能依赖市场机制，而又不能独占服务产品使用权的服务，如低保服务和伤残服务等类型的服务。

(4) 专业型：以专业技术支撑，能够依赖市场机制，而不能独占使用权的服务，如教育和医疗方面的服务。

(5) 运营型：可以依托市场机制，实现社区对服务产品的共有使用权，如便民利民的商业服务等类型的服务。

经观察和分析“村镇公共服务设施”的“内涵”。收集了18个省(市)村镇规划标准和村庄(整治)规划导则。这个样本数占到全国省、自治区、直辖市总数的60%左右，可以大致看出在这个领域政策制定者对村镇公共服务的理解，通过对于这18个村镇规划标准和村庄(整治)规划导则内所涉及的各类设施的汇总、整理、合并，可以得到各地村镇公共服务设施配置频次表，见表7-5。

表 7-5　我国 18 省(市)村镇规划标准中各类公共服务设施配置统计表

公共设施类型	频次 ●	频次 ○	公共设施类型	频次 ●	频次 ○	公共设施类型	频次 ●	频次 ○
村委会	22	6	运动场地	11	12	营利性娱乐场所	1	7
其他管理机构	4	3	公园、游园	2	1	集贸市场	6	17
幼儿园、托儿所	17	12	储蓄所	3	9	畜禽水产市场	1	2
小学	6	19	邮局	5	8	综合修理店	3	13
初中	0	12	百货店	10	16	收购站	2	9
职专、成教或培训点	0	1	食品店	3	15	卫生、医务室/所	19	10
文化站/活动中心	17	10	粮店	0	6	计生站	12	9
公用礼堂	1	7	超市	7	7	敬老院	2	4
老年活动室	11	9	蔬菜、副食店	1	11	科技站	0	3
图书馆、阅览室	3	7	餐饮、小吃	3	17	文化宣传栏	10	7
体育场	1	6	理发、浴室	3	16	物业管理服务	1	9
篮球场	4	4	旅店	0	4	宗教	1	2
健身场地	7	2						

注：表中●—为必设　○—为可设

在所有这些公共服务设施类型中，村委会属于“职能型”设施，一些属于“保护型”(如低保服务)服务提供在空间上可以依托于村镇政权一类的设施；文化站、活动中心等 “自治型”服务在实际操作中往往也可以依托村镇公共的空间资源；餐饮小吃、集贸市场、百货店和理发等服务和村镇居民生活密切相关，这些在设施配置中事关民生的服务都可以依靠市场机制来提供，属于“运营型”的服务；相比之下，政府需要提供专业技术支撑，大力帮扶的“专业型”服务，如卫生医务宣所、幼儿园托儿所、小学，在配置公共服务设施时要有专业化的服务标准和导则，设在标准和导则中表述为“必设的”和“可设的”设施的实施。但是如果将这些设施提供机制的“制度选择”作为依据，就会意识到，在公共资源投入能力有限的前提下，村镇公共服务设施的配置要提高效率，要解决村镇居民最为迫切需要的公共服务，那么排列靠前的这些类型的设施应当有优先性排序。

除了作为政府职能在村镇地区延伸的公共服务(村委会)外，专业型的服务，如卫生、医务室/所等卫生医疗服务和幼儿园、托儿所、小学等教育服务应当作为最为优先的公共资源投入的类型，这些就是“政府必须做好的”内容。而餐饮小吃、集贸市场、百货店和理发等服务可以借助市场力量来解决。因此，村镇公共服务设施的配置不是将公共资源无限度地投入到各种公共服务设施的建设中，就能获得最大的社会效益，一来因为公共资源有限，很难做到全方位、全类型的所谓公共服务“均等化”；二来因为基于村镇居民生活需要的各类服务客观存在着优先性的差异，在配置公共服务设施中，政府迫切要做到的是抓紧做好那些与村镇居民民生息息相关的公共服务(医疗卫生和基础教育)，其他类型的公共服务则重在做好协调发展。如果能够基于“制度选择”理念将公共服务优先性分类，通过“协同配置”，突出政府公共财政投入的重点，同时放手为市场力量参与创造更好的政策环境，那么公共服务配置就可以取得更好的社会效益。在社会主义市场经济的背景下，公共服务的“类型协同”反映的是政府和市场的分工和互动，是直接作用于规划工作的模式和路径。在未来改进村镇公共服务设施规划中，“类型协同”应当补充成为原理性的内容。

公共服务设施配置的“区域协同”原则也是 “协同配置”的重要内容，它是指在一定的地域内，同类公共服务的提供不一定采取严格的等级规模和体系化的方式来配置设施，而是根据公共服务设施的空间布局、服务质量、居民出行方式、居民公共选择的习惯特点来灵活确定公共服务设施的配置方式。它的理论假设在于两个方面：一是村镇居民对于同类不同等级的公共服务具有一定的选择权；二是交通、通信、信息等技术条件足以支撑村镇居民生活生产环境的开放性。

6. 村镇规范中对公共设施用地规划要求

1) 公共设施用地规划总体要求

(1) 公共建筑应按其性质和使用要求进行选址，在不影响各自使用功能和互不干扰的前提下，宜将性质相近的项目进行组合。

(2) 村庄和规模较小的镇区宜集中布置公共建筑(学校和卫生院除外)，选择位置适中、内外联系方便的地段，形成公共中心；兼为周围村民及过往人员服务的设施可设在村镇入口附近或交通方便的地段。

(3) 公共建筑的规划布置，应结合地形、地貌的特点，借助建筑体型和色彩的变化，使景观丰富多彩。

(4) 村镇公共设施项目的配置，应主要依据村镇的层次和类型，并充分发挥其地位职能的作用，按照分级配置的原则，在综合各地规划建设实践的基础上，参照近年来一些省、自治区、直辖市对镇公建项目配置的有关规定，调整制定项目内容。

2) 对各类用地的具体要求

(1) 健全教育培训设施。

《标准》要求：“教育和医疗保健机构必须独立选址，其他公共设施宜相对集中布置，形成公共活动中心。学校、幼儿园、托儿所的用地，应避开喧闹区，设在接近公共绿地和环境良好、阳光充足、环境安静、远离污染和不危及学生、儿童安全的地段，距离铁路干线应大于300m，主要入口不应开向公路。设置符合国家教育部门要求的运动场地，可与村镇的公共体育场地结合布置。三个班以下的托幼机构可设在其他建筑物的底层，但必须设有独立的出入口和活动场所。”

在村镇居住区建立一些特长培养的教育辅导学校，既可以提高生活质量，又可以陶冶情操。另外，建设一批高水平的成人技能培训学校，解决农村富余劳动力的就业是解决农业、农村、农民问题的关键所在。如非农就业人员，包括农村剩余劳动力的转移培训和农村非农企业职工岗位技能培训，提高其就业、再就业和在岗能力，促进农村富余劳动力向二、三产业转移，就可以全面提高农民的科技文化水平和现代化素质，提高农民的就业能力和从业水平。

(2) 完善文体科技设施。

《标准》要求：“文化站应位置适中、交通方便、环境优美，可结合公共绿地进行布置。”

随着生活水平的不断提高，村镇居民对精神生活的需求将不断增加，文化设施对丰富居民文化生活，陶冶情操，增强人民体质，满足居民学习、交往，参与社会的需要，加强精神文明建设，增强凝聚力都有着不可替代的作用。作为居民满足精神需求，相互沟通和交流的文体科技设施，《标准》中配置的项目远远不能满足现在村镇的配置要求。村镇文体设施应较为完善，功能较为齐全。因此，村镇公共服务设施有关文体休闲设施部分应根据需要重新配置。

从文化、科技设施的调研来看，如配置科技站、就业指导站，就可以通过指导，使农民收入得到增加，达到农村政治稳定、经济繁荣，解决“三农”问题的目的。在信息社会，人们可以多渠道获得知识，改变了图书就是信息载体的垄断地位，网络给人们带来了极大的方便，因此在村镇的文化站(室)内设置网吧也将是一种需求。

从体育、娱乐设施建设调研的实际情况来看，由于以前的村镇规划没有预见到社会老龄化发展趋势，也没有充分考虑老年公共服务设施的配置，以至于现有的老年专用设施远远不能满足日益加剧的社会老龄化发展的需求，所以建立老年活动中心也是老年娱乐设施的必备项目。

3) 添加医疗服务设施

《标准》要求：“医院、卫生院、防疫站的选址，宜布置在交通方便的安静地段，应方便使用和避开人流和车流大的地段，并应满足突发灾害事件的应急要求，并避免对环境和水源的污染。”

我国社会正步入老龄化阶段，按联合国有关资料显示中国已属于“老龄型”国家。随着医疗事业的发展，计划生育政策的实施和人口寿命的延长，村镇的老年人数量也日益增多。调研表明村镇现在都设有医疗卫生设施，有卫生站、敬老院、托老所、医疗保健、或以上其中几种，这说明在制定的标准中敬老院、托老所设施需要添加。同时由于卫生站有保健和售药的职能，因此不必专门设置防疫、保健站。

4) 调整商业服务设施

《标准》要求：集贸市场用地应综合考虑交通、环境与节约用地等因素进行布置，并应符合下列规定。

(1) 集贸市场用地的选址应有利于人流和商品的集散，并不得占用公路、主要干路、车站、码头、桥头等交通量大的地段。

(2) 不应布置在文体、教育、医疗机构等人员密集场所的出入口附近和妨碍消防车通行的地段；影响镇容环境和易燃易爆的商品市场，应设在集镇的边缘，并应符合卫生、安全防护的要求。

(3) 集贸市场用地的面积应按平集规模确定，并应安排好大集时临时占用的场地，休集时应考虑设施和用地的综合利用。

(4) 规模较大的集市宜分类布置，影响镇容环境和易燃易爆的商品市场，应设在集镇边缘下风向处。

在《标准》中，很明显有一大类是集贸设施，对村镇而言，设置粮油、土特产市场等显然是不合理的，但是蔬菜、副食市场，畜禽、水产市场是必需的，考虑到服务半径的因素及蔬菜、水产市场等本身的性质，在选定项目时这里把蔬菜、副食市场及畜禽、水产市场统一称为菜市场，作为村镇商店，这里引入超市的概念取代菜市场，并融入商业服务设施中。对于商业服务设施中的药店，由于在市场经济下，卫生站可以履行其售药职能，在此不独立设置药店设施。依据村镇的发展需要，物业管理机构将对村镇内部居住区的发展起到了不可代替的作用，考虑到物业管理机构是以盈利为目的，可将其融入商业服务设施中。

7.2.2 村镇公共服务设施发展趋势

通过认识村镇居民使用公共服务的一些规律便可以意识到，公共服务配置的方法远不止于“服务半径”“服务人口”这些几近“僵化”的概念。随着社会主义市场经济的发展，政府职能转换成为改革的重要内容，提供公共服务的资源和路径也因此发生了很大的变化，这决定了公共服务设施的配置方式和布局规划的技术，应该进行相应的改进，实现城乡基本公共服务均等化的目标，除了大量投入公共资源加大保障力度，逐步消除在区域之间、社会阶层之间服务差距，还需要在公共服务设施配置的规划技术中进行改进，使之更符合客观规律，提高公共资源投入的科学性。

随着村镇村民居住条件的改善，村民对公共服务设施提出了新的要求，村镇公共服务设施项目配置主要呈以下发展趋势。

1. 体现以人为本

村镇公共服务设施的服务对象是村民，公共服务设施配置的实质应从村民的实际需要来设置，应体现服务于人，方便于人，做到以人为本。例如幼儿出生率逐年降低需适当减少幼儿园、托儿所教育设施，生活水平的提高应该随之增加文体休闲广场，人口结构呈现老龄化趋势需注重配置敬老院、托老所等。

2. 扩大服务半径

时间和空间的地域影响，随着交通的发展和科学技术的进步逐渐弱化，村镇公共服务设施的可达性得到了极大的提高。原来意义上村镇公共服务设施的服务半径概念随之发生了根本的改变，其服务的对象大大超过原有的服务范围，受行政区界的影响逐渐减弱，需要从更大的范围内来考虑公共服务设施的服务半径，同时提高村镇公共服务设施的服务质量和效率。如某些专科诊所、教学声誉较好的学校等，其服务半径已经超出了原有的服务区域。

3. 公共服务设施协同配置

公共服务设施“协同配置”概念的提成，是希望将“类型协同”和 “区域协同”的概念引入到布局规划的原理之中。在配置公共服务设施的规划过程中，规划需要结合研究如何实现公共服务体系内部的协同，以及公共服务体系与外部因素之间的协同。前者主要包括公共服务类型的完善度、公共服务设施空间布局秩序，相近功能的合理替代，公共服务与市场服务的协作等；后者则包括公共服务设施的配置在人口分布、道路交通系统等其他外部因素影响下的协同，实现以更小的投入实现更高的服务效率。按照“协同配置”原则，提高公共服务水平，绝非仅仅是增加设施配置的规模和数量，还应牵涉人口流动、道路设施改善、不同设施之间的相互替代、投资模式选择以及当地政府和居民对设施的接受程度等因素。在当下各地的村镇规划中，虽然包含了居民点布局调整、道路交通的规划等内容，但未能与公共服务设施配置规划相互结合在“协同”理念下，人们需要重新研究如何在不同规划之间形成合力和互动，如何能够因地制宜、多快好省地朝着城乡基本公共服务均等化的目标迈进。

7.3 村镇公共服务设施规划

7.3.1 村镇公共服务设施配置基本原则

依据村镇公共服务设施的发展趋势，在村镇公共服务设施配置项目选定中应遵循以下基本原则(图 7.7)。

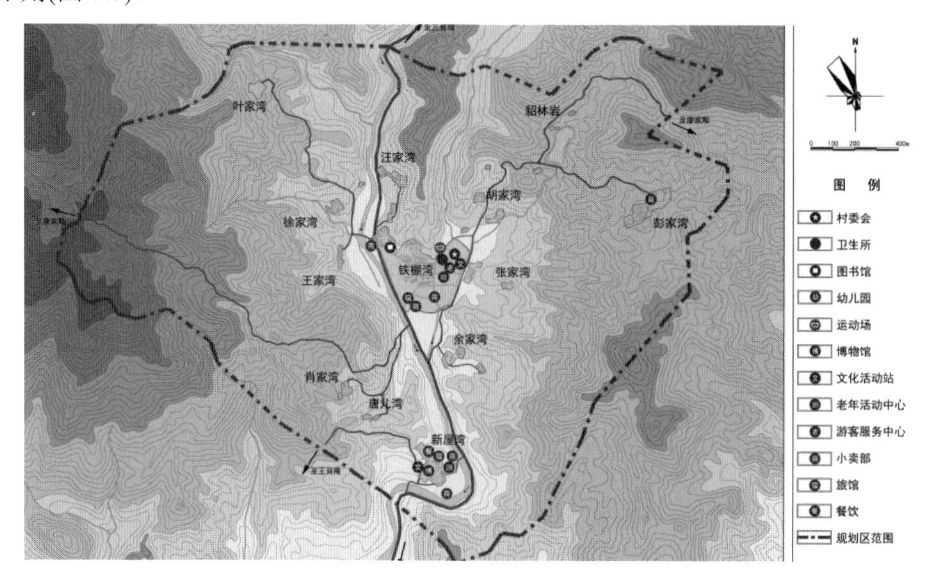

图 7.7　公共设施配置规划图

1. 层级分明，联建共享

考虑到村镇公共服务设施规划层次结构的合理性、整体性和前瞻性，通过建立不同等级村镇公共服务等级体系，构建一个复合的村镇公共服务设施体系，避免重复建设，达到联建共享、层次分明的配置要求。

2. 内容前瞻，城乡均等

在村镇公共服务设施项目内容配置上，因其服务的对象是村镇村民，所以在具体内容上必须充分考虑村民这个消费群体的消费能力和消费时间，体现村民的需求度。在具体类型的公共服务设施项目标准上，本文建议采用较高水准的公共服务设施的设置标准，因为配置标准的主要决定因素是服务的人口数量，而不是人群属性。

3. 因地制宜，从实际出发

村镇公共服务设施的配置要从本地实际出发，充分考虑本地的建设规模、人口密度、自有资源和特点采取适用的配置标准。

4. 覆盖全面，集中布置

公共服务设施的布置应全面、功能齐全。人口规模较小的村可享有与周边相毗邻的中心村或镇公共服务的延伸服务，避免同一类型的公共服务设施配置的重复，资源浪费。同时，公共服务设施应尽量布置在村民居住相对集中的地方，有利于集中村民，组织集体活动，从而形成聚集效应，使其增强村民的娱乐积极性，更好地丰富村民的生活内容。

5. 体现公益性

村镇公共服务设施的配置目标即是服务，充分体现为人民服务这一标准。因此，村镇公共服务设施的建设应以公益性设施为主，经营性设施为辅，突出公共设施的公益性，从实际出发保证资源利用最大化，增强服务村民公益事业的功能，本着便民、利民、为民的原则，合理布局。

6. 以人为本，以民为准

以人为本是科学发展观的核心。公共服务设施的载体是人，一切服务均是为人服务，因此遵循以人为本的原则。在村镇这个群体中，村民是主要的受益人，村镇公共服务设施的配置按照镇的标准，内容充分符合村民的意愿与需求。以民为准，合理配置，帮助村民改善村最基本的、最基础的、最急需的公共服务设施建设，让公共服务设施的服务全面化、效益最大化。

7.3.2 村镇公共服务设施具体分类空间布局

我国幅员辽阔，地域宽广，各地的具体条件和要求都不同，对村镇公共建筑的布置也不同，应综合考虑村镇的地理位置、地形特征、规模和构成、地区特点、经济(工业、农业和旅游服务业等)发展状况，以及近期和远期规划等，因地制宜，灵活的运用不同的布置方式，不能简单处理，更不能机械地强求某些几何图形，造成设施的不适用。村镇公共服务设施应与村庄的功能结构、规划布局紧密结合，在实际布局中各地要根据村庄特征进行具体分析，满足居民物质与精神生活的多层次需要。

1. 村镇行政管理设施布局

行政管理设施，作为群众办事的组织，同居民有紧密联系的管理性机构，往往要求有明朗而静穆的气氛，应布置在交通流畅、来往方便的地方，方便群众办事，且不宜与商业金融、文化设施等不利于创造良好的办公环境的场所毗邻，以避免干扰，要有专门院落，以便创造良好的办公环境。

布局要求如下。

(1) 党政、各专项管理机构通常是指镇政府(乡政府)、行政管理机构以及其他上级派出机构，宜共同设置形成行政管理服务中心，有对外方便的出入口，一般宜设在进出镇区的主要出入口。

(2) 村委会是村庄的重要组成部分，因功能相对单一，布置形式也不多，主要有围合式和沿街式两种。围合式一般环绕中心广场布置，有宽敞的绿地，通风良好和视野开阔，办公环境优美宁静；沿街式通常是至沿街道布置或者沿带状布置，容易形成繁华且带有生活气息的氛围。沿街式布置的优点是村民办事方便，缺点是与交通矛盾较大，因此沿街式布置时街道另一侧一般不宜布置商业设施，应减少人流量，以免影响宁静的办公环境。村委会布局形式如图 7.8 所示。

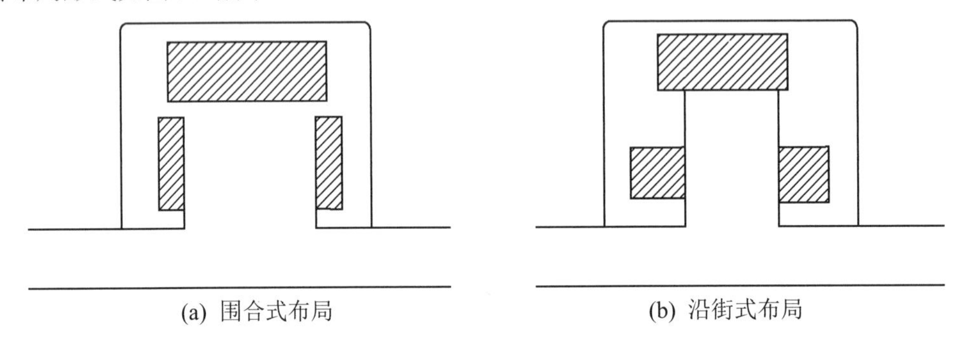

(a) 围合式布局　　(b) 沿街式布局

图 7.8　村委会布局形式

2. 村镇教育机构设施布局

学校是村镇居住区公共服务设施中占地面积和建筑面积较大的项目，它们的位置直接影响着村镇居住区的布局，托儿所、幼儿园和小学可以按各自的服务范围均匀地分布在居住区内，使所有儿童和学生以最短的距离、安全、方便地使用这些设施。

布局要求如下。

(1) 教育机构必须独立选址，宜集中与分散相结合布置。技能培训学校及中学没有理论上的固定服务半径，布局与小学基本相同，设置在交通安全、环境安静的独立地段，但是中学因其学生年龄稍长，社会活动能力稍强，许多中学因占地面积较大，布局在离村镇较远边缘亦可。

(2) 中小学学校不宜与市场、公共娱乐场所等不利于学生学习和身心健康及危及学生安全的场所相毗邻，距离铁路干线应大于 300m，主要入口不应开向公路。小学的服务半径一般不大于 1000m，宜直接毗邻居住区，主要有三种常用的布局方式，如图 7.9 所示。一是布局在村镇的拐角，其主要优点是兼顾居住区，环境相对来说比较安静，但是对于学生来说学生行走路线较长；二是布局在村镇的一侧，该布局方式的主要优点是服务半径较布局在村庄拐角小，一般毗邻村镇主要干道，可兼顾相邻居住区；三是布局在村镇的中心，该布局方式的主要优点是服务半径比较小，并可结合村镇的公共绿地设置，形成环境优美的学习观景，缺点是不能兼顾相邻居住区。

(3) 幼儿园、托儿所应独立建筑，远离交通。托儿所和幼儿园可以联合设置，根据幼儿的特点和家长接送便捷的要求，服务半径不宜过大，一般为 100～300m，且最好设在方便家长接送的地段。有相关卫生、消防安全标准的许可证，有集中绿化场地，建筑层数不宜高于 2 层，一层活动场地保证日照 5～8h/d。常用的布局方式有两种：一是布设在村镇的几何中心，其主要优点是服务半径小，对于村镇任何位置的居民接送都很方便，适用于规模不大的村镇；二是分散布局在居住区组团之间，可以结合道路系统布置，其主要优点是兼顾各组团的使用，接送方便，服务半径均匀，适合含有居住区组团规模较大村镇。幼儿园在村镇布局形式如图 7.10 所示。

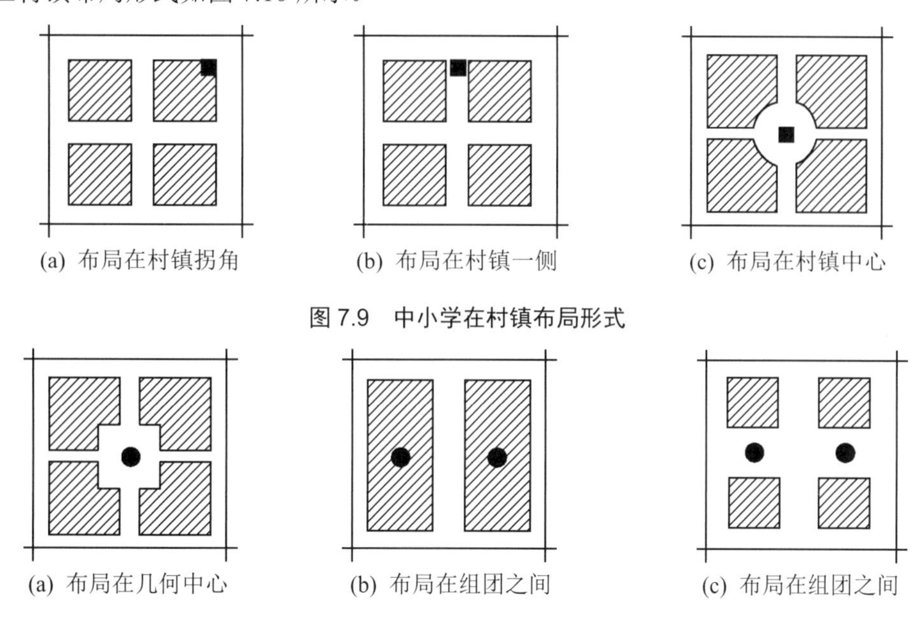

(a) 布局在村镇拐角　(b) 布局在村镇一侧　(c) 布局在村镇中心

图 7.9　中小学在村镇布局形式

(a) 布局在几何中心　(b) 布局在组团之间　(c) 布局在组团之间

图 7.10　幼儿园在村镇布局形式

(4) 村镇配有符合国家标准的专用校车接送学生上下学，充分保证学生安全。

3. 村镇文体科技设施布局

文化、体育、科技设施一般人流量较大，一般人流呈现周期性集散的现象，应满足组织交通及人流疏散的要求，建筑造型应生动活泼与周围建筑环境相呼应，建筑单位组合形式应丰富多样，布局时要考虑为停车场所预留出空间。

运动场、篮球场、羽毛球场等，需要较大的场地，一般都具有一定的特有面貌，场地宜结合村庄公共绿地设置，学校的运动场地设施也可以考虑采用半开放式，作为村庄居民健身运动场地的有益补充；老年活动中心适宜毗邻医疗养老设施，与公共绿地结合，形成环境优美的老年人娱乐健身中心；文化站、科技站、法律咨询机构以及中介机构宜靠近文化广场或者村委会，集聚组成综合服务中心。

4. 村镇医疗保健设施布局

医疗养老设施设于环境安静、交通方便的独立地段，以便于病人就诊和救护。布局时与邻近其他建筑和街道适当拉开距离，以绿化作适当地隔离隐蔽，要与周围环境相适宜。

医院、卫生院应为独立用地，设置于交通便利的地段，毗邻主干道，并且远离供电设施及其高低压线路，远离少年儿童活动及人流量大的密集场所；一般卫生所、门诊宜设置在比较安静的村庄次干道上，建在阳光充足、空气洁净、通风良好的地段上；老年公寓、敬老院的布局要求环境幽静，远离商业、教育设施等人流量较大的地方设置，保证老年人的安逸、舒适的生活环境。

【小镇风情商业街】

5. 村镇商业金融设施布局

商业金融设施布局时应考虑集中在村镇中心交通便利、人流量大的地段，以方便生活、有利经营，同时达到既方便村民又丰富街景的目的。由于各项商业金融设施有着不同的合理服务半径，其布局应以商业自身经营规律为依据灵活布局，根据村庄用地的组成、规划布局特点、地形条件和村镇规模等因素，综合考虑予以确定。

布局要求如下。

(1) 分散布置。对一些居民生活关系密切，使用联系频繁，且功能相对独立的商业服务设施，如小吃店等常是分散设置，它们的位置距居民很近，服务半径小，居民使用方便。但项目有限，每个点的面积都不大，标准比较低。

(2) 成片集中。有利于功能组织、居民使用和经营管理，易形成良好的步行购物和游憩环境。这种布置是目前较普遍采用的一种方法，优点是商业、服务网点集中，项目比较齐全，居民采购方便，也便于经营管理。

(3) 沿街带状布置。沿街带状布置用地可能比较少一些，这是过去和现在采用得较多的一种布置方式，包括沿街单侧和双侧布置。可兼为本区和相邻住区居民服务，故经营效益好，且有利于街道景观的组织，但可能会对交通产生一定的干扰，当道路为南北向时，街道面貌与建筑朝向之间矛盾很大，特别是多层住宅底层作商店时矛盾更突出，宜在保证住宅良好朝向的条件下，组织街道面貌底层商店采取垂直住宅山墙，平行于街道方向方式，可以获得较好的街道面貌。

沿街双侧布置：在街道不宽、交通量不大的情况下，双侧布置，店铺集中、商品琳琅满目。商业气氛浓厚。居民采购穿行于街道两侧，交通量不大较安全省时。如果街道较宽，可将居民经常使用的相关商业设施放在一侧，而把不经常使用的商店放在另一侧，这样可减少人流与车流的交叉。

沿街单侧布置：当所临街道较宽且车流较大，或街道另一侧与绿地、水域相临时，这种沿街单侧布置形式比较适宜。这种布置方式可避免穿越马路，也能丰富街景，但应当注意网点沿街长度不宜过长，并注意网点不与其他建筑隔着安排，否则居民购物要走多路。

(4) 几何中心布置。其服务半径小，便于居民使用，利于居住区内景观组织，但内向布点不利于吸引更多的过路顾客，可能影响经营效果。商业服务、文化娱乐等设施应相对集中，设置于不影响行车交通的人流出入口附近，以方便居民购物、娱乐和生活。这种集中式布局的居住区，能方便居民生活，节省采购时间，又易于形成综合服务中心，并使各服务项目相辅相成。

(5) 分散与成片集中相结合。根据不同项目的使用性质和居住区的规划布局形式，应采用相对成片集中与适当分散相结合的方式合理布局。在规模较大、设施较完全的村镇，可以将商业金融设施集中布置，形成一定的商业金融中心，以便达到一定的层次和规模，而将一般日常的商业服务网点分散布置，方便了居民，并应利于发挥设施效益，方便经营管理。

(6) 沿街与成片集中相结合。这是一种沿街和成片布置相结合的形式，可综合沿街及成片集中两者的特点。应根据各类建筑的功能要求和行业特点相对成组结合，同时沿街分块布置，在建筑群体艺术处理上既要考虑街景要求，又要注意片块内部空间的组合，更要合理地组织人流和货流的线路。

村镇公共服务设施是提升广大村民的物质生活、精神文化生活的保障，不同地区的经济不同，村镇规模不同，相应的公共服务设施的配置水平与标准不同，我国主要的配置标准是以城市为准，没有考虑村镇的实际情况，导致公共服务设施配置不协调及资源的浪费。因此，在具体设计过程中，应在遵照国家的规范、标准的基础上，结合地区的实际情况和自有资源，提出符合实际的村镇公共服务设施配置标准。

本章小结

本章主要学习的内容是村镇公共服务设施及其用地的基本特征，影响村镇公共服务设施配置的主要因素，村镇公共服务设施配置的基本原则，村镇公共服务设施的发展趋势，并着重掌握村镇公共服务设施基本布局方法。这些内容是进行村镇公共服务设施规划设计所必需的基本知识。

村镇公共服务设施项目按照所属用地分为6类，分别是行政管理设施、教育机构设施、文体科技设施、医疗保健设施、商业金融设施以及集贸市场设施。村镇公共服务配套设施应根据功能要求进行分类。

村镇公共服务设施的调研应该紧紧把握时代发展的特征，满足村民的需求，做出科学的分析。根据目前的社会经济条件及社会经济发展的趋势，在对村镇公共服务设施等级体系分类的基础上进行调查。

我国村镇公共服务设施配置的一般方法为按照使用功能、村镇等级、运营方式、千人指标及配置类型协同进行相应配置。

村镇公共服务设施配置基本原则：层级分明，联建共享；内容前瞻，城乡均等；因地制宜，从实际出发；覆盖全面，集中布置；体现公益性；以人为本，移民为准。应根据经济、现状、规划结构及协同配置等合理规划村镇公共服务基本设施。

思考题

1. 什么是公共服务，其基本特征有哪些？
2. 什么是公共设施？
3. 村镇公共设施用地分哪几类？
4. 公共服务设施空间从哪几个角度进行分类？
5. 我国村镇公共服务设施问题产生的主要原因有哪些？
6. 影响公共服务设施配置的主要因素有哪些？
7. 村镇公共服务设施有什么样的发展趋势？
8. 村镇公共服务设施配置基本原则是什么？
9. 村镇公共服务设施具体分类空间布局有哪几类？
10. 村镇商业金融设施布局有哪些？

第 8 章

村镇基础设施规划

【教学目标与要求】

● 概念及基本原理

【掌握】村镇公用工程设施用地及基础设施的定义；村镇给水工程规划；村镇排水工程规划；村镇电力工程规划；村镇电信工程规划；村镇热力工程规划；村镇燃气工程规划；村镇其他公用工程规划；村镇环卫设施规划；管沟综合规划。

【理解】村镇基础设施的发展趋势。

● 设计方法

【掌握】村镇基础设施布局方法。

我国城乡经济发展的差距过大，这种差距在基础设施上体现得尤为明显。基础设施作为经济发展的特殊部门，具有双重效用：一方面其是经济发展的基础和推力；另一方面又是经济发展水平尤其是城乡差距的重要表现。

我国政府拥有强大的资源配置能力，通过改善农村的交通、水利、能源以及环境等生产性基础设施状况可以显著地改善农村生产力发展环境，促进城乡之间经济交流，加快农村生产向现代化转变，提高农村居民的生活质量，进而缩小城乡差距，加快城市化步伐。

8.1 村镇基础设施现状调查

8.1.1 村镇公用工程设施用地与村镇基础设施的定义

1. 村镇公用工程设施用地

村镇内各类公用工程、环卫设施以及防灾设施用地，包括其建筑物、构筑物及管理、维修设施等用地被称为公用工程设施用地 U[《镇规划标准》(GB 50188—2007)]。公用工程设施用地可分为以下 3 类，本书按照《镇规划标准》(GB 50188—2007)给予描述，将《村镇规划标准》(GB 50188—1993)的描述增加了防灾设施用地 U3。

U1 公用工程用地：给水、排水、供电、邮政、通信、燃气、供热、交通管理、加油、维修、殡仪等设施用地。

U2 环卫设施用地：公厕、垃圾站、环卫站、粪便和生活垃圾处理设施等用地。

U3 防灾设施用地：各项防灾设施的用地，包括消防、防洪、防风等。

本章着重讨论 U1 公用工程用地和 U2 环卫设施用地用地，由于我国现阶段对村镇防灾问题的格外重视，U3 防灾设施用地将另立一章单独讨论。

2. 村镇基础设施的定义

对基础设施，国内目前没有统一规范的定义，《城市基础设施管理》一书中对城市基础设施的定义为："城市基础设施是既为物质生产又为人民生活提供一般条件的公共设施，是城市赖以生存和发展的基础。"通常指城市道路交通、给水、排水、供电、供热、通讯、环境卫生、园林绿化、城市防灾系统等设施，即包含通常所说的市政工程设施和公用设施。《城市居住区规划设计规范》(GB 50180—1993)将其称为市政公用设施，是属于居住区公共服务设施(配套公建)8大类中的一类，主要指供水、排水、供电、供热、供气、环卫、交通、消防等设施。

由此总结，村镇基础设施是村镇居民生活和生产所必需的基本设施，是进行各项经济和社会活动的保障体系。村镇的生存与发展需要与之相匹配的基础设施的支持，技术先进、功能齐全、能量充足、布局合理、彼此协调的基础设施是保证和促进村镇健康、可持续发展的必备条件。基础设施空间布局是合理配置和优化村镇基础设施的必要手段，是指导基础设施建设的依据。村镇基础设施包含交通、水、能源、电信、环境、防灾六大系统，以技术性为主体，具体分类见表8-1。

表8-1 村镇基础设施分类表

用地类型	所属系统	具体分类
公用工程类	交通系统	交通管理设施
		加油站
		交通工具维修处
	水系统	水资源保护
		给水工程
		排水工程
		雨水工程
	能源系统	供电工程
		供热工程
		燃气工程
	电信系统	邮政
		通信工程
		电信工程
		电视
	其他公用系统	殡葬设施
环卫设施类	环境系统	环境卫生公共设施
		环境卫生工程设施
防灾设施类	防灾系统	消防工程
		防洪工程
		抗震工程
		防控流行病工程
		地质灾害防治工程
		生命线系统防护工程

3. 基础设施的特征

1) 基础性

基础设施是其他生产和生活活动的基础，是社会和经济发展的前提，因而基础性是其显著的特征之一，这主要体现在三个方面：第一，基础设施提供的服务直接帮助其他部门正常生产经营，例如交通运输等基础设施是企业生产经营的基本条件；第二，基础设施提供的服务间接帮助其他部门生产经营，例如水电基础设施主要是起供水、输电作用，水电又是企业生产经营的必需物资，所以基础设施间接服务其他部门的正常生产经营；第三，有些基础设施虽然对其他部门的生产经营活动没有什么帮助，但其存在与否却在无形中影响着其他部门正常生产经营活动，例如环境基础设施等。因此，基础性是基础设施最基本的特征。

2) 准公共物品性

西方公共物品理论认为，根据物品在使用时是否具有非排他性和非竞争性分为三个种类：同时具备非排他性和非竞争性的公共物品，同时不具备非排他性和非竞争性的私人物品，以及不同时具备非排他性和非竞争性的准公共物品。在基础设施领域，除少数是具有高竞争性、高排他性的私人物品属性的基础设施和少数低竞争性、低排他性的公共物品属性的基础设施外，大部分基础设施都属于准公共物品。

3) 自然垄断性

自然垄断性一词最早由经济学家约翰·穆勒在1848年发表的《政治经济学原理》中提出，指当某种服务的提供或产品的生产全部只交给一家企业负责时，相比交给多家企业，对全社会来说总成本最低的特性。基础设施由于其较强的地区依附性，导致了异地的基础设施无法与其产生竞争；基础设施对行业提供服务的专用性强，资产流动性差的特点使其只能针对特定的行业和地区；基础设施必须大片成规模才能使其功能效用最大化，这决定了其投资规模大，如果多家企业同时进行竞争，会导致成本大增，造成投资浪费，因而基础设施具有自然垄断性的特征。

4) 外部性

经济外部性是指在社会经济活动中，一个经济主体在没有支付相应费用或得到相应补偿的情况下，其行为直接影响到另一个相应的经济主体。基础设施既有正外部性，又有负外部性。基础设施正外部性包括其对社会经济结构布局等的引导作用，能提高生产率和减少企业生产经营成本等；而基础设施所带来的一些负效应，例如交通基础设施给生态环境带来的破坏，就是其负外部性。

5) 超前性

基础设施的基础性、外部性等特征决定了其供给与建设必须要有一定的超前性，才能满足社会生产和人民生活的需求，加上我国正处于快速城市化进程阶段，社会变化日新月异，如果基础设施建设与供给仅仅只满足当前需求的话，可能会导致基础设施刚建设完成，就已经无法满足新形势下对基础设施的需求，还需要继续投资建设，这样会造成基础设施的重复建设、投资浪费等现象。因此，基础设施在前期规划时就应该充分考虑其供给数量和质量，在实力范围内留有一定年限的使用余地。

6) 投资规模大、直接回报低、建设周期长

基础设施由于其基础性的特征，几乎所有的生产生活活动都离不开它，所以对基础设施的需求非常巨大。同时，大部分基础设施项目都是至少在千万以上的固定资产投资，所以基础设施建设投资规模都非常大，建设周期也相对较长，一般至少在一年以上。另外由于基础设施的准公共产品性，其投资建设的目的不在于盈利，而在于服务其他部门和扩大社会效益，因而其投资建设完成后收益少、回报低。

7) 不可分性

(1) 配置上的不可分性。

基础设施大多是以基础设施群出现，很少有完全独立的基础设施项目，这是因为基础设施在一定范围内，复合组合投资的效益远远高于对单一基础设施无限制的投资效益，例如建设一条道路，在规划论证的时候不仅需要考虑道路建设，还要考虑道路照明和交通信号灯等基础设施的供给布局，同时建设的道路可能会对周围的环境产生一定的负面影响，所以还需要建设一些绿化等环保基础设施。因此，基础设施要想完全发挥其功效，必须要有相关的其他基础设施配套辅助，这就是基础设施配置上的不可分性。

(2) 规模上的不可分性。

通常情况下，基础设施供给必须达到一定的规模时才能提供服务或者有效地提供服务，不完整或规模较小的基础设施的作用会大幅度下降，例如道路、环境等基础设施，小规模投资的作用几乎为零；连接两城市的火车轨道只修一半，就不能提供任何服务，没有任何作用。

(3) 投资上的不可分性。

基础设施建设时只有一次性建设完成，才能保证其最大的效益。这就要求基础设施的投资必须及时到位，否则便会造成建设的拖拉、反复，会严重影响基础设施建成的速度以及建设完成后的功能，有时甚至会造成投资浪费。

(4) 时间上的不可分性。

基础设施的超前性决定其供给要先行于其他生产部门，必须先进行基础设施投资供给，才能进行其他生产性基本的投资。从国外发达国家的经验看，基础设施的供给速度一般都快于国民经济的增长速度，对于发展中国家更应如此，只有交通、运输等基础设施超前的发展，才能为其他生产部门提供一个好的生产经营条件。

8.1.2 村镇基础设施现状调查及分析

1. 现状调查内容

1) 交通系统

村镇交通的方式(如村镇机动车、农机具、自行车、牲畜拉车的拥有量)、交通设施位置、种类等；加油站位置、占地大小、油号供给；交通工具修配站位置、可处理问题类型。

2) 水系统

(1) 水资源保护情况。

(2) 给水。

① 水源：给水水源地种类、水厂、水塔位置、容量、管网走向、长度、水质、水压、供水量、分布、水量、补给情况等。

② 供水设施：水厂位置、供水能力、供水方式、管网分布、管径、水压、漏水率、自来水厂和管网的潜力、扩建的可能性等。

③ 用水量：工业用水量、生活用水量、消防用水量等。

④ 其他：给水普及率、消火栓分布等。

(3) 排水：排水体制、下水道总长度、管网走向、干管尺寸、出水口位置、标高；排水普及率、污水处理情况。

(4) 雨水：雨水排除形式、情况；沟渠现状、长度；排水口位置、回收利用情况等。

3) 能源系统

(1) 供电。

① 电源：发电厂、变电所的位置、容量、区域调节情况。

② 输电线路：高压走廊、输配电网络概况、电压等级、走向、配电所位置等。

③ 用电负荷：主要用电负荷的种类、位置、大小。

(2) 供热：供热方式、热源；锅炉房的位置、占地面积、供热情况；供热需求、供热服务面积分区等。

(3) 燃气：采用的主要能源；灌气站位置；燃气管线走向、压力；燃气需求量；新能源利用情况等。

4) 电信系统

(1) 邮政。

(2) 通信工程：电话普及率、手机普及率、基站位置。

(3) 电信工程：电信局位置、容量、电话数量、线路走向、埋设方式、建筑面积、用地面积、职工人数、使用情况；网络使用情况、网络接入方式、交换机数量、位置、维护等。

(4) 电视：广播电视差转台的位置、功率、建筑面积、用地面积、职工人数等。

5) 殡葬设施

告别厅、殡仪馆、火葬场等设施的位置、面积、职工人数等。

6) 环卫设施

(1) 环境污染程度：废水、废气、废渣及噪声的数值、危害程度、物质成分、污染范围与发展趋势；作为污染源的有害工业、污水处理场、屠宰场、养殖场、火葬场的位置等；村镇及各污染源采取的防治措施和综合利用的途径。

(2) 环境卫生公共设施：垃圾桶、垃圾转运站、公厕等设施的位置、数量、沿街摆放情况等。

(3) 环境卫生工程设施：环卫站、环卫人员数量、环卫工具情况；粪便和生活垃圾处理用地、垃圾处理措施、垃圾填埋场情况等。

以上各项除现状外均应了解其修建计划及其投资来源．并尽可能按专业附以图表。这些资料是进行村镇工程规划的主要依据。

2. 我国基础设施现状总结

总的来说，新中国成立以来，村镇基础设施建设得到了较大发展，村镇基础设施网络基本完成，覆盖了主要农业产区和绝大部分村镇。无论是基础设施的数量还是质量都实现了一个飞跃，服务质量明显提升，服务范围明显扩大。特别是1998年实施积极财政政策以后，对村镇基础设施的投入大大增加，极大地改善了村镇基础设施建设严重滞后的状况。但很多现行的村镇基础设施，在科技迅速发展的今天，无论是质量还是规模都未能满足现代农业的需要。

1) 电力燃气及水的生产和供应业基础设施现状

电力燃气及水的生产和供应业又可以分为电力热力的生产和供应业、燃气生产和供应业、水的生产和供应业三类。在村镇，很少有电力、燃气和水的生产基础设施，相关基础设施更多的服务于电力、燃气和水的供应业。村镇电力供应设施多是在其原有基础上的超负荷运转，存在电网陈旧、电压不稳定等现象；燃气供应的多以罐装瓶形式输送，燃气供应管道等基础设施还未普及；水的供应基础设施比较落后和破旧，常常出现水压较小，用水高峰时水压不够，有些供水管道由于长时间未更换，出现漏水、管道腐蚀等现象。

2) 交通运输电信业等基础设施现状

村镇周边往往有高速公路穿过，但是这仅限于靠近城市周边区域的外围。多数村镇内部的道路状况并不乐观，占道路总数大多数的次级街道和小巷，仍大量存在未硬化或不平整的问题，这严重影响人们的基本生活。即使条件较好的主干道也被大量小商小贩沿街摆摊及搭建违章房屋所挤占，公共交通及道路成为村镇基础设施供给链上脆弱的一环。电信业与交通联系相对紧密，随着我国电信业的高速发展，凡是有乡级以上道路连接的村镇，基本都做到了电话、手机信号、网络、电视等电信系统全部覆盖。

3) 水利、环境和公共设施管理业基础设施现状

村镇水利、灌溉等基础设施因年久失修和管理不善等原因，面临着设施落后和老化问题，严重影响村镇农业生产工作的开展和加大了农业经营的风险；环境和公共设施管理业基础设施供给也都亟待完善。首先，村镇公厕不仅数量少，且多为旱厕，条件极差，而条件较好的公厕仅零星散布在村镇外的城市主干道上，由市政负责建设，利用率低；其次，排污系统多是露天式的，出现大量的排水沟拥堵和污水外溢的现象，甚至一些沿街居民将污水随便泼到大街上，无视环境卫生；再次，垃圾收集和处理设施也相当缺乏，导致很多居民乱倒垃圾。

4) 村镇基础设施供给落后现状带来的消极影响

在村镇基础设施供给的落后现状下，最直接的消极影响就是对居民及外来人口生活质量的影响。卫生、环境基础设施建设的缺乏，直接导致村镇的人居环境和卫生水平远远落后城市。垃圾收集和处理设施的缺乏导致垃圾乱倒，出现许多露天人为垃圾聚集点，天气炎热的时候往往出现大量异味，吸引蚊虫，既影响美观又对居民身体产生不利影响；污水处理设施不足，导致许多污水露天排放，直接排往乡镇内的河流或地下，使得供水质量下降，生态环境恶化；原有的园林绿化设施由于得不到妥善的维护，加上不断的破坏和污染，使其失去了原有的景观作用。村镇居民的收入与村镇经济的发展休戚相关，基础设施是经济发展的保障和基础，但村镇基础设施供给的落后会制约其经济发展。道路作为影响村镇经济发展的重要

因素，长期以来都面临着各种问题：道路建设不合理，道路宽度小、平整度低，大量以小街道、小巷的形式存在，这样无法满足企业生产材料运送、物流运输等要求，导致企业效率低下，从而影响就业，对村镇居民增收产生不良影响。

8.2 村镇基础设施的空间布局

8.2.1 基础设施空间布局影响因素

基础设施的规划发展涉及经济要素和非经济因素的布局，不仅受一系列主客观条件的制约，而且在不同的发展阶段，区域发展的主要影响因素也在不断发展变化。对普遍村镇来说，只能根据当前的发展阶段，分析确定现在一些常规的和将来影响空间布局的主要因素。一般而言，影响基础设施空间布局的因素主要包括自然因素、经济因素、社会因素三个方面。

1. 自然因素

1) 地形地貌

地形地貌直接影响着村镇居民点的分布与规模。居民点在选址建设时一般会考虑地形较平坦的，适合发展的地区。基础设施尤其是地下铺设部分管道对地形地貌要求更加严格。

2) 自然资源

自然资源是村镇发展的物质基础，村镇对自然环境的依赖程度比城市更高，自然资源数量的多寡影响区域生产发展规模的大小，自然资源的质量以及开发利用条件则影响区域生产活动的经济效益和产业结构，而区域经济一般影响着该区域基础设施的建设投入成本。

3) 生态环境

生态环境直接影响村镇的生态效益，而如何通过基础设施的建设来促进当地环境的改善及修复是我们急需解决的问题。例如，通过建设生态型基础设施，避免建设用地无节制蔓延至对自然环境的破坏；通过健全村镇环卫基础设施系统，避免生活垃圾及固体废弃物被随意丢弃造成的环境污染；通过完善给排水设施，避免污水无组织排放造成蚊虫滋生及地下水污染等问题。

2. 经济因素

1) 村镇区位条件

区位条件包括对外交通便利程度以及村庄距中心镇区的距离。村镇空间分布与交通有密切的联系，村镇具有沿交通干道分布与发展的规律，交通便利的道路两侧往往更容易集聚产业和人口，交通枢纽也往往成为村镇的重要生长点。这种沿交通干线分布的村庄具有明显的优势，也最具经济发展的潜能，其与周边相近村庄有连成带状发展的趋势。经济发达的中心镇区的工业企业数量和规模均较大，这些企业的发展为农村剩余劳动力提供了就业机会，并吸引乡村人口往这些工业经济较为发达的中心镇区转移。基础设施干线通常沿交通干道延展，而区位条件好的村镇更便于利用由城市发展出来的基础设施干线工程。

2) 产业结构

经济发展是城镇化最基本、最直接的动力。从经济学角度看，城镇化是在空间体系下的一种经济转换过程，人口和经济之所以向城镇集中，是集聚经济和规模经济作用的结果，经济增长必然带动城镇化水平的提高，而城镇化水平的提高又加速了经济的增长。通过提高乡镇企业基础设施配套，可以在增加第二、第三产业经济结构的同时，有效避免其生产过程中环境的恶化。

3) 农业生产力

在村域范围内农业生产力状况对居民点布局影响重大。因为在生产力的构成要素中，交通的易达程度，土地的耕作模式和土地的耕作半径等方面是很重要的。它们之间的关系是相互影响的：耕作半径在确定居民点的大小和距离方面起到关键作用，同时耕作模式和交通的易达程度也从根本上决定了耕作半径。基础设施尤其是灌溉设施的完善程度，通常与农业生产力息息相关。

3. 社会因素

1) 人口规模

人口数量决定了村镇的规模。村镇的人口规模是基础设施空间布局的决定性因素，因为基础设施首先是为人服务的。人口因素首先在量的方面决定了一些基础设施的规模，比如用水量、排水量、用电量、用气量、用热量等。人口的密集与分散程度也决定了一些基础设施的建设规模，如人口密度较大的村镇其基础设施规模也较大一些。因为村镇基础设施的配置与使用人口的直接关系，所以在规划建设过程中将主要依照人口规模来确定村镇基础设施建设项目和建设标准。

2) 民生要求

基础设施配置的完善程度直接影响了当地居民的民生环境。据调查研究，村镇居民点空间形态的形成，不是由所配置的基础设施的档次和规模来决定，而是通过完善的配套来实现。

3) 生活方式

村镇居民的生活水平和观念意识都有了不同程度的改变和进步，他们期待居住环境、村镇风貌以及生活水平都能得到有效地提高。交通条件、人居环境、饮用水系统、广播电视电话网络等都是村民迫切希望得到改善的方面。同时，在外务工的村民多数都希望能回到故土，而稳定的收入来源及良好的人居环境是他们首要考虑的问题之一。

4) 生态意识

从可持续发展理念来看，区域的生态系统包括了生物系统和非生物系统(图 8.1)，基础设施作为非生物系统中的人工物质系统，与环境物质系统、能源系统的关系十分密切，而让三者有效合理地运转，实现目标的统一，对保证生态系统的正常发展极为重要。在一系列的生态文化建设中，村镇居民深切地感受到当地的生态环境及自然资源对自身发展的重要性，居民环境保护意识大大加强，价值观得到提升。例如通过对垃圾分类大大减少了白色污染和金属污染，有机肥的使用减少了化肥污染，沼气的使用降低了木柴使用进而减少了树木砍伐。但是他们的生态意识多停留在各自的生活中，例如清理出来的垃圾堆积在公路旁，生活废水则直接泼到户外等。

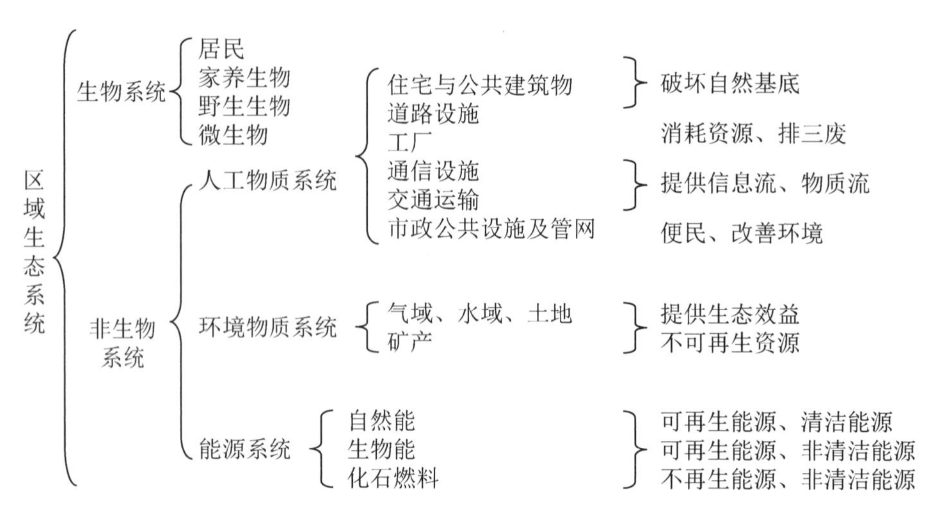

图 8.1　区域生态系统

8.2.2　村镇基础设施空间布局特征

【加强城镇基础设施建设】

村镇的规模相对城市来说规模较小，就一般村镇而言，居民点的集中地则可以看作是村镇的空间结构中心，因此村镇居民点的空间布局在一定程度上反映了村镇的空间布局结构。

基础设施的空间布局多与村镇的空间布局对应，两者相互制约、相互促进。交通基础设施的空间布局决定了居民点布局的模式及走向，而居民点的规模越大，级别越高，其内部的基础设施配置就越加完善。居民点大多成线式发展且得不到控制，村组之间距离不一、分布零散，这不仅造成土地浪费，而且不利于村庄道路和各类工程管线的投资，经营管理费用较大，增加了基础设施配置成本。通过对村镇空间布局的研究分析，现总结村镇基础设施空间布局特征如下。

1. 梯度发展特征

宏观上，在大城市的辐射带动作用下，村镇基础设施布局呈现出梯度发展特征。基础设施的空间布局受到区域经济水平的直接影响，如位于市区周边村镇，经济较为发达，工业化和城市化水平较高，相应的基础设施的发展水平较高。经济发展较快区域，基础设施的发展水平较快；而经济发展缓慢区域，基础设施的发展水平较慢。

2. 轴线发展特征

在大型交通设施的带动作用下，村镇基础设施呈现出轴线发展特征。交通条件作为影响区域内的产业聚集和人口聚集的主要因素，其对村镇基础设施的配置影响不言而喻。便利的交通可以有效克服地理位置所带来的不便，促进村镇之间的联系，提高基础设施的利用率。省道、县道沿线村镇的基础设施发展水平明显高于其他村镇。

3. 等级发展特征

微观上，受村镇建设规模影响，村镇基础设施呈现出等级发展特征。重点村镇作为区域的政治、经济和文化中心，其基础设施的配置水平明显高于其他村镇。作为县城的镇其基础设施配置等级最高，基础设施规模较大、种类较齐全；重点镇相对一般镇而言，其基础设施的配置等级较高；基层村的基础设施配置等级最低。

4. 区域地形特征

在一定程度上地形条件及水资源条件构成了村镇和区域发展的基础条件，并深刻影响城镇的空间格局，如平原地区——分布密集，河湖地区——带状发展。而区域地形地貌特征将成为区域村镇基础设施空间布局的主要前提。

8.2.3 村镇基础设施发展中面临的问题

1. 不同村镇基础设施配置的分化

村镇基础设施应根据村镇规划、地理位置、地形、居民生活方式等适当布局。在快速城市化的影响下，村镇规模往往参照以城市小区规模的确定方法来确定，而没有考虑到农村发展的需要，特别是农村城市化的影响。由于区位条件、经济、社会以及周边城市化的辐射作用等方面的影响，村镇的发展出现分化，远离城市的村镇由于人流、物质流、能量流向城市迁移而萎缩，使得基础设施的建设更加困难。

2. 村一级的住区现有布局模式比较松散，基础设施成本高、效率低

1984年，国务院正式批转农业部《关于开创社队企业新局面的报告》时就提出“农村工业适度集中于乡镇”的要求。但由于当时社会经济发展条件的制约和人们认识上的局限，对此没有足够重视。村镇一般都没有进行过规划，盲目建设，布局混乱，基础设施配置不能达到相关指标。此外，一部分村镇却出现了重复建设，如水电、通信、有线电视等基础设施建设的管线长，损耗大，成本高。用地的规模与分布等方面不尽合理，村镇基础设施分散凌乱的布局结构也导致了土地占用量过大、产业间的规模效应低和环境污染源点多面广的后果，这增加了环境保护的成本，降低了资源的有效利用，给可持续发展增加了难度。

3. 基础设施系统之间结构失衡

在基础设施发展过程中，交通、供水、通信、能源等基础设施建设成绩显著，但污水处理、医疗卫生等社会公益性环境基础设施建设相对缓慢。这是因为前者的短期经济效益明显，往往得到政府的高度关注和大力投入；后者的社会效益大但经济效益不显著，因此投入不足，发展滞后，致使区域自然生态环境恶化、污染严重。

4. 对生态环境系统考虑不足

大部分村镇排水系统、环卫系统的配备不健全，缺乏甚至没有基本的、必备的环境基础设施。区域内规模小、能耗高、污染大的小产业依然存在，排污口数量多且难以监控。农业消耗了经济发展中的大部分淡水。修筑河坝是保障灌溉用水、水力发电和生活用水的主要手段。从增加粮食产量和水力发电等方面来看，基础设施的确带来了很大的好处，但是对后期的生态影响却考虑过少。

5. 经济力量薄弱

我国是一个发展中国家，目前农村人口多，农村分布广，对村镇基础设施的需求规模较大，单靠政府供给很难满足农村公共需求。但是村镇又缺乏相应的资金渠道，导致基础设施的建设停滞不前。经济条件的差异直接决定了基础设施配置的差距，而基础设施不只是体现了经济的发展现状，也是实现经济进一步发展不可忽视的硬件，更是实现村镇良好人居环境的要求之一。

8.3 村镇基础设施具体规划

村镇基础设施是村镇生产和生活的重要支撑，对保障村镇农业生产、改善村镇生活条件、整治乡村环境与美化乡村风貌，具有非常重要的意义。村镇基础设施规划中要特别重视村镇基础设施与城市基础设施的差异性，要依据地域经济基础、社会结构、文化风俗、生活方式和生产方式等方面，采用低成本、简系统、多用途和生态化的原则。

8.3.1 相关规范和标准

村镇基础设施规划建设涉及了现行诸多规范，比较常用的有以下标准和规范。《镇规划标准》(GB 50188—2007)、《村庄整治技术规范》(GB 50445—2008)、《镇(乡)村给水工程技术规程》(CJJ 123—2008)、《镇(乡)村排水工程技术规程》(CJJ 124—2008)、《住宅区和住宅建筑内光纤到户通信设施工程设计规范》(GB 50846—2012)、《村庄景观环境工程技术规程》(CECS 285—2011)、《农村户厕卫生标准》(GB 19379—2012)、《农村住宅卫生标准》(GB 9981—2012)、《防洪标准》(GB 50201—1994)、《农村防火规范》(GB 50039—2010)、《环境空气质量标准》(GB 3095—2012)、《地表水环境质量标准》(GB 3838—2002)、《粪便无害化卫生标准》(GB 7959—1987)。

8.3.2 村镇给水工程规划

人们的生产和生活离不开水。村镇给水工程，是村镇的主要公用基础设施之一，通过给水工程向居民提供高质量的饮用水，能提高居民的生活卫生水平，减少疾病，缩小城乡差别。同时为村镇经济发展创造必要的条件。

村镇给水规划的主要任务是用可持续发展的观念，经济合理、长期安全可靠地供应人们生活和生产活动中所需要的水以及用以保障人民生命财产安全的消防用水，并满足人们对水量、水质和水压的要求。给水工程规划，主要应包括确定用水量、水质标准、水源及卫生防护、水质净化、给水设施、管网布置。

1. 给水系统类型和供水方式

1) 给水系统类型

按照取水、净化、配水的方式，给水系统可分为以下两大类。

(1) 集中式给水系统：集中取水、净化、配水的给水系统，是村镇常见的给水系统。

此类系统的供水保证率高，水质容易保证，用户使用方便，便于管理与维护。凡有条件的村镇，均应优先选用。村镇给水工程规划一般指集中式给水，如图8.2所示。

集中式给水系统，一般又可分为重力自流系统与抽升系统。

(2) 分散式给水系统：即分散取水，无配水管网，由用户自行取水的系统。这类系统水质不易保证，容易受污染，用户用水不便，仅适用于居住过度分散，没有电源或没有适宜水源的地区。

分散式给水系统，一般可分为深井手动泵系统，雨水收集系统，收集裂隙水、渗透水的水井、水池等。设计时应根据当地的村镇规划、地形、水资源条件、居住状况、经济条件、供电条件等进行方案比较后确定。

2) 供水方式

(1) 区城(联片)统一供水：在一定区域内，采用一个给水系统同时向多处村、镇供水。该系统须由专门人员集中管理，其供水安全，水质保证率高，单位水量的基建投资与制水成本较低，利于发展。凡有可靠水源，居住又比较集中的地区，应首先考虑采用这种供水方式，如图8.3所示。

(2) 村级独立供水：一个村庄采用一个独立的给水系统，仅向本村供水。一般供水规模小，管理人员技术水平难以保证，供水保证率与水质合格率较低，维修不便，单位水量基建投资与制水成本较高，仅适用于居住分散，村间距离远，没有规模较大水源的地区，如图8.4所示。

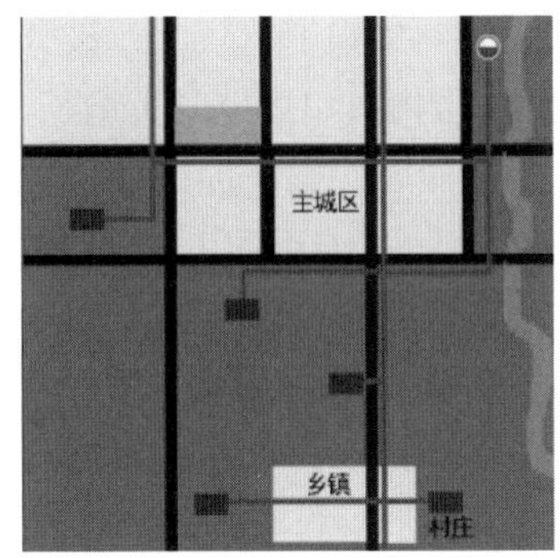

图8.2 城镇给水厂供水

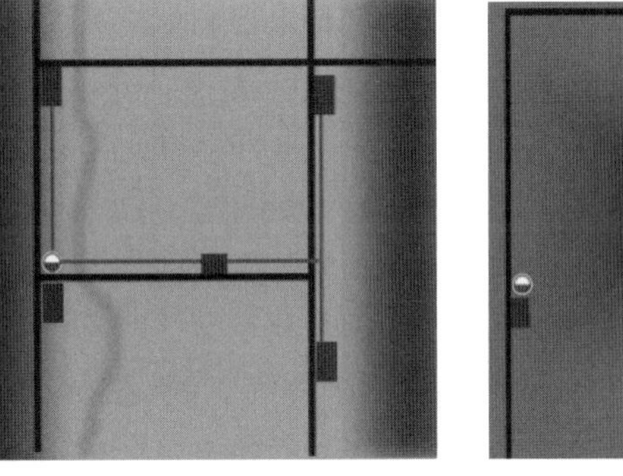

图8.3 连村共建供水站

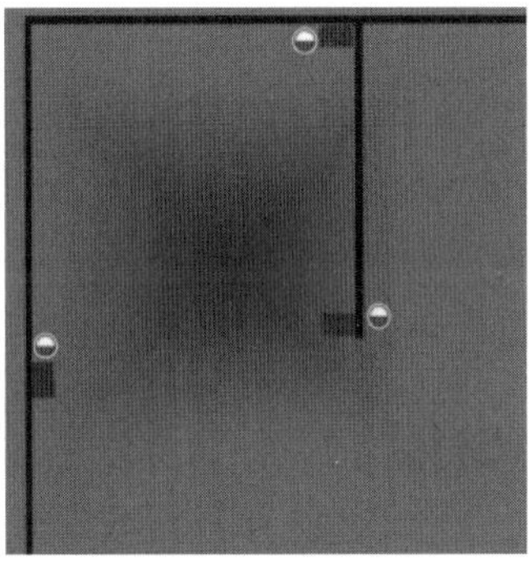

图8.4 各村分建供水站

3) 城市管网延伸供水

依靠城市给水管网向村镇供水。由于城市给水系统供水安全，水质合格率高，因此城市周边地区，距离城市管网较近处，均可考虑采用管网延伸供水。采用时要核算水量与水压。

4) 分压供水

采用同一给水系统向地形高差较大的不同村镇或居住区分压供水。凡供水范围内地形高差较大，均应考虑这种供水方式。这样不仅可以防止管网中因静压过高而发生崩管事故，还可节省能耗，降低成本。

5) 分质供水

按供水水质不同，分别供饮用水和其他生活用水的供水方式。

2. 村镇供水规模预测

供水规模是为集中式供水工程设计的重要参数。供水规模系指水厂供水能力，按该工程供水范围内的最高日用水量计算。供水规模(即最高日用水量)包括居民生活用水量、饲养畜禽用水量、企业(乡镇工业)用水量、公共建筑用水量、消防用水、浇洒道路和绿地用水量、管网漏失和未预见水量。供水规模的大小，直接影响工程总投资和制水成本，目前一些供水工程设计供水规模偏大，实际供水量仅为设计供水规模的 30%～50%，其中原因很多，应引起注意。应处理好现状与发展的关系，以现状为主，合理选择规范中的定额值。

此外，供水规模中应注意：①不包括水厂自用水量；②根据实际用水需求列项；③村镇其他用水量，建筑施工用水量为临时用水，已包括在生活、企业用水和未预见水量中，汽车、拖拉机用水量已包括在生活、公共建筑、企业用水中，庭院浇灌用水为非日常用水，可错开用水高峰，且从经济合理考虑，不宜在供水规模中单列；④水源水质好，水量有限，供水规模可只考虑生活用水；⑤联片供水工程宜分别计算各村镇的用水量。

1) 生活用水量的计算

居民生活用水，在供水规划计算中占有较大的比重，计算时，应进行调查，详细了解现状居住人口，应该包括无当地户籍的常住人口，如工厂合同工、学校的住宿生等，不住宿学生可以按 50%折减计算。设计年限内人口机械增长总数，可根据对镇总体规划中的人口规划，近年来人口户籍迁移和流动情况，按平均增长法确定。近年来，随着全国村镇建设的发展，撤乡并镇的体制变化，农村人口向城镇流动的情况，使得人口变化较大，设计时应予以关注。条件差的村庄，流动人口少，外迁人口多，设计年限内人口可能是负增长，此时设计人口宜按现状常住人口计算。计算要求如下。

(1) 居住建筑的生活用水量可根据现行国家标准《建筑气候区划标准》(GB 50178—1993)的所在区域进行顶测，见表 8-2。

(2) 公共建筑的生活用水量应符合现行国家标准《建筑给水排水设计规范》(GB 50015—2003)的有关规定，也可按居住建筑生活用水量的 8%～25%进行估算。

表 8-2　居住建筑的生活用水量指标(L /人 · d)

建筑气候区划	镇　区	中　心　村
Ⅲ、Ⅳ、Ⅴ区	100～200	80～160
Ⅰ、Ⅱ区	80～160	60～120
Ⅵ、Ⅶ区	70～140	50～100

2) 饲养畜禽用水量

农民散养畜禽的用水已包括在居民生活用水中，一般可不另计算。集体或专业户饲养畜禽用水量，应根据饲养牲畜的种类、饲养方式、数量、用水现状、水源条件和近期(5 年)发展规划，综合分析后确定。圈养时，可按照下表中的定额值选取。放养畜禽可按 30%～50%的比例折减。饲养场有独立水源时，可不考虑此项，见表 8-3。

表 8-3　饲养禽畜用水定额　单位：L/头或只·d

畜禽类别	用水定额	畜禽类别	用水定额	畜禽类别	用水定额
马	40～50	育成牛	50～60	育肥猪	20～40
骡	40～50	奶牛	70～120	羊	5～10
驴	40～50	母牛	60～90	鸡、兔	0.5～1.0

3) 企业(乡镇工业)用水量

企业生产用水量，应包括工业用水量、农业服务设施用水量，可按所在省、自治区、直辖市人民政府的有关规定进行计算。并应根据企业类型、规模、生产工艺、用水现状综合考虑确定。应以近期为主适当考虑发展的原则，参照现状用水量和近年来变化的情况确定，也可参照下表中定额值计算，见表 8-4。

表 8-4　企业(乡镇工业)生产用水定额

类　　别	用水定额 m^3/t	类　　别	用 水 定 额
榨油	6.0～30.0	制砖	7.0～12.0m^3/万块
豆制品加工	5.0～15.0	屠宰	0.3～1.5m^3/头
制糖	15.0～30.0	制革	0.3～1.5m^3/张
罐头加工	10.0～40.0	制茶	0.2～0.5m^3/担
酿酒	20.0～50.0		

企业生活用水量，企业内部工作人员的生活用水定额与车间性质、温度、劳动条件、卫生要求有关。无淋浴时，用水定额可为 20～35L/人·班；有淋浴时，用水定额可为 40～60L/人·班。

公共建筑用水量，应根据公共建筑的性质、规模、用水定额确定。条件好的村镇，应按《建筑给水排水设计规范》(GB 50015—2003)确定公共建筑用水定额；条件一般或较差的村镇，可根据具体情况对规范中的公共建筑用水定额适当折减。折减系数可根据公用建筑用水条件，当地经济条件、气候、用水习惯、供水方式等确定。

缺乏资料时，公共建筑用水量可按居民生活用水量的 5%～25%估算，其中无学校的村庄不计此项，其他村庄为 5%～10%，集镇为 10%～15%，建制镇为 10%～25%。

4) 消防用水量

消防用水量应符合现行国家标准《建筑设计防火规范》和《村镇建筑设计防火规范》的有关规定。城镇、居住区室外消防用水量，应按同一时间火灾的次数和一次灭火用水量确定。城镇居住区室外消防用水量见表 8-5。

表 8-5　城镇居住区室外消防用水量

人　　数	≤1.0 万人	≤2.5 万人	≤5.0 万人	≤10.0 万人	≤20.0 万人
同一时间火灾次数(次)	1	1	1	1	1
一次灭火用水量(L/s)	10	15	25	35	45

5) 浇洒道路和绿地用水量

经济条件好或规模较大的镇区，可根据环卫和园林部门的需要适当考虑此项。一般村镇，很少浇洒道路和绿地，且为非日常用水，可避开用水高峰，故可不单列此项。

6) 管网漏失和未预见水量

管网漏失水量系指给水管网中，未经使用而漏掉的水量，包括管道接口不严、管道裂纹穿孔、水管爆裂、闸阀封水圈不严及消火栓等设备漏水。未预见水量，系指给水工程设计中对难以预见的因素而保留的水量。由于各地条件不同，宜将管网漏失水量和不可预见水量合并计算，可按上述用水量之和的 10%～25%取值，村庄取低值，规模较大的镇区取高值。

另外，给水工程规划的用水量也可按表 8-6 中人均综合用水量指标预测。

表 8-6　人均综合用水量指标(L /人 · d)

建筑气候区划	镇　　区	中　心　村
Ⅲ、Ⅳ、Ⅴ区	150～350	120～260
Ⅰ、Ⅱ区	120～250	100～200
Ⅵ、Ⅶ区	100～200	70～160

3. 水源的选择与保护

村镇给水工程的水源类型较多，选择水源最主要的条件是水源的水量和水质。水源选择恰当，不但可以保证水量充足，水质安全卫生，而且可以简化工艺，降低工程投资与制水成本，便于管理和进行卫生防护。

具有供水意义的地下水源有上层滞水、潜水、承压水和泉水；地表水源有山溪水、江河水、湖泊水、水库水、塘水和雨水。地下水源中的上层滞水是处于地表以下，局部隔水层以上的地下水；潜水是处于地表以下第一个连续分布的隔水层以上，具有自由水面的地下水，目前是农村地区主要的饮用水源；承压水是处于两个连续分布的隔水层之间或构造断层带及不规则裂隙中，具有一定水头压力的地下水，是生活饮用水的理想和重要水源；泉水是地下水涌出地表的天然水点，根据泉水的补给来源和成因，可将泉水分为下降泉和上升泉。上升泉是农村给水工程建设中优先考虑开发利用的水源。地表水源中的山溪水受季节和降水的影响较大，一般水质较好，浊度较低，但有时漂浮物较多；江河水水量和水质受季节和降水的影响较大，水的浊度与细菌含量一般较湖泊、水库水高，且易受人为的环境污染；湖泊、水库水水量和水质受季节和降水的影响，一般水量比江河水小，浊度较江河水低，细菌含量较少，但水中藻类等水生物在春秋季繁殖较快，可能会引起臭味。在地下水和地表水严重缺乏的农村地区，可收集雨水作为生活饮用水源。

水源的选择原则如下。

(1) 要选择水质良好，水量充足，便于卫生防护的水源。水源水质应符合《地面水环境质量标》(GB 3838—88)中关于III类水域水质的规定或《生活饮用水水源水质标准》(CJ 3020—93)的要求。当原水水质不能满足上述规定时，应征得卫生主管部门的同意，并采取必要的净化措施。选择地下水作为水源时，开采的水量应低于含水层的允许开采量；选择地表水作为水源时，其枯水期的保证率不得低于90%。

(2) 水源的选择应优先考虑地下水。地下水一般水质较好，分布广，水量可靠，不易受污染；而地表水易受工业废水、农药、化肥等污染，给净化处理增加难度。因此，在农村应优先选择水质符合国家有关标准规定的地下水作为水源。当有多个水源可供选择时，除水质应符合要求外，还要考虑供水的可靠性、基建投资、运行费用、施工条件和方法等，要进行全面的技术经济比较，然后择优确定。

(3) 在有条件的农村，应尽量以山泉或地势较高的水库水作为水源，可以靠重力输送。山泉水一般无须净化，且不易受污染。

(4) 平原地区的农村给水工程建设，规模宜适度并适当集中，以便于水源地卫生防护。

(5) 当经化验确认水源水质会引起某些地方性疾病时，选择水源工作应特别慎重。高氟水地区，应尽量采取开凿深井的方式来开采水质良好的深层承压水或从别处引用泉水和水库水等。当遇到含铁、锰量较高的地下水和高浊度地表水等特殊水源时，要将这些水源与其他水源进行比较，选择较为经济、合理的水源。

(6) 农村水源的选择，要注意卫生防护条件，取水点一般选在居住区上游。另外，还应考虑结合水利、农田建设等工程进行综合利用，要与当地水利、水文地质部门配合好。

4. 给水系统的构成

给水系统由取水工程、净水工程、输配水工程三部分构成。取水工程，取水构筑物、取水泵房；净水工程，净化构筑物和消毒设备；输配水工程，清水泵房、调节构筑物、输配水管道。应根据不同的水源、水质、地形条件，选择不同的取水构筑物形式、水净化处理的方法和输配水调节构筑物等组成适宜的给水系统。给水系统流程与适用条件如图8.5所示。

【城镇给水系统工程】

5. 给水管网的布置

村镇给水管网的形式以树枝状为主，环状管网为辅，管网的造价占全部工程费用的50%～70%，所以管网布置的合理与否，对整个工程的经济效果至为重要。其布置原则如下。

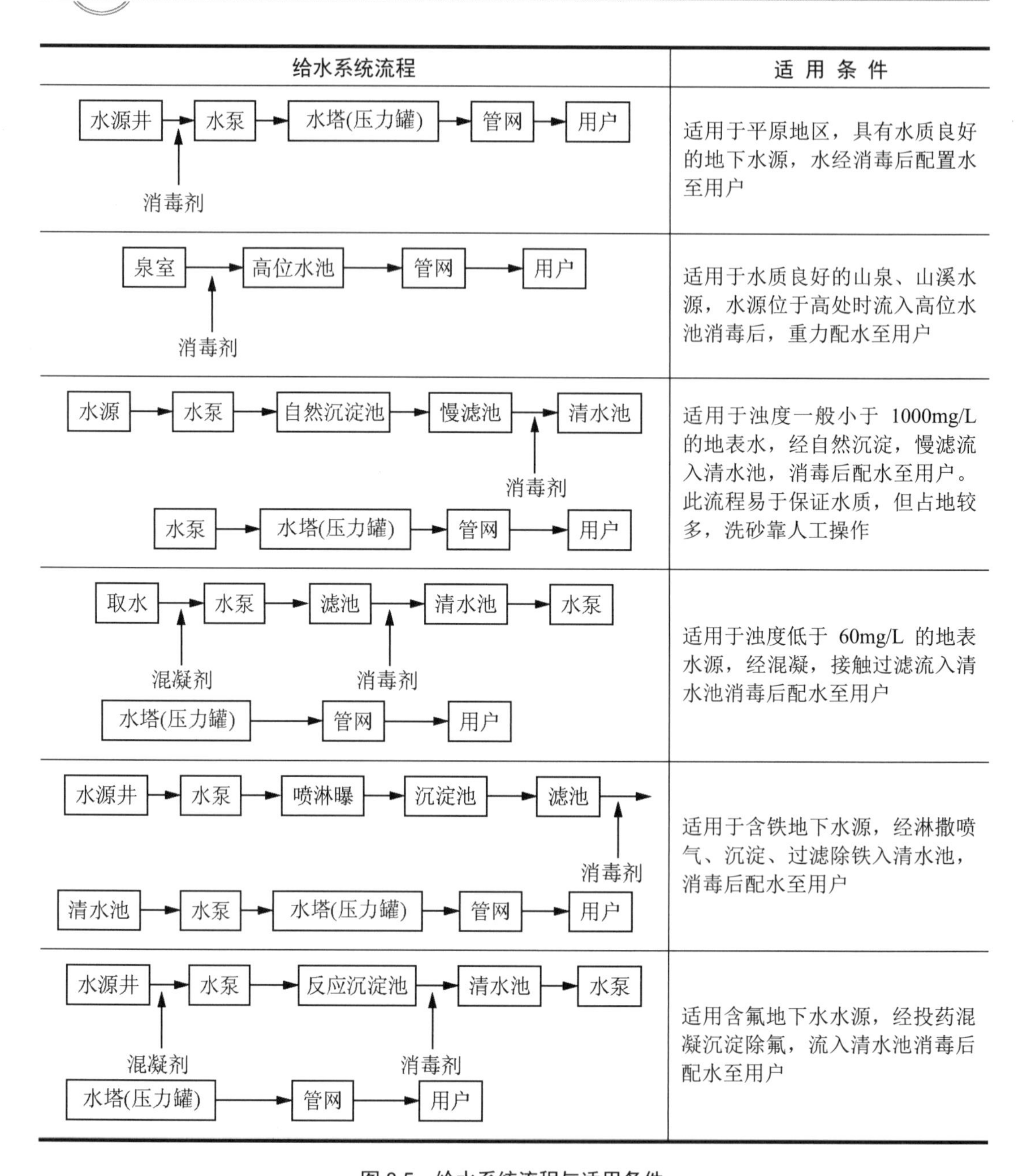

图 8.5　给水系统流程与适用条件

(1) 给水干管布置走向要与给水的主要流向一致，并以最短距离向用水大户供水，以便降低工程投资，提高供水的保证率。在满足各用户对水量、水压的要求以及考虑施工维修方便的原则下，应尽可能缩短管线总长度，降低管网造价和管理费用。

(2) 结合村镇规划，考虑远期建设发展。在近期管网中适当预留接口，以便扩建。

(3) 配水管网的干管应尽可能通过两侧用水量较大的地区，尽量利用有利地形，便于施工和检修，尽可能沿道路一侧布置，减少与铁路、河流和其他地下设施交叉。

(4) 从地面荷载对管道的压力及寒冷地区防冻来考虑，管道应有足够的埋深。

(5) 管网应设置分段或分区检修阀门。树枝状管网的末端应装设泄水阀。

给水工程规划如图 8.6 所示。

图 8.6 给水工程规划图

8.3.3 村镇排水工程规划

【排水工程】

村镇排水系统是村镇基础设施的重要组成部分，是现代村镇排除洪涝灾害、防治水体污染和建设卫生村镇的有效保障。村镇的排水规划是在村镇总体规划的宏观指导下，结合排水工程现状，统筹考虑村镇排水工程的发展和建设内容，科学确定村镇排水体制，合理划分排水分区，统筹安排排水设施，制定排水管网建设时序，指导排水工程有序建设。

1. 规划区域与汇水面积的确定

1) 规划区域的确定

排水规划是村镇规划的一个重要组成部分，是城镇的单项规划之一，在制订排水工程规划时要以总体规划为依据，将排水规划和总体规划协调起来。排水工程规划区域必须通过对该区的人口、生产、村镇规划等社会条件和地形、雨水量、排水状况等自然条件两方面进行研究而定，不能局限于行政上的分区，同时要考虑到客水对村镇排水的影响。在进行排水规划时，应考虑到地区规划本身的发展远景，留有余地。

2) 汇水面积的确定

汇水面积是指从规划排水区域总面积中扣除与排水工程无关的部分后所剩下的面积。

3) 排水量计算

村镇排水可分为生活污水、生产污水、径流的雨水和冰雪融化水，后者可统称为雨水。

生活污水量可按用水量的 75%～85%估算。生产污水量及变化系数，要根据工业产品的种类、生产工艺特点和用水量来确定。为便于操作，也可按生产用水量的 75%～90%进行估算。水重复利用率高的工业取下限值。

雨水量与当地自然条件、气候特征有关，可按邻近城市的相应标准计算。

2. 排水体制的选择

1) 排水体制分类

合理地选择排水体制是村镇排水系统规划的重要问题。它不仅从根本上影响排水系统的设计、施工、维护管理而且对村镇规划和环境保护影响深远。同时还影响着排水系统工程的总投资和初期投资费用以及维护管理费用。通常排水体制的选择应根据当地的实际情况，从环境、技术、经济几个方面进行比较而定。

生活污水及雨水的排除方式一般有分流制与合流制两种。整个规划区域不一定都采用统一的方式。根据当地条件，多个排水区的排水方式也可以不同。分流制宜于在能够充分利用路面的排水管、沟渠等排出雨水的地区和地形便于排泄雨水，可以只敷设污水管的场合采用。这样，污水处理厂的水量和水质大致是一定的，因而容易处理。这种方式在防止污水污染自然水域方面是特别有利的。合流制的排水系统，由于污水量同雨水量相比是非常小的，所以在一般情况下只考虑雨水量，用同一条口径适宜排放雨水的管渠同时排放污水。

总之，分流制有利于保护环境，但造价较高；合流制造价低，但环境效益不如分流制。

2) 排水体制选择

目前，我国农村自来水普及率还很低，无下水设施，居民院内多数设有积肥坑，生活污水及粪便以各自积肥农田施用为主。村镇内机关、学校、工厂企业内的生活污水量与总的污水量相比相对较小，一般只占 15%～30%。如果采用分流制排水体制，单独敷设排水管渠，收集少量的、分散的生活污水和工业污水，从经济上讲是不合理的，对一般的村镇来讲其经济力量也是难以达到的。因此，在村镇排水工程规划过程中，应从当前村镇的实际出发，遵循以下几条原则。

(1) 经济发达的集镇，由于人口密度较大，工厂数多、企业较多，公共设施较齐全，相应地工业、企业、公共事业污水量较大，污染也较严重。为此，排水系统应采用局部分流制或个别镇采用全部分流制，污水排水系统主要是排除工厂、企业、公共事业内部的工业污水及部分生活污水，而雨水排水系统则以渠或路边沟排除为主。

(2) 经济不发达的集镇，这类集镇一般工业、企业、公共建筑较少，相应地其污水量也较少，污染也较轻，其排水系统宜采用合流制，主要是排除雨水及少量的工业、公共事业的污水。居民的生活污水以积肥农田施用为主。

(3) 对于村庄，一般其规模较小，大部分村庄没有工厂、企业、公共建筑，生活污水用于积肥农田施用。其排水系统主要考虑采用道路边沟排除雨水。随着农村经济的进一步发展和人们生活水平的提高，村镇自来水事业逐步普及。远期应从不同类型村镇的实际情况出发，逐步将合流制、局部分流制的排水系统改造成局部分流制或完全分流制的排水系统，以满足村镇经济发展建设及面貌改善的需要。

3) 区域内池塘的利用

村镇由于自然因素和人们挖土、修路、防洪、盖房子、填地基、烧砖瓦等原因形成了很多的池塘。这些池塘，具有一定的调蓄雨水、解除内涝，使区域免于积水的作用。雨季，雨水就近排入附近的池塘，暂时将雨水蓄积起来，待洪汛过后，再慢慢地排走，这样就可以缩短下游雨水管渠的尺寸，降低工程造价。平原地区，由于地形平缓，地面坡度很小，长距离埋设重力排水管线，沟槽越挖越深，需要设置中途提升泵站，这样对于整个工程的造价和长年的维修费都会增加很多。如果有适当的池塘，就近敷设管渠排除雨水，便可以减少管渠的埋深，节省投资。例如，我们在做临清市康庄镇规划时，一方面，充分利用区域内大面积的水面，将水面与水面之间利用明渠、暗渠相互连接，使雨水能够就近排入水体，减少了雨水提升泵站，大大降低了工程造价，节约投资；另一方面，可以利用合适的池塘，经设计改建成村镇污水的综合利用系统，处理后的污水排入附近水体。

3. 污水处理

村镇经济的发展，给村镇建设带来了飞速发展，但对村镇基础设施的建设，对水资源防护、污水治理没有足够重视。绝大多数村镇已有的排水管渠是随着城镇的发展才相继敷设的。排水体制基本都为“合流制”，污水都没有经过处理直接排放，致使不少的村镇地下水及周围水体受到不同程度的污染。从保护环境，保护水资源的角度出发，必须重点解决村镇污水治理。

1) 污水处理方式

为保证村镇生产生活环境和城乡总体环境质量，在村镇建设规划中必须对产生的有机废弃物和污水做出妥善安排，村镇排水应满足农村环境保护的要求，使环境水质不致受到污染。同时，要保证村镇污水处理能正常实施，污水处理设施必须适合村镇的经济水平和管理水平，并且还能取得一定的收益。为此，必须充分把握农村有机废弃物和污水的资源化利用原则，将无害化处理、生物能源开发和有机肥生产结合起来。

目前在村镇应用较多的小型简易污水处理设施主要有氧化塘、化粪池、沼气发酵池、一体化污水处理设备、地埋式无动力污水处理设施等，基本特点是以厌氧处理为主，无动力或少动力，结构简单，费用低廉，易于管理，实施方便。

2) 不同处理方式的特点

(1) 氧化塘。氧化塘处理污水投资少、处理量大、运转费用低，是一种管理方便、见效快的有效途径。氧化塘是利用水中存在的微生物和藻类处理的天然或人工池塘。国内外生产实践证明，氧化塘可以广泛应用于处理村镇生活污水和一些工业废水或其混合后的村镇污水。其净化机理是：微生物分解有机物，藻类的光合作用可补充水中的氧气，从而使废水得到净化。氧化塘内的大量藻类如水葫、红萍等，可以作为饲料养鱼或喂猪，能够获得良好的经济效益和环境效益。这方式可大面积推广应用。

(2) 化粪池。化粪池是通过沉淀的方法将污水中的悬浮物沉淀下来并去除，主要处理工艺为重力沉降和厌氧消化。生活污水经化粪池处理后，一般能够去除水中 70%的悬浮物和 30%的 BOD。但是沉淀处理对去除溶解性污染物没有效果，污泥产量高但不稳定，难以达到污水排放标准。一些改良型化粪池的污水处理效果好一些，但仍不能适应水质水量的变化，不能保证出水水质。这仅适合经济条件较差村镇。

(3) 沼气发酵池。沼气发酵池是利用厌氧菌对有机物进行分解，主要处理工艺为重力沉降和厌氧消化。沼气发酵池的污泥产生率低且无须稳定化处理，最后还田处置，可以充分利用污泥中富含的氮磷作肥料，沼液可用于农田灌溉。沼气发酵池产生的沼气，可作为农村清洁方便的生物能源。沼气发酵池适用于有机物浓度高的粪便污水的处理，可大量去除有机污染物，但仍属简易处理，出水尚不能达标，工程造价是一般化粪池 1.5～2 倍。这比较适合在技术管理水平低，经济基础薄弱的村镇实施。

(4) 一体化污水处理设备。一体化污水处理设备多为工厂化定型产品，将各级处理工艺集中一体。一体化污水处理设备抗冲击负荷能力强，有脱氮除磷能力，污水处理效率高，出水水质稳定，污泥产量少，易于控制操作。但其工程造价较高，是一般化粪池的 5 倍，而且运行费用更高，适合经济条件较好的村镇。

(5) 地埋式无动力污水处理设施。地埋式无动力污水处理设施以厌氧处理为主，利用厌氧菌对有机物的分解，净化污水。地埋式无动力污水处理设施容积负荷率高，投资费用少，运行管理容易，基本无须能源消耗；如果在工艺设计中解决好负荷冲击的供氧问题，则可取得良好的处理效果，各项指标接近甚至优于二级污水处理厂的出水指标，可直接排入三类水体，其工程造价是一般化粪池的 3～4 倍，运行费用低廉，但占地略大，是更加符合大部分村镇建设条件又能较好地解决村镇污水处理的设施。

总之，在村镇排水规划时，要综合考虑上述问题，结合村镇的特点，从村镇的实际出发，因地制宜地选择不同的排水体制和污水处理方式。要处理好排水规划近期与远期的关系，形成一整套排水系统和污水治理系统，做到生态效益、经济效益和社会效益的统一，为搞好村镇建设奠定基础。

8.3.4 村镇电力工程规划

在经济发展中，电力是基础之一，是不可缺少的能源。由于电力是经济的、方便的(便于集中、分散、输送、转换)、清洁的能源，因而在经济中所需能源越来越多地以电能形式供给，电力已成为村镇工农业生产的主要动力，也是村镇居民生活的主要能源。

1. 电力工程规划的基本要求和内容

1) 电力工程规划的基本要求

电力工程的基本任务是为国民经济和人民生活提供“充足可靠、合格、廉价”的电力。因此，对村镇电力工程规划的基本要求是：满足村镇各部门用电及其增长的需要；保证供电的可靠性；保证良好的电能质量，特别是对电压的要求；要节约投资和减少运行费用，达到经济合理的要求；注意远近期规划相结合，以近期为主，考虑远期发展；要便于实施，不能一步实施时，要考虑分步实施。

2) 电力工程规划的基本内容

根据不同村镇规模等级、地理位置、地区特点、经济发展等情况，各地区电力规划内容有所不同，大致包括：村镇负荷的调查；分期负荷的预测及电力的平衡；选择村镇的电源；确定发电厂、变电站、配电所的位置、容量及数量；选择供电电压等级；确定配电网的接线方式及布置线路走向；选择输电方式。

2. 村镇电力负荷计算

电力负荷的计算，对确定发电厂的规模、变电所的容量和数量、输电线路的输电能力、电源布点以及电力网的接线方案设计等，都是十分重要的。对于近期负荷应力求准确、具体、切实可行；对于远景负荷，应在电力系统及工农业生产发展远期规划的基础上，进行负荷预测。

1) 现状年人均综合用电指标法

供电负荷的计算应包括生产和公共设施用电、居民生活用电。用电负荷可采用现状年人均综合用电指标乘以增长率进行预测。

规划期末年人均综合用电量可按下式计算：

$$Q = Q_1(1+K)n$$

式中 Q——规划期末年人均综合用电量(kWh/人·a)；

Q_1——现状年人均综合用电量(kWh/人·a)；

K——年人均综合用电量增长率(%)；

n——规划期限(年)。

K 值可依据人口增长和各产业发展速度分阶段进行预测。

村镇所辖地区内的用电负荷，因其地理位置、经济社会发展与建设水平、人口规模及居民生活水平的不同，采用现状人均综合用电指标乘以增长率进行预测较为实际。增长率应根据历年来增长情况并考虑发展趋势等因素加以确定。K 值为年综合用电增长率，一般为 5%～8%，位于发达地区的镇可取较小值，地处发展地区的镇可取较大值，K 值也可根据规划期内的发展速度分阶段进行预测。同时还可根据当地实际情况，采用其他预测方法进行校核。

2) 分类计算法

随着村镇电气化事业的发展，用电设备及种类的不断增加，负荷的构成也在逐年变化。村镇用电负荷的大致可分为：农业排灌、农业生产、农副产品加工、畜牧业、村镇企业、市政和生活六种。根据用户特点，可将用户分为农业用户、工业用户、市政及生活用户三大类，分别计算负荷。该计算有多种方法，最常用的方法为单位建筑面积电力负荷指标及需要系数法。

$$预测负荷=地块面积\times容积率\times单位建筑面积电力负荷(W/m^2)\times需要系数$$

地块面积乘以容积率就是该地块建筑面积，再乘以单位建筑面积电力负荷就是该地块电力安装容量，再乘以需要系数就是该地块预测计算负荷。

需要系数是经验数值，需要系数法计算的负荷是一假想的持续负荷。其热效应与实际变动负荷产生的最大热效应相等，计算负荷是指消耗电能最多的半个小时的平均值，是按发热条件选择电气设备及元件，确定线路电压损失值。需要系数的值总是小于 1，它不仅与用电设备负荷率、效率、台数(这里指用电地块面积大小)、工作情况及线路损耗有关，也与维护管理水平等有关。

在规划中所采用的单位建筑面积电力负荷指标可作为建筑设计依据。规划指标为：居住 10kW/户 120m²/户，商业 100W/m²，小学幼托 60W/m²，文化娱乐 65W/m²，医疗卫生

70W/m²，体育 1.0W/m²，行政办公 85W/m²，宗教 40W/m²，市政设施 60W/m²，道路广场 2.0W/m²，公共绿地 1.5W/m²。

该计算方法较为复杂，可根据地理气候条件、用电负荷种类、性质、经济发展状况等综合考虑，结合现状资料，查找相关规范，实事求是，具体问题具体分析，灵活选择计算方法。

3. 电源的选择及变电所的选址

1) 电源的选择

电源是电网的核心，合理的选择，对充分利用和开发当地动力资源，减少电源的建设工程投资，降低发电成本，降低电网运行费用，满足村镇的用电需要等，具有重要的作用。村镇的电源一般分为发电站和变电所两种基本类型。

(1) 发电站。目前我国村镇主要有水力发电站、火力发电站、风力发电站及沼气发电等。水能作为清洁能源，开发价值较高，运行费用低廉，但建设投资成本较高。火力发电站投资成本高，运行费用也高，仅适用于煤区村镇。风力、沼气发电量不大，还在研究阶段，没有大规模应用。

(2) 变电所，指电力系统内，装有电力变压器，能改变电网电压等级的设施与建筑物。变电所将区域电网上的高压电变成低压电，再分配到用户。由于其属于区域电网供电，具有运行稳定、供电可靠、电能质量好、能够满足用户多种负荷增长、安全经济等优点，是目前我国村镇采用最多的供电方式。

2) 变电所的选址

变电所的选址应遵循如下原则：接近村镇用电负荷中心，以减少电能损耗和配电线路的投资；便于各级电压线路的引入或引出，进出线走廊要与变电所位置同时决定；变电所用地要不占或少占农田，选择地质、地理条件适宜，不易发生塌陷、泥石流、水害、路石、雷害等灾害的地点；交通运输便利，便于装运主变压器等笨重设备，但与道路应有一定间隔；邻近工厂、设施等应不影响变电所的正常运行，尽量避开易受污染、煤渣、爆破等侵害的场所；要满足自然通风的要求，并避免暴晒；考虑变电所在一定时期(如 5～10 年)内升级的可能；变电所规划用地面积控制指标可根据表 8-7 选定。

【中央变电所设备布置】

4. 电力线路布置

1) 电力线路的布置形式

电力线路的布置形式一般有两种：架空线路和电缆线路。

架空线路是将导线、避雷线等架设在露天的线路杆塔上。电缆线路一般直接埋设在地下或敷设在地沟中。村镇电网多采用架空线路形式，该形式的建设费用低，施工期短，而且施工、维护及检修方便。但架空线路接近或跨越建筑物时应注意保留足够安全距离。城市架空电力线路接近或跨越建筑物的安全距离见表 8-8。

【架空电力线路与电缆施工】

表 8-7 变电所规划用地面积指标

变压等级(kV)一次电压/二次电压	主变压器容量 kVA/台(组)	变电所结构形式及用地面积/m^2	
		户外式用地面积	半户外式用地面积
110(66/10)	20～63/2～3	3500～5500	1500～3000
35/10	5.6～31.5 /2～3	2000～3500	1000～2000

表 8-8 城市架空电力线路接近或跨越建筑物的安全距离

线路经过地区	线路电压/kV				
	＜1	1～10	35～110	220	330
居民区	6.0	6.5	7.5	8.5	14.0
非居民区	5.0	5.0	6.0	6.5	7.5
交通困难地区	4.0	4.5	5.0	5.5	6.5

2) 线路布置原则

镇区电网电压等级宜定为 110、66、35、10kV 和 380/220V，采用其中 2～3 级和两个变压层次；电网规划应明确分层分区的供电范围，各级电压、供电线路输送功率和输送距离应符合表 8-9 的规定；架空电力线路应根据地形、地貌特点和网络规划，沿道路、河渠和绿化带架设；路径宜顺直，并应减少同道路、河流、铁路的交叉；设置 35kV 及以上高压架空电力线路应规划专用线路走廊，并不得穿越镇区中心、文物保护区、风景名胜区和危险品仓库等地段。

镇区的中低压架空电力线路应同杆架设，镇区繁华地段和旅游景区宜采用埋地敷设电缆；电力线路之间应减少交叉、跨越，并不得对弱电产生干扰；变电站出线宜将工业线路和农业线路分开设置；如果供配电系统结线复杂、层次过多，不仅管理不便、操作复杂，而且由于串联元件过多，因元件故障和操作错误而产生事故的可能性也随之增加，因此要求合理地确定电压等级、输送距离，并划分用电分区范围，以减少变电层次，优化网络结构。

表 8-9 电力线路的输送功率、输送距离及线路走廊宽度

线路电压/kV	线 路 结 构	输送功率/kW	输送距离/km	线路走廊宽度/m
0.22	架空线	50 以下	0.15 以下	—
	电缆线	100 以下	0.20 以下	—
0.38	架空线	100 以下	0.50 以下	—
	电缆线	175 以下	0.60 以下	—
10	架空线	3000 以下	8～15	—
	电缆线	5000 以下	10 以下	—
35	架空线	2000～10000	20～40	12～20
66、110	架空线	10000～50000	50～150	15～25

8.3.5　村镇电信工程规划

村镇电信工程规划包括电信、电话、广播、电视、网络、邮政等方面。锦竹市广济镇电信工程规划如图 8.7 所示。

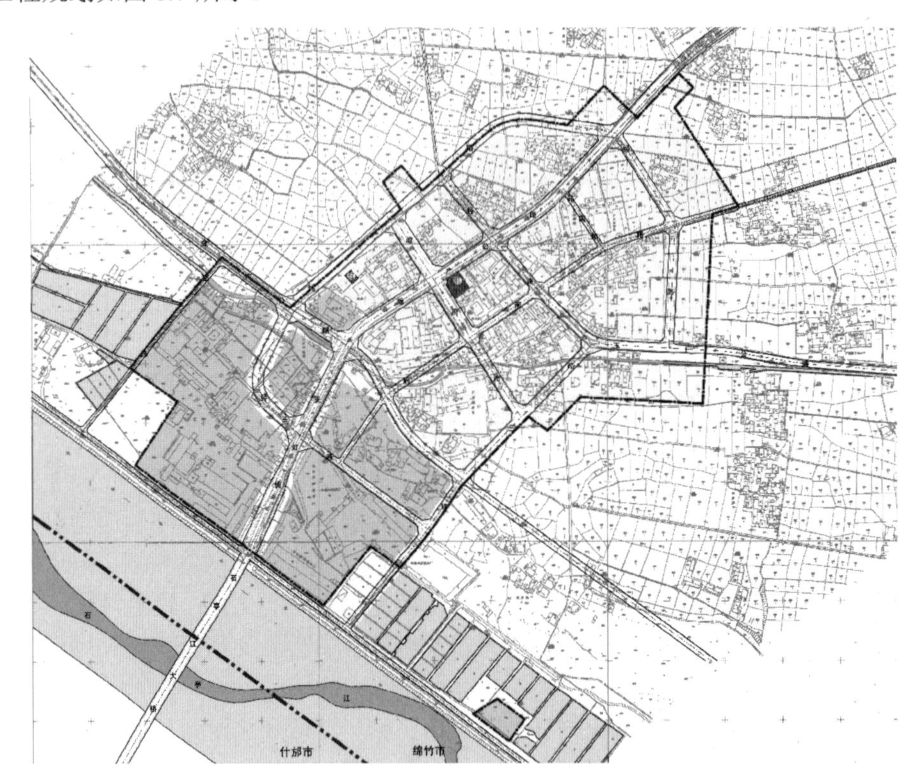

图 8.7　绵竹市广济镇电信工程规划图

电信工程规划包括确定用户数量、局(所)位置、发展规模和管线布置。

【局内设备及线路敷设】

电信局(所)的选址宜设在环境安全和交通方便的地段；电信线路规划应依据发展状况确定，宜采用埋地管道敷设。电信线路布置应符合下列规定：应避开易受洪水淹没、河岸塌陷、土坡塌方以及有严重污染的地区；应便于架设、巡察和检修；宜设在电力线走向的道路另一侧；邮政局(所)址的选择应利于邮件运输、方便用户使用；广播、电视、网络应与电信线路统筹规划。

8.3.6　村镇热力工程规划

我国大多数村镇选址时未经过科学的思考和规划，选址随意，致使村镇多采取自家取暖形式，不仅对环境造成较大污染，且热损失严重。而各村落各为其政，相距较远，导致很多供热设施及设备不能共享。

供热工程规划主要应包括确定热源、供热方式、供热量，布置管网和供热设施。

1. 供热规划原则

充分利用现有设施，结合总体规划及国民经济发展计划，全面规划，统一布局，合理分区，近、远期相结合，近期具有可操作性，远期具有指导性，有计划、有步骤地分片、分期实施集中供热。根据村镇特点，合理确定供热对象，准确预测近、远期热负荷。对于供热区域内的单位原则上不允许新建锅炉，现有锅炉热用户在锅炉报废期内逐步改造成集中供热。本着节约能源、保护环境的原则，首先充分利用生产余热，其次积极发展太阳能。

2. 村镇供热规划程序

确定供热方式：供热工程规划首先应根据采暖地区的经济和能源状况，充分考虑热能的综合利用，确定供热方式。

能源消耗较多时可采用集中供热。一般地区可采用分散供热，并应预留集中供热的管线位置。

(1) 热负荷预测：集中供热的负荷应包括生活用热和生产用热。

① 建筑采暖负荷应符合国家现行标准《采暖通风与空气调节设计规范》(GB 50019—2003)、《公共建筑节能设计标准》(GB 50189—2015)、《民用建筑节能设计标准》(采暖居住建筑部分)(JGJ 26—1995)的有关规定，并应符合所在省、自治区、直辖市人民政府有关建筑采暖的规定。

② 生活热水负荷应根据当地经济条件、生活水平和生活习俗计算确定。

③ 生产用热的供热负荷应依据生产性质计算确定。

(2) 计算采暖热负荷：

$$Q_h = q_h A \cdot 10^{-3}$$

式中，Q_h——采暖设计热负荷(kW)；

q_h——采暖热指标(W/m^2)；

A——采暖建筑物的建筑面积(m^2)。

集中供热规划应根据各地的情况选择锅炉房、热电厂、工业余热、地热、热泵、垃圾焚化厂等不同方式供热。供热工程规划，还应充分考虑以下可再生能源的利用。

① 日照充足的地区可采用太阳能供热。

② 冬季需采暖、夏季需降温的地区根据水文地质条件可设置地源热泵系统。

(3) 供热管网的规划：可按现行行业标准《城市热力网设计规范》(CJJ 34—2002)的有关规定执行。

① 可根据村镇用地规划布局情况，采取分区供热方式。

② 热力管网应根据锅炉房布局位置，规划沿主要道路布置供热主干管，环状布置管网，为沿供热管线两侧住宅建筑供热。

8.3.7 村镇燃气工程规划

燃气工程规划主要应包括确定燃气种类、供气方式、供气规模、供气范围、管网布置和供气设施。

1. 规划原则

遵照因地制宜，合理利用能源的原则，做到近、远期相结合，力求经济合理，安全可靠，便于实施；燃气应优先满足民用，适当发展公建用户，合理发展必须使用燃气且节能效果显著的用户；节约能源，减轻污染。在发展村镇燃气的过程中，应逐步实施管道化供应，同时建立完善的村镇燃气管理法规。

2. 村镇燃气工程规划程序

(1) 确定燃气种类。燃气工程规划应根据不同地区的燃料资源和能源结构的情况确定燃气种类。

① 靠近石油或天然气产地、原油炼制地、输气管沿线以及焦炭、煤炭产地的镇区和村庄，宜选用天然气、液化石油气、人工煤气等矿物质气。

② 远离石油或天然气产地、原油炼制地、输气管线、煤炭产地的镇区和村庄，宜选用沼气、农作物秸秆制气等生物质气。

(2) 确定供气量和供气规模。矿物质气中的集中式燃气用气量应包括居住建筑(炊事、洗浴、采暖等)用气量、公共设施用气量和生产用气量。

① 居住建筑和公共设施的用气量应根据统计数据分析确定。

② 生产用气量可根据实际燃料消耗量折算，也可按同行业的用气量指标确定。

③ 液化石油气供应基地的规模应根据供应用户类别、户数等用气量指标确定；每个瓶装供应站一般供应5000～7000户，不宜超过10000户。

(3) 确定气站选址。供应基地的站址应选择在地势平坦开阔且全年最小频率风向的上风侧，并应避开地震带和雷区等地段；供应基地和瓶装供应站的位置与镇区各项用地和设施的安全防护距离应符合现行国家标准《城镇燃气设计规范》(GB 50028—2006)的有关规定；选用沼气或农作物秸秆制气应根据原料品种与产气量，确定供应范围，并应做好沼水、沼渣的综合利用。

(4) 管道布局原则。管道的走向根据总体规划和燃气专项规划，结合村镇实际发展情况进行总体布置；主干管网尽量靠近用户，以保证用最短的线路长度，达到同样的供气效果，节约投资；在保障安全供气，布局合理的原则下，减少对周围居民的影响，尽量减少穿跨越工程，方便管道的维修和抢修，有利于新用户的发展；管位尽量选择道路两侧绿化带中，管位配合应按规范执行，管线定位应注意未来道路拓宽的可能性。

8.3.8 村镇其他公用工程规划

中华民族历史悠久，敬祖重根是传统殡葬文化的精髓和精华所在。殡葬改革对于城乡“二元”结构的中国有着不同的实施效果，火化对城市来说比较简单，但对许多农村来说真正的火化却仍很困难。目前，土地资源供需矛盾已成为我国可持续发展的重大瓶颈，土葬所造成的土地利用严重浪费，加剧了资源瓶颈效应。而土地节约利用是保障我国经济可持续发展的重要手段。因此，推行殡葬改革，改善村镇殡葬条件是一件关系到造福子孙后代、利国利民的大事，也是一项长期的、艰巨的、错综复杂的、系统的社会工程。

1. 殡葬设施和殡葬设施规划

殡葬设施是指为开展殡葬活动而建立的殡仪设施、火化设施、墓地设施和骨灰安放设施的统称。村镇殡葬设施包括“殡”和“葬”两部分。“殡”是指殡仪建筑，是人们为逝者能够体面有尊严的离开人世，并为其亲属、友人等提供离别、告别活动的场所，它包括殡仪馆和殡仪服务中心。“葬”则是安葬设施，指逝后安置骨灰盒为亲属、友人等提供追悼活动的场所。它包括公墓和立体骨灰寄存设施(楼、廊、塔、壁)。无论是公益性公墓建设，还是其他基本殡葬服务设施建设都必然涉及用地，需要村镇政府部门在遵照上级土地利用总体规划的前提下，对辖区内土地进行合理布局，留出必要的土地，以满足群众的基本殡葬需求。

村镇殡葬设施规划是指以殡葬设施为对象，按照未来一定时期内殡葬活动的需求，根据本行政区域殡葬改革规划和人口密度以及殡葬服务辐射范围等条件，对殡葬服务设施选址、类型、数量、布局和建设规模等所做出的规划设计。殡葬设施规划又是集合哲学、建筑学、景观生态学、城市规划学等多学科交叉的综合规划。殡葬设施规划直接影响城市人居环境。

2. 村镇殡葬设施规划

1) 殡葬设施选址

殡仪建筑设施需满足便捷使用的需求同时兼顾殡葬本身的禁忌性，因而在选址上应满足一定原则。各个殡葬设施即有统一的选址原则，同时各个殡葬设施子系统也因自身的特点具有各自的选址原则。

(1) 殡葬设施选址总原则。在整个村镇空间中，殡仪馆的选址是整个殡葬设施选址的核心。其他殡葬设施的布局，都在一定程度上受到其选址的影响。设施的各个子系统的选址都应当贯彻节约用地原则，鼓励利用弃置地、坡地，尽力避免对耕地、林地的占用。同时要与上级规划相一致，满足远期发展的需求。在空间具体布局中，各殡葬设施要注意与周边功能空间利用景观绿化等手段进行隔离，减少对村镇其他项目的干扰。

(2) 殡仪建筑选址原则。在满足总原则的前提下，各个子系统也应兼顾自身的选址需求。殡仪馆的选址不宜布置在地势高的地方，以避免产生视觉干扰及对周边居民的心理带来影响。考虑到殡仪馆对大气和地下水的污染，应当将其布置在主导风向的下风侧和水源的下游。同时，殡仪馆应位于主要交通附近或者直接与其相连，方便使用。

(3) 安葬设施选址原则。安葬设施一般有与殡仪建筑组合、骨灰寄存楼与公墓系统内组合和独立分布三种模式。与殡仪馆组合的安葬设施应参考殡仪馆选址原则。骨灰寄存楼与公墓系统内组合一般参考公墓的选址原则。而独立式公墓选址一般位于自然资源较好的地方。

2) 殡葬设施布局

殡葬设施在村镇中的布局首先要满足殡葬设施的基本选址原则。同时，要考虑服务半径，在地势平坦、交通便利的村镇，服务半径可适当扩大，几个村镇联合选址布置。而在部分山区或者丘陵地区，应依据具体地理条件，合理布置。安葬设施应当结合殡仪建筑，“殡”“葬”适度分离又联系紧密，建立辐射整个区域的殡葬服务网络。

8.3.9 村镇环卫设施规划

随着村镇经济实力增强，居民生活水平提高，科技发展与环境意识深入，村镇对环境卫生设施的需求逐步增大。环境卫生规划应符合现行国家标准《村镇规划卫生标准》(GB 18055—2012)的有关规定。环境设施的布局方法应根据项目的功能具体进行布置。

1. 公共厕所

经过调查，在村镇真正需要公共厕所的是两种人：一种是公共服务设施内的工作人员，当配套公共服务设施规模小、人员少，室内又无卫生设备时对公厕有所需求，而这种情况常发生在商业建筑中；另一种是前来访亲问友，或经过这里急于上厕的外来人。

公共厕所布置方式有：在沿街，靠近商业设施；临街但不正面对街，靠里一点，但街上有易于识别的标志；同临街建筑组合在一起；在商业建筑的底层，在建筑的侧面单独有出入口。

一个中心镇居住区最多设置两座公共厕所，在旅游村镇居住区设置两座，而一般镇、中心村、基层村居住区设置一座。依据实际情况，结合《2000年小康型城乡住宅科技产业工程村镇示范小区规划设计导则》中公厕的建筑面积控制指标为参考，建议公共厕所的定额指标为40～60m^2。

2. 垃圾收集与处理

目前村镇垃圾处理有多种方式；有的设置露天大铁箱收集垃圾；有的设置小型垃圾收集转运站；有的采用上门收集垃圾送至村镇外部集中的垃圾压缩站，村镇内不设垃圾处理设施。鉴于村镇垃圾处理方式的多样化，以及各种垃圾处理方式对垃圾处理设施有不同的指标要求，因此不做具体规定，垃圾站的指标设置规定应根据具体情况而定。

但有条件的村镇应该要求垃圾逐步实行分类收集，达到日产日清。按合理服务半径安置垃圾箱，垃圾房，定期采用定点、袋装的收集方式，再集中运往垃圾转运站。

1) 废物箱

置于道路两侧和路口；废物箱应美观实用、便于清洁、防雨防燃的特点。废物箱的设置间隔为：集镇交通干道宜为50～80m，一般道路宜为80～100m，中心村按照一般道路考虑。

2) 生活垃圾收集点

参考生活垃圾收集站技术规程，其中服务半径的设置一般不大于70m。

3) 小型垃圾收集、转运站

宜设置在靠近服务区域的中心或垃圾产量集中和交通方便的地方。服务半径一般不大于150m，占地面积不小于50m^2。环境保护与环卫设施规划如图8.8所示。

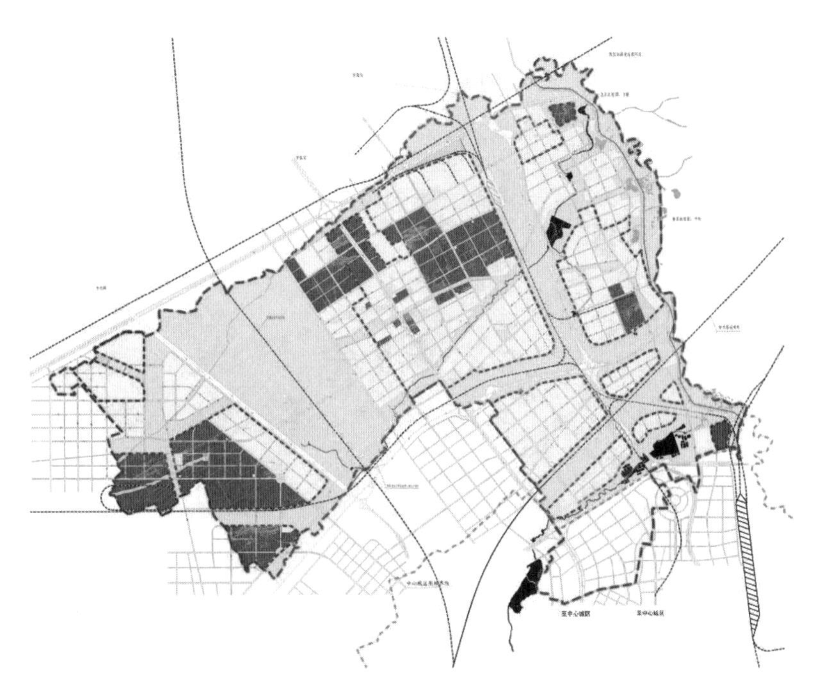

图 8.8 兰家镇环境保护与环卫设施规划图

8.3.10 管沟综合规划

村镇基础设施规划图，一般为综合绘制给水、排水、电力、电信、燃气、热力工程、环卫、防灾设施相关内容于一张图纸上，如图 8.9 所示。

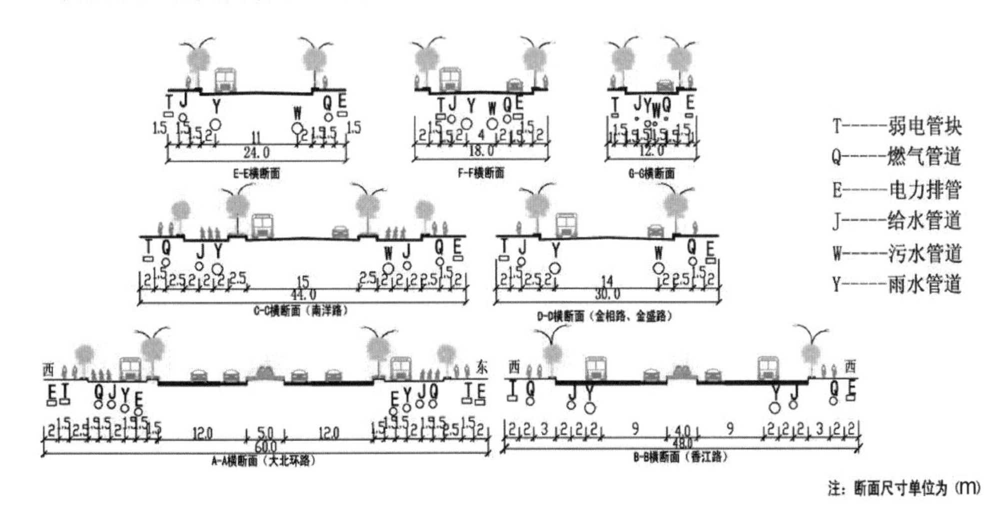

图 8.9 绵竹市广济镇基础设施规划图

随着我国城乡一体化建设的稳步推进，村镇住区的道路、给排水、电力、电信等基础设施建设进入了快速发展阶段，部分地区的管道燃气、集中供热设施建设也开始起步。但由于缺乏相应的规划标准，村镇管线设施的建设一直处于无序状态，管网布局散乱，乱占道路地下、地上空间，造成地下空间用地紧张，地上景观杂乱，管网使用效率低下，维修管理困难，有些还存在一定的安全隐患，严重影响了新农村建设的可持续发展。

管网综合规划是村镇规划的重要组成部分。研究管网综合主要解决管网敷设方式和确定各种管线的平面、竖向位置等问题，其目的为合理利用村镇建设用地，统筹安排工程管线在住区道路地上和地下空间位置，协调工程管线之间以及管线与其他工程之间的联系，避免在管线建设中出现冲突或影响其他工程建设的现象出现，并为各种管线的设计和管理提供依据。管线综合断面规划如图 8.10 所示。

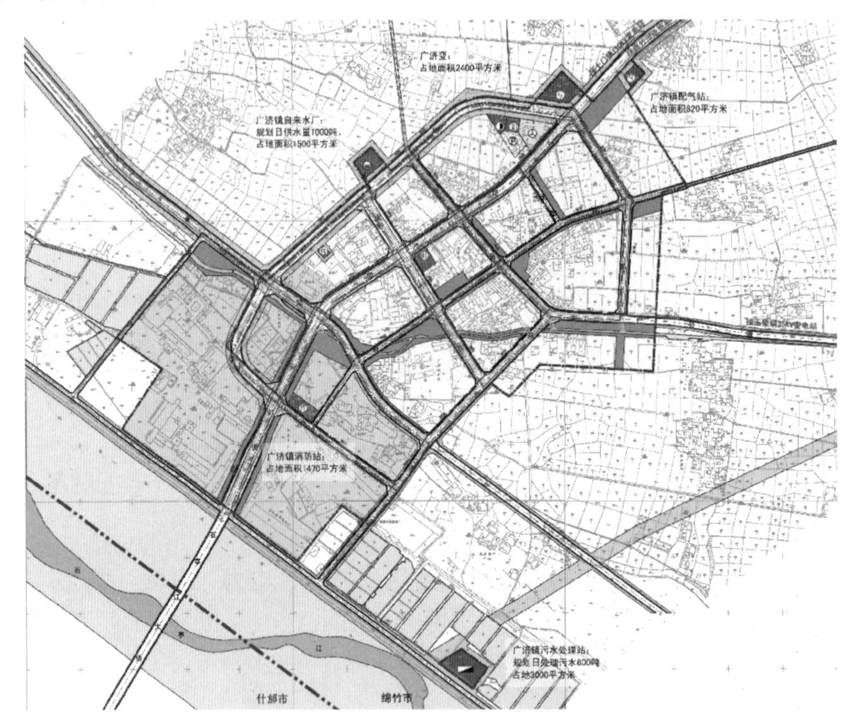

图 8.10　管线综合断面规划图

1. 村镇住区管网综合的条件和特征

1) 路网条件

管网一般沿村镇道路布置在道路下或道路上方。根据《镇规划标准》(GB 50188—2007)，适用于村镇内的路网由主干路、干路、支路和巷路四级道路组成，其中主干路宽度为 24～36m，干路 16～24m，支路 10～12m，巷路 3.5m。但实际调查的规划村镇巷路多在 3.5～5m。通常，规模 10000 人以上的村镇可设四级道路，规模在 1000～10000 人的村镇可设三级道路，1000 人以下的设支路、巷路两级道路。

2) 管网条件

(1) 管网种类。参加村镇管网综合的工程管线主要有给水、雨、污排水、燃气、热力、电力及电信共 6 类 7 种。其中给水管线是指生产、生活、消防共用给水管道，排水管线包括生产、生活共用污水管道和雨水排水管道，燃气管线是指居民、公建和企业职工生活供气管道，热力管线是指居住、公建和企业建筑采暖的集中供热管道；电力线是指生产、生活共用的电力电线(缆)；通信线路包括固定电话、广播电视和网络等信号输送线路。

(2) 管网特点。村镇各类管道除具有规模小、服务半径小的共性外，也还有各自特点。其中给水管道一般管径较小(DN≤200mm)，当室外消防水量不超过 15L/s 时，给水管网可以枝状布置；雨水管道可以在路边明(暗)沟敷设；供电电压基本上≤10kV；集中供热管道一般是以独立住区为一个供热区域的低温热水直供管道；燃气管道是只供生活用气的低压燃气输送管道。

3) 管网综合条件的特征

村镇管道综合条件有以下四个特征。一是道路比较窄。人口规模在 1000～10000 人的村镇设 20m 左右宽的干道，人口规模在 1000 人以下的村镇只设宽度在 10～12m 支路和 3.5～5m 的巷路。宽度在 20m 及以上的道路管线综合比较好布置，宽度在 10m 以下的道路断面上进行管道平面布置，道路下用地比较紧张。二是道路建设不规范。宽度在 10～12m 以下的支路一般不分快慢车道，6～7m 的支路没有人行道，巷道两侧边界分别是庭院围墙和建筑外墙，不易管线布置。三是山区、半山区的村镇，土壤地质条件复杂、地形高差较大、道路不规则，加大了管道综合的难度。四是无论是采暖或非采暖地区，参加住区管道综合的管道种类、数量都少于同一地区的城镇市政管道，且管径较小；大多数村镇道路上、下的现状管道很少，这一条件在一定意义上缓解了管道综合的难度。

2. 村镇住区管网综合的方针

1) 各种管网敷设的方式及优缺点

(1) 给水管道：考虑到防冻和过车荷载对管道产生的压力，给水管道的敷设主要有直埋、进入共用管沟两种敷设方式。其中，直埋管道具有造价低、安全实用、不影响道路景观等优点，是最常见的一种给水管道的敷设方式；共用管沟敷设除具有上述优点外，还有管理、接管、检修方便的特点，但共用管沟构造复杂、造价比较高。另外，在遇有穿越河流等障碍情况下，局部给水管段可采用架空敷设方式。

(2) 排水管道：排水管道分为污水、雨水管道和雨污合流管道。鉴于排水管道一般是重力流，且存在渗漏隐患，目前污水和合流管道主要为直埋，其优点与给水管道相同；雨水管道可以采用直埋、明(暗)沟方式敷设，其中后者具有施工简单、便于疏通和造价低等优势。

(3) 电力、电信：电力电线架空敷设造价低，管理、检修方便，但对道路景观稍有影响，是目前村镇住区最常用的敷设方式。采用电力电缆造价较高，一般村镇住区干、支路很少采用。现在住区电信电缆架空敷设的居多，但采用地下排管敷设有不影响道路景观和可预留线孔的优点，是电信电缆敷设方式的发展方向。

(4) 燃气管道：考虑到燃气泄漏的危险性，目前室外燃气管道普遍采用直埋敷设方式。

(5) 热力管道：热力管道一般直埋或进入综合管沟敷设。直埋管道节地、热损失小，比单建管沟造价节省 30%，是目前最常见的一种敷设方式。热力管道进入综合管沟敷设的优缺点与给水管道相同。另外，个别村镇热力管道还采用架空敷设方式，但由于该方式存在热损失大、影响住区景观等不足，一般只用于跨越河流等障碍或管道众多的工业厂区。

2) 管网综合的方针

充分考虑影响村镇管网综合的主要因素，解决村镇四级道路地上、地下的管网综合布置问题，是村镇管网综合的关键。通常认为，影响村镇管网综合的主要因素有管网种类、数量，敷设方式，以及地质、地形条件。

管网综合的管道种类、数量与村镇气候条件及管线完善程度有关。三北地区及山东、河南等地区冬季需要供暖，规划管线种类完善的村镇管网综合包括上面提到的 6 类管道；规划管线完善的南方地区，管网综合包括除热力管线以外的其余 5 类管道。

管道敷设方式应根据村镇所在地区的自然条件，结合规划布局、道路条件和经济发展水平，分析各种管道敷设方式的优缺点，本着经济适用、安全可靠、利于保持村庄街景整洁的原则进行选择。一般村镇管线应采取以沿道路直埋为主，管沟和架空敷设为辅的敷设方式。

地质、地形条件对村镇管网综合的操作难易程度产生较大影响。平原地区浅层地质以土壤为主，住区地形相对平整，道路比较规范，可按直埋为主的方式敷设管线并进行管网综合。山区、半山区地质条件复杂、道路窄且曲折，可通过采取调整管线敷设方式降低管道综合难度。污水、燃气仍直埋；雨水可选择主要依靠路面坡度自流排水，减少雨水管渠敷设的长度；给水、热力进入综合管沟；电力、电信线可架空敷设。同时，管网综合规划的合理性直接影响管线建设成本，其综合布置要根据村镇规划条件、管线种类、数量，结合所在地区的自然条件，采取因地制宜、区别对待的方针。

3. 管网综合规划的基本原则

(1) 节约投资的原则。鉴于村镇住区基础设施建设资金有限，各种管线的敷设方式和管线综合规划应有利于节省投资，节约资金。

(2) 近、远期结合的原则。村镇管线综合应重视近、远期规划相结合，对于因条件所限，近期没有规划建设集中供气、供热管线的村镇，管线综合应考虑远期建设的需求，预留相关管位，以便有条件时能够顺利地敷设相应管线。

(3) 集约用地的原则。工程管线综合规划应结合村镇的发展合理布置。

(4) 与道路中心线平行的原则。各种工程管线应平行村镇道路中心线布置，不应平行敷设在村镇公路之下。

(5) 专业协调的原则。工程管线综合规划应与村镇道路交通、建筑、环境和给水、排水、燃气、热力、电力、电信、防洪工程等专业规划相协调。

(6) 遵守相关规范的原则。管线综合规划应符合国家现行有关标准、规范的规定。

4. 管网综合规划要求

1) 地下敷设

为保证管网在平面位置和竖向高程系统之间的顺利衔接，村镇工程管线的平面位置和竖向位置均应采用统一的坐标系统和高程系统。

管道直埋敷设具有一次性、投资低、安全、不影响道路景观等优点，对于地质条件好、道路具备一定宽度的住区，其给水、雨污水、燃气、热力、电信工程管线宜地下直埋敷设，电力工程管线宜地上架空敷设。

对已建有工程管线的大多数村镇，现状道路及下面的管道建成时间都不长，应该考虑充分加以利用，确实不能满足管网综合需要的可考虑更换。

为保证管线的安全施工与正常使用，在平原村镇应避开土质松软地区等不利地带；位于山区半山区的村镇，应结合地形的特点合理确定工程管线位置，并应避开滑坡危险地带和洪峰口。

2) 直埋敷设

严寒或寒冷地区给水、排水、燃气工程管线应根据土壤冰冻深度，确定管线覆土深度；热力、电信电缆等工程管线以及严寒或寒冷地区以外地区的工程管线，应根据地质条件和地面荷载的大小，确定管线的覆土深度。管线的最小覆土深度应参照《城市工程管线综合规划规范》的有关工程管线最小覆土深度标准执行。

工程管线在道路下面的规划位置宜根据道路宽度确定。在主干路、干路上应布置在人行道、绿化带或非机动车道下面。在不分快慢道的支路上，当其宽度不足以安排上述所有管道时，电信电缆、热力管道优先布置在人行道或绿化带下；给水、燃气、污(雨)水等工程管线可布置在车道下面，若雨水采用暗(明)沟排水，可设置在道路两侧。两支路之间的巷道长度一般不大于200m，且狭窄，可以不设雨水管、沟，依靠沿巷道两个方向的地面坡度排出雨水；给水、污水、燃气、热力管线和电信电缆可以分两组分别直埋在庭院两侧的巷道下。

工程管线在道路下面的规划位置宜相对固定。从道路红线向道路中心线方向平行布置的次序，应根据工程管线的性质、埋设深度等确定。分支线少、埋设深、检修周期短和可燃、易燃及损坏时对建筑物基础安全有影响的工程管线应远离建筑物，以建筑物外墙为基准，布置次序宜为电信电缆、燃气、给水、热力、雨水、污水管线。

为维护管线的正常管理运行和检修，各种工程管线不应在垂直方向上平行重叠直埋敷设。

当工程管线穿越河底敷设时，应选择在稳定河段，埋设深度应不妨碍河道的整治和管线安全。

工程管线之间及其与建(构)筑物之间的最小水平净距应参照《城市工程管线综合规划规范》相关标准执行。当受道路宽度以及现状工程管线位置等因素限制难以满足要求时，可根据实际情况采取安全措施后减少其最小水平净距。

为保证建筑物的基础安全，对于埋深大于建(构)筑物基础的工程管线，其与建(构)筑物之间的最小水平距离应经计算折算成水平净距，并满足《城市工程管线综合规划规范》相关标准要求。

当工程管线交叉敷设时，自地表面向下的排列顺序宜为电信管缆、热力管线、燃气管线、给水管线、雨水管线、污水管线。交叉时的最小垂直净距应参照《城市工程管线综合规划规范》的有关标准执行。

3) 综合管沟敷设

当遇不宜开挖的路面、道路宽度难以满足直埋敷设多种管线要求的路段或工程管线与铁路、河流的交叉处，工程管线可采用综合管沟集中敷设。在巷路宽度不能满足埋地敷设多条管线时，可采用不通行综合管沟形式敷设。

【长沙地下综合管廊首段示范段建成】

综合管沟内可敷设电信电缆、给水(含再生水)、热力管线。雨、污水、燃气管线存在泄露隐患，不宜敷设在综合管沟内。

敷设干线的综合管沟应设置在机动车道下面，其覆土深度应根据道路路基、过车荷载以及当地的冰冻深度等因素确定；敷设支线的综合管沟应设置在人行道或非机动车道下，其埋设深度根据路基和当地的冰冻深度等因素确定。

4) 架空敷设

村镇干、支路架空敷设的管线主要是 10kV 及以下的电力电线。架空电线应与通过地段的道路、街景规划相结合；线杆宜设置在人行道上距路缘石不大于 1m 的位置，有分车带的道路，架空线线杆宜布置在分车带内；供电线路进入巷路应采用电力电缆，可沿巷路纵向建筑后墙穿管敷设。

当因条件所限，干、支路上的电信电缆需架空敷设时，为保证电信信号不受干扰，电信架空杆线与电力架空杆线宜分别架设在道路两侧。

当工程管线采用架空方式跨越河流时，宜利用交通桥梁进行架设，但可燃、易燃管线应设专用桥架跨越河流，电力电线应架空敷设。

架空管线与建(构)筑物等的最小水平净距和架空管线交叉时的最小垂直净距参照《城市工程管线综合规划规范》有关标准执行。

本章小结

本章主要学习的内容是村镇公用工程设施用地及基础设施的特征、基础设施空间布局影响因素、村镇基础设施发展中面临的问题、村镇各类基础设施具体规划布局。这些内容是学习村镇基础设施规划设计所必需的基本知识。

村镇公用工程设施用地是村镇内各类公用工程和环卫设施以及防灾设施用地，包括其建筑物、构筑物及管理、维修设施等用地。分为公用工程用地、环卫设施用地、防灾设施用地。本章主要讲解前两类用地规划布局方法。

基础设施的特征为：基础性、准公共物品性、自然垄断性、经济外部性、超前性、投资规模大、直接回报低、建设周期长和不可分性。

由于基础设施的规划发展涉及经济要素和非经济因素的布局，不仅受一系列主客观条件的制约，而且在不同的发展阶段，区域发展的主要影响因素也在不断发展变化。基础设施空间布局影响因素主要包括自然因素、经济因素、社会因素三个方面。

村镇基础设施发展中面临的问题：不同村镇基础设施配置的分化；村一级的住区现有布局模式比较松散，基础设施成本高、效率低；对生态环境系统考虑不足以及农村基础设施建设经济力量薄弱。

村镇基础设施具体规划内容分别是：村镇给水工程规划、村镇排水工程规划、村镇电力工程规划、村镇电力工程规划、村镇电信工程规划、村镇热力工程规划、村镇燃气工程规划、其他公用工程规划、村镇环卫设施规划、管沟综合规划。

思 考 题

1. 村镇公用工程设施用地的分类有哪些？
2. 殡葬设施在村镇中的布局所要满足的要求有哪些？
3. 什么是城市基础设施？
4. 市政公用设施分为哪几类？
5. 村镇给水工程规划的原则有哪些？
6. 管网综合规划的基本原则有哪些？
7. 电力工程设施规划的基本要求有哪些？
8. 各种管网敷设的优缺点是什么？
9. 村镇基础设施的发展趋势什么样？
10. 村镇环卫设施规划有哪些指标？

第9章 村镇风貌保护规划

【教学目标与要求】

● 概念及基本原理

【掌握】村镇风貌调查；村镇风貌保护规划的原则；村镇风貌保护规划的步骤；历史文化村镇保护开发策略；村镇风貌整治规划的内容、原则和方法。

【理解】村镇风貌的内涵及意义；村镇风貌建设现存问题；村镇风貌整治对策及建议。

● 设计方法

【掌握】村镇风貌保护及整治规划方法。

我国历史文化悠久，幅员辽阔，历史村落众多，它们是各地传统文化、民俗风情、建筑艺术的结晶，反映了历史文化和社会发展的脉络，是先人留给我们的宝贵遗产。在工业化与城镇化进程中，不少村落忽略了对历史文脉的保护，或一味拆旧建新，或简单仿古营建，或将遗产保护与社会发展、自然环境及其居民生活割裂对待，这都不同程度地对传统风貌造成了破坏。在这个大背景下，对广大村镇进行风貌规划，对村容村貌进行整治是城乡一体化建设的重要举措。

9.1 村镇风貌现状及调查

9.1.1 村镇风貌的含义

“风貌”是一个抽象的概念，“风”是“内涵”，是形而上的“风”，是对社会人文取向的非物质特征的概括，即村镇的风格、格调、品格、精神等；“貌”是“外显”，是形而下的“貌”，是对物质实体环境硬件特征的综合把握，是村镇整体及构成元素的形态和空间的总和，即村镇的面貌、外观、景观、形态等。“风貌” 一词的含义较广，普遍意义上指有形物质实体客观的外在形状以及所展示出来的精神面貌的统称。

学者们对村镇风貌的理解为村镇的风采容貌，即村镇的自然景观和人文景观及其所承载的村镇历史文化和社会生活内涵的综合，是特定发展时期内村镇景观的总和，是村镇景观的外显特征。景观风貌规划是对某一地域的自然景观、人文景观、人文精神及历史文脉等进行详尽的调查和感知，将其融入景观风貌的各规划要素中，运用现代规划理论与方法，对空间进行合理布局，以形成具有和谐生态环境、宜人空间尺度、整体统一协调、视觉感受强烈的独特景观风貌。

从地理学角度看，景色优美的村镇风貌是具有特定景观行为、形态和内涵的景观类型。从生态学角度看，村镇风貌是由村镇建筑、林草地、农田、水体、历史遗迹等组成的自然一经济一社会复合型生态系统。村镇风貌有其特殊性，其重要特点之一是大小不一的村民居住点和农田混杂分布，既有居民点、商业中心，又有农田、果园和自然风光。从历史学角度看，传统乡土特色的村镇风貌是长期历史发展留下的痕迹，它的形成是人类与当地自然环境协调共生的结果，是农业文明的文化遗址，同时也记载着历史的变迁。从建筑学角度看，村镇风貌的背景——民居建筑，无论其选址、布局和构成、单栋建筑的空间、结构和材料等，都体现着因地制宜、就地取材和因材施工的营建思想，体现出自然与人工的有机统一。

村镇风貌的营造也对村镇旅游的发展起到了至关重要的作用，它在某种程度上不仅代表了村镇的发展水平，同时也能够向游人展示村镇的人文地理积淀，阐述了村镇的历史文化内涵，展现了村镇的独特魅力。村容村貌整治规划是从村民生产生活的实际情况出发，根据村镇自身的条件，有条理地、有步骤地针对村镇村容村貌方面存在的问题，因地制宜、有针对性地进行改善。

9.1.2 村镇风貌调查

村镇风貌规划的流程通常分为两个部分：风貌现状调查和风貌资源评价。

1. 风貌现状调查

分析村镇区域位置条件、区位特色，如土地、矿产、水资源、交通等方面是否有特色风貌；了解村镇人口构成、民族概况等是否可形成特色风貌；了解村镇的地形地貌特色、环境特色、气候特色，自然条件与自然资源；通过对村镇形成和发展过程的调查，了解村镇的历史特色及现存历史遗迹、建筑等；分析经济基础及发展前景是否有特色产业；分析生态环境与基础设施，是否对风貌规划有所阻碍等。

【村镇住房方案图】

2. 风貌资源评价

对村镇特色风貌资源的调查和评价是对一个地区的景观风貌进行规划的首要步骤，前期通过对村镇基础信息的收集整理、对村镇各个区域的现场实地勘察等办法，根据村镇特色风貌的评价标准，整合村镇现有的景观资源，并对其进行全方位、多层次、多角度的综合评价。风貌资源评价涵盖的项目一般有风貌资源特征、风貌资源种类、风貌资源价值、风貌资源分布、风貌资源开发过程中的矛盾所在及矛盾的控制性缘由等。最后把对风貌资源的评价结论进行汇总，构成村镇特色风貌评价的标准体系，为后期村镇特色风貌的挖掘、保护、规划奠定基础。

9.1.3 村镇风貌建设现存问题

在我国城市化进程中，毫无疑问，村镇出现了急剧发展变化，如果任由盲目的无差别的掠夺性开发，其风貌特色将会被破坏，尤其是历史文化积淀深厚的古村镇遭受到的破坏更加严重。日本千叶大学教授木原启吉曾经说过：“在经济不发达的时代，古迹遭受的主要是自然破坏，而在经济发展起步阶段，由于人们急于改变物质的生活条件，忽视或顾不得精神生活的需求，对古迹的人为破坏则大大超过自然破坏。”国内的情况通常是：村镇建设要满足居民提高生活质量和环境水平的强烈要求，但对原有的村镇风貌特色缺乏保护意识。村镇风貌破坏的现象时有发生，其原因有以下几点。

1. 自然条件的影响

人类任何构筑物都有其使用年限，相对于西方砖石结构的建筑体系，我国传统的砖木结构建筑更容易破损，一般使用年限仅仅为几十年。尤其在经济水平较为落后的村镇中，具有浓郁民族和乡土气息的传统民居，多半是砖木建构而成，岁月的磨砺和自然的侵蚀(物理、化学和生物损害等)导致建筑物老化破败(图 9.1)，一旦不能及时修复或对其听之任之，对村镇风貌的破坏可想而知。

2. 开发建设的破坏

【晋江安海古镇旧城拆迁改造】

部分村镇开发建设过度，使村镇的传统布局特色和传统建筑艺术正在消失。目前，仍存在大众审美的庸俗化，部分村镇领导对建设国际化城市情有独钟，村镇中传统民居群和传统商业街在轰轰烈烈的旧城改造中消失(图 9.2)，取而代之的是比比皆是的小洋房。比如，经常可以看到一些村镇开辟了宽阔的道路，在道路两旁建两层或三层的商店、楼房，街道空旷、尺度过大、缺乏人情味。与被拆掉的尺度宜人的老街区相比，留下的是一种冷漠和盲从。

图 9.1　自然条件的影响

图 9.2　开发建设的破坏

许多传统村落的新建住宅基地面积偏大、建筑密度低、空间分散、功能混杂、结构不明确；很多房屋年久失修，墙面、屋面色彩杂乱；住宅配套设施落后，安全卫生隐患突出；私搭乱建临时建筑的现象严重。部分新建房屋的尺度、色彩、形式大都与村镇传统的住宅风貌不协调，民居的传统乡土特色正在消失。

随着社会经济的发展，“城市型住宅”的居住理念开始冲击传统的居住模式。传统民居不完善的基础设施已经不能满足现代人生活需求。有的村镇虽然进行了修复重建，但仅仅采用现代建筑材料和工艺对损坏部位和墙头、檐口等处进行仿古处理，破坏了老建筑的原真性。一些地方为开发旅游业而仿古重建了一些建筑：在传统村镇发展过程中采用了“复古”“仿古”的方法来简单模仿传统建筑形式，或在传统民居上扩建现代风格外观的建筑，生硬照搬

“欧陆风情”，这些都破坏了我国农村传统文化的底蕴。

传统村镇的风貌是村镇传统文化的宝贵遗产，但有些传统村镇在自身的发展过程中，古树被砍伐殆尽，蜿蜒曲折的自然河道被填埋或被裁弯取直、有数百年历史的祠堂被拆除，村镇原始的风貌以及文化历史资源的完整性正在被逐渐地吞噬，其历史的传承功能正在渐渐地逝去。由于对经济利益的追逐，地方政府对村镇独特的自然景观的漠视也令人担忧。例如为了获得更多的可开发土地，有的地方政府大肆填埋池塘水洼，对整个地区的河网水系等生态系统造成了难以恢复的破坏。建筑垃圾、旅游垃圾、空气污染、水体污染、植被破坏和噪声污染等一系列问题使正在发展的村镇承受着极大的压力。同时村镇的自然山水格局日益受到新建巨大尺度的建筑的挑战，如资兴市荒草镇为了开展乡村旅游，镇上沿山修建了7层准三星宾馆，突兀的立在山脚下，与附近低矮有序的居民楼形成强烈的反差。

3. 城镇建设缺乏特色和人文关怀

【李庄古镇】

城镇文脉是在长期的发展建设中形成的历史的、文化的、特有的、地域性的、景观性的氛围和环境，是一种历史和文化的积淀。目前普遍存在着低水平、低层次的简单城镇开发和更新，不注重保护和延续城镇的文脉，使城镇的文脉受到人为地割裂，使城镇景观不伦不类。如于三国时期建镇的四川洛带古镇依然保留着明清时代的建筑风貌，但走在老街的青石板路上，一路上看到的却是碰碰车、4D电影等不协调的娱乐项目。但随着经济利益的驱动，古镇的商铺越来越多，经营的项目也离文化主旨越来越远。

著名建筑师黑川纪章曾讲过，“建筑是本历史书，在城市中漫步，应该能够阅读它，阅读它的历史、它的意蕴。把历史文化遗留下来，古代建筑遗留下来，才便于阅读这个城市，如果旧建筑、老建筑都拆光了，那我们就读不懂了，就觉得没有读头。这座城市也就索然无味了。”技术和生产方式的全球化，使地域文化的特色渐趋衰微，建筑文化的多样性遭到扼杀。在城镇的更新改造中由于不注重传统街区、传统风貌的保护和继承，使村镇原有的特色风貌遭到破坏，并被一些低级和赶时髦的东西所替代，使人们对所居住的城镇和环境产生了一种陌生感，丧失了认同感和归属感。村镇的历史文化资源也未能有效地促进和承载现代经济社会发展。因此必须抓紧抢救城市化村镇建设中面临破坏的大批建筑文化遗产，保护村镇传统风貌，防止建设性破坏在村镇中继续蔓延。

4. 管理体制的漏洞，造成管理职责不清

村镇管理体制是由村镇的管理机制与制度、管理机构与权限、管理方式等要素组成的体系。全国经济发展不平衡，村镇分布呈明显区域特点，规模差别很大。而村镇的规划建设和管理体制却是大同小异。许多村镇违章、违法乱搭乱建的问题十分严重，但镇一级没有执法主体资格，而市、县职能部门管理又缺乏人力、财力的支持，尤其是土地和村镇建设审批混乱，政出多门，多头管理，这样容易造成管理上的漏洞。同时，由于现有的部门职能配置不尽合理，造成管理职责不清，削弱了城镇管理效力，并有损城镇整体风貌。

5. 缺乏科学合理的规划指导，使得村镇的整体人居环境质量不高

国内大部分村镇都未经过科学的规划，部分村镇布局不合理，主要表现在以下几个方面。

(1) 道路系统方面。村镇道路系统不完善，道路分级不明确，部分道路为尽端路，无法形成通畅的道路系统。道路附属设施不完备，路灯、指示标志等设施缺乏，现有的设施维护较差。居民点内部道路狭窄，许多村镇路面维护较差，破损严重。道路空间过于呆板，缺少引导性和可识别性。路边绿化不成系统，道路缺乏人性化设计，普遍没有阅报栏、休息坐凳等。

(2) 建设用地布局方面。住宅布局缺乏规划，住宅院落占地过大。村镇工业厂房、闲置地、村民住宅、园地及家畜舍布局交叉、无序，这种现象在平原地区以农业耕种为主的村镇较为严重。这既影响了村镇人居环境质量，也影响到土地集约使用。

(3) 公共绿地方面。村镇普遍缺乏公共绿地，已有的绿地也不成系统，山川河道等宜人自然景观利用率低。

(4) 基础设施方面。村镇的整体环境质量不高，基础建设相对滞后，电线杆林立，电线乱拉，生活垃圾随意堆积、生活污水随便排放。有些村镇缺乏垃圾收集装置、雨水排放及适宜的污水处理设施，排污系统不完善，坑塘沟池以及一些废弃地被用作临时的垃圾收集点。

9.2 村镇风貌保护规划

村镇风貌规划可分为村镇风貌保护规划和村镇风貌整治规划。风貌保护规划一般针对具有自然生态环境、历史文化、特色产业及民俗文化等特色风貌的村镇。风貌整治规划一般针对现有特色不突出及环境较差的村镇。

9.2.1 村镇风貌保护规划的原则

1. 坚持可持续发展原则

村镇的可持续发展体现在多个方面，包括村镇环境建设、区域生态建设、风景区资源优化建设，都应以可持续发展为基本导向，秉承在发展的基础上为子孙后代留下美好生存环境的基本发展理念，和谐发展。

2. 坚持“以人为本”原则

村镇归根结底是由于人的聚集而形成的，是一个由人构成的社会单元，无论是居住区还是周边的自然生态环境均应体现人的生活这一社会性。一切空间场所的整合，一切周围环境的构建均是“以人为主体”来构建的。因此，村镇风貌保护规划必将以“以人为本”的社会性原则为准则。

3. 坚持生态优先原则

对于生态旅游区这一特殊的地理位置，村镇的规划也不可避免地对生态环境构成影响，因此，在积极提倡“生态中国”这一大前提下，必须尽量防止村镇建设与生态环境产生冲突，一切村镇的建设均应以生态环境为优先考虑因素。对于部分生态极敏感区，要引起足够重视，不仅不应对其破坏，还应进行重点保护，同时这些区域外围的建设也应受到严格控制。

4. 坚持统一、多样性原则

村镇风貌规划要在一定的统筹规划下，以明确的方向定位为准则，一切的开发利用均以统一定位为基准来展开，促使村镇的整体景观风貌一致，但在保持整体景观风貌一致的同时，也要充分发挥多方面优势，使之综合全面发展且各具特色。同时，对于生态系统来说，生物的多样性是维持生态系统稳定健康发展的关键性因素，因此，无论是对景观或是对物种均要加以重视，维持多样性。维持多样性的协调发展也是村镇景观风貌规划的根本目的之一。

5. 坚持历史地域性原则

在对村镇风貌规划的同时，要坚持以地域历史为首要条件，尊重、保护历史景观，对于历史保护区域的景观风貌规划要以坚决保护为导向，周边环境的规划要以不破坏保护区域景观风貌为中心，在不造成任何破坏的前提下，因地制宜，根据地域的特征、时代的需求进行开发改造，禁止盲目跟风或过分的特立独行。具有地域性特征的生态旅游区村镇的景观风貌规划不仅可以提升村镇在整个生态旅游区的影响，还能因此提升整个生态旅游区的品质。

风貌规划的编制内容涉及影响村镇风貌的所有因素，包括村镇历史、文化、审美、自然、景观等，如何通过一项规划设计成果把握好这些要素之间的复杂关系，做到既系统又突出重点，规划成果具有较好的可操作性，是风貌规划亟待解决的问题。村镇风貌建设和风貌规划如图 9.3 和图 9.4 所示。

图 9.3　朝鲜族村风貌建设实景

图 9.4　村庄风貌规划鸟瞰图

9.2.2　村镇风貌保护规划的步骤

通过查阅村镇的相关规划设计总纲及相关的要求对规划范围、村镇结构及资源类型有一个全面的了解，确立风貌保护目标；村镇管理的目标和风貌保护规划的目标最终都是满足村镇居民的需求。因此，为了更好地实现总目标，需要将目标当成一个完整的体系来管理，明确目标管理方向，分层次分步骤制定目标，进行定位。规划应该通过制定明确的规划目标，合理的风貌保护定位，历史文化的时间维度延续、建筑形态的组织、生态绿地的建设等来展现被规划村镇独特的魅力与风情。

通过实地调查研究，采集相应的图像、文字等资料，经分析整理，对村镇景观特征进行概括和评价，以对风貌保护进行定位。风貌保护元素有古镇古街古建景观、文物古迹景观、生态环境特色景观、地形地貌特色景观、水系特色景观、产业特色景观等方面的内容。

通过划分村镇各个主体空间，对各具有主导地位主体片区的特色景观资源进行提炼、升华，从而确立景观风貌的特色分区，建立风貌保护结构。运用城市形象设计理论和景观风貌规划理论对重点保护景观元素进行梳理，构建景观风貌保护格局。

9.3　历史文化村镇保护开发策略

9.3.1　历史文化村镇

历史文化村镇是人类智慧的结晶，是历史发展的见证。随着我国城镇化进程的加快，大量具有历史文化价值的古村落、古城镇正面临着各种破坏，因此，建立相关保护制度，提出切实可行的保护策略迫在眉睫。历史文化村镇保护是我国文化遗产保护体系的重要组成部分，也是新农村建设的重要内容之一。

保护村镇历史文化，重要的是保护其历史文化的原真性。对村镇历史文化的保护应当遵循科学规划、严格保护、合理利用的原则，保持和延续其传统格局和历史风貌，维护历史文化遗产的真实性和环境风貌的完整性，继承和弘扬优秀文化。

1. 历史文化村镇的概念

我国历史悠久、疆域辽阔，大量的文化遗产除了集中在历史文化名城里，也分布在众多的历史文化村镇之中。当前我国正处在快速城市化的进程中，开发建设如火如荼，由于保护制度的不健全、保护观念意识的淡薄以及保护措施的落后，许多历史文化村镇、历史古建筑、历史街区遭受巨大破坏。如何保护和利用历史文化遗产，完善历史文化村镇的保护制度建立强有力的保护机制，促进社会、经济、文化的可持续发展，成为了人们关注的焦点。

随着我国文化遗产保护事业的内涵不断丰富，外延不断拓展，历史文化名城、街区、村镇的保护也日益得到各级政府的重视和公众的关注，保护工作从单一的实体文物保护走向广义的历史文化资源保护。

1986 年 12 月，我国在《国务院批转城乡建设环境保护部、文化部关于请公布第二批国家历史文化名城名单报告的通知》中指出："对一些文物古迹比较集中，或能较完整体现出某一历史时期的传统风貌和民族地方特色的街区、建筑群、小镇、村寨等，也应予以保护。各省、自治区、直辖市或市、县人民政府可根据它们的历史、科学、艺术价值，核定公布为当地各级'历史文化保护区'"。

2002 年，修订后颁布的《中华人民共和国文物保护法》第二章第十四条中规定："保存文物特别丰富并且具有重大历史价值或者革命纪念意义的城镇、街道、村庄，由省、自治区、直辖市人民政府核定公布为历史文化街区、村镇，并报国务院备案"。并且第一次明确提出了历史文化村镇的概念，即 "保存文物特别丰富并且具有重大历史价值或者革命纪念意义的城镇、街道、村庄"。2003 年，建设部和国家文物局发布的《关于公布中国历史文化名镇(村)(第一批)的通知》(建村[2003]199 号)对历史文化村镇的概念作了进一步完善，即"保存文物特别丰富并且具有重大历史价值或者革命纪念意义，能较完整地反映一些历史时期的传统风貌和地方民族特色的镇(村)"。

历史文化村镇，应具备以下特征：一是要有真实的保存着历史信息的遗存(物质实体)；二是要有较完整的历史风貌，即该地段的风貌是统一的，并能反映某历史时期某一民族及某个地方的鲜明特色；三是要有一定的规模，在视野所及的范围内风貌基本一致，没有严重的视觉干扰。

2. 历史文化村镇保护的意义

1) 现实意义

历史文化村镇对研究人类社会、科学技术、文化艺术的发展具有重要的实证价值，是传承地方民族文化的重要载体。对历史文化村镇的保护是世界各国共同关注的热点问题。

虽然我国学者已经陆续开展了古建保护技术、保护规划方法等研究，然而历史文化村镇被破坏的现象依然屡禁不止，可见技术、方法固然重要，但规划技术的进步并不足以遏止保护制度缺失的负面作用。因此保护制度的建立和完善是保护规划得以实施的重要保证，是保障历史文化村镇可持续发展的关键因素。此外，保护对策不应仅仅局限于技术、方法上，还应与社会经济文化发展相结合。

2) 理论意义

我国开展历史文化村镇保护工作的时间较短，且历史文化村镇保护体系长期从属于传统文物和名城保护体系，其研究工作也是近年来随着国家开展历史文化村镇的评选才逐渐开展，因此目前有关历史文化村镇的研究专著不多，从制度、社会、经济发展的角度系统研究我国历史文化村镇保护体系的理论更是凤毛麟角。历史文化村镇保护规划的编制成果参差不齐，规划“落地”情况不容乐观。

3) 实践意义

有利于开展历史文化村镇的保护工作，对国内其他地区的历史文化村镇保护也有借鉴意义。

9.3.2 国外历史文化村镇保护开发策略分析

1. 欧洲“场所”概念主导的保护开发策略

1) 从“遗产”到“场所”——欧洲保护开发思路

欧洲现代意义的历史文化村镇保护策略可追溯到 20 世纪初期，1930 年法国《遗址法》首次提出将天然纪念物和富有艺术、历史、科学、传奇及画境特色的地点列为保护对象，并将建筑群体、村落、历史街区等相关内容的保护列入国家法规。欧洲国家针对历史文化村镇的现有保护开发策略的相关概念和内容，主要受到第二次世界大战后发展起来的保护体系影响，保护体系的整体概念发展经历了“历史文物—重要历史建筑—一般性历史建筑—历史文化村镇整体性保护”的过程。

另外，针对历史文化村镇非物质文化方面的研究也随着历史文化村镇保护工作的发展而逐渐融入保护的重点考虑范围。其中，“遗产”概念的不断发展成为推动历史文化村镇实体空间与非物质文化相结合的重要依据，在这个过程中，“遗产”概念经历了从“特殊的”遗产系统走向“一般的”遗产系统的过程。在历史文化村镇保护过程中，遗产被视为社会群体意识的“记忆性场所”，这种“记忆性场所”不仅包括纪念性建筑或实体环境，还包括象征性标志，礼俗表达方式，节日庆典，纪念活动，以及历史上民族的代表人物等。因而，欧洲国家在历史文化村镇非物质文化研究中将“遗产”逐渐发展为“场所”，其正是通过这一转变，将历史文化村镇实体空间与非物质文化的关系通过“场所”这个概念进行联系，从而运用于历史文化村镇保护开发策略的制定之中。例如，在以“场所”概念为导向的保护策略中，史蒂文·蒂耶斯德尔对历史建筑保护提出了四种方式：保存、修复、再利用和重建。其保护工作包括四个不同层级的内容，不是仅仅限于通常意义理解的修复工作，而是将整个历史文化村镇视为一个整体进行保护与开发。

与此同时，在欧洲整个历史文化村镇保护开发的发展过程中，历史文化村镇保护从保护对象、保护范围、保护层面、保护方法、保护群体等方面都有较大的发展和转变。在这一过程中，保护对象从单一的历史文物、杰出的历史建筑发展到历史过程中的一般性建筑；保护范围从文物古迹、历史建筑本身扩大到与历史建筑相关的周边环境和自然环境；保护层面从文物建筑、历史文化村镇等实体建筑发展到具有地方特色的民族文化传统和民族精神文明等内容；保护方法也从单一的考古技术手段发展到多学科综合技术的手段；保护群体从考古学家、建筑师、历史学家等专业人士发展到群众参与的保护运动。最终，现有欧洲历史文化村镇保护开发的整体思路，发展为一种以保护“记忆性场所”概念为基础的城镇实体空间和城镇非物质文化共同保护的历史文化村镇保护开发思路。

2) 以“场所”契合文化——欧洲保护开发策略的实施

欧洲历史文化村镇保护开发策略是基于其保护开发思路中对“遗产”概念的延伸而形成的，其最核心的策略在于 20 世纪 60 年代提出的“保护区”的保护开发模式，如图 9.5 所示。在 1931 年由万诺尼著作的《城镇规划和古城》一书中首次提出“城市遗产”的概念，其提出了“环境是主要建筑和次要建筑之间的逻辑结果，因此保护次要建筑比保护主要建筑更为重要”的观点，而这正是欧洲在历史文化村镇保护开发实际工作中所采用的“保护区”概念的最早雏形。在此，我们以法国“保护区”的模式为代表来进行阐述，“保护区”的概念通过四个过程落实：①确立历史保护区；②保护与价值重现规划的研究；③保护与价值重现规划的内容；④保护与价值重现规划的实施。整个过程的重点则在于确定历史保护区的保护与修缮技术条件，以及保护规划的执行。划定“保护区”的意义正是在于“保持区域的识别性”，并“最大限度地保持地方特色”。因此，欧洲在历史文化村镇的保护开发实际工作中正是通过法典来确定“保护区”，并通过保护区内的地方特色控制策略来实现历史文化村镇保护开发策略。

图 9.5 瑞典锡格蒂纳小镇中心场地环境

欧洲历史文化村镇保护开发方式是以保护区、保护带等城市区域保护结合单体建筑修复及再利用的方式来对历史文化村镇进行保护开发工作，欧洲同样有不少古城镇的保护开发取得了巨大的成功。

如德国在 1976 年开始实施《城市遗产保护规划》，其运用一系列保护区的模式保护原居民与城市肌理的关系，从而达到整体上对历史文化村镇的保护，这种方式经过近年来的多次改良后最终形成了根据不同地区的差异形成的古城中心保护方式。意大利对城市整体肌理的保护方式相对消极，其更注重于技术上的改进。奥地利采用“地区详细规划”和“保护区”共同作用的方式，通过土地利用规划和地区详细规划引导城市规划，从而对历史城区进行保护。

比利时的布鲁赫古城在15世纪至19世纪期间发展缓慢，因此一直保留了原有城市格局和中世纪的城市特色。布鲁赫古城近年的保护开发工作着重从古城保护、规划与旅游管理相结合、制定完善的交通规划、协调保护与发展等方面进行，使其成为了欧洲文化焦点。在古城保护方面，其重点保护了原有中世纪城市格局，在单体建筑保护中不仅局限于重点遗迹，还包括了大部分的历史建筑、教堂、住宅等，在城市中维护原有广场、道路、水系、桥梁等相互关系，并将其改进以满足现代交通需求。在城市规划与旅游管理结合方面，根据城市人口统计确定其人口流动趋势，进而制定出停止旅馆建设、改善交通状况、引导多条游览路线等措施来改善古城区人员过于密集的现状，同时利用地方特色饮食推动文化城市主题。

2. 日本“文化财”概念主导的保护开发策略

1) 从“文物”到“文化财”——日本保护开发思路

日本历史文化村镇保护开发概念从“文化财”一词开始萌芽，其保护开发的概念主要围绕《古社寺保存法》《文化财保护法》《古都保护法》等重要法律法典来发展，其较早的概念以“以历史悠久、艺术价值高者”为保护对象，而最早日本文化遗产保护的出发点则是对神社、寺庙的保护。从日本文化村镇历史村镇整个保护过程来看，其保护历史文化村镇中实体空间的出发点是从保护文化自身而来的，而日本针对历史文化村镇保护开发思路的发展过程中，其最核心的就是针对“文化财”一词理解的变化。从早期《文化财保护法》中提出的相对完善的历史文化村镇保护体系来看，其主要包括：①有形文化财；②无形文化财；③民俗文化财；④纪念物；⑤传统建造物群。在经过几次较大的修改后，《文化财保护法》的内容得到更大范围的扩充，与村镇原住民息息相关的村镇自然环境保护、村镇基础设施建设等内容也逐步受到重视。因而，日本历史文化村镇的保护开发思路与欧洲相比更倾向从文化自身出发，逐渐发展到与文化相关的实体空间的保护上。另外，日本历史文化村镇保护开发工作进一步发展为一种“保护、再生、创造”的模式，即历史文化村镇保护过程中将城市划分为三个区：自然景观和历史景观保护区、以调和为基调的中心复兴区、城市新功能区。特别是将市中心的一些空置或衰败的传统町家，用来发展新的现代功能，如商店、饭店和新住宅等，为改善市中心环境和振兴老城经济起到了积极的作用。

换句话说，日本在历史文化村镇保护开发方面的整体思路是以“文化财”为核心来指导历史文化村镇的整个保护过程，并通过完成保护“文化”自身来实现对历史街区的振兴，最终实现保护与开发共存的策略。而整个这一从“物质”到“文化”再到“物质”的循环过程正是体现了日本以“文化财”概念为核心，从文化自身入手的历史文化村镇整体性保护开发思路。

2) 以“文化财”联系空间——日本保护开发策略的实施

日本在历史文化村镇保护开发策略中特别注重对地方文化特征的保护与维持，其针对不同的地区特征提出不同的侧重要素，从而实现村镇文化特征的塑造。在实际工作中，重点提出：①自然、社会及人口特征；②地域建筑特征；③聚落构成特征；④地域景观特性；⑤村镇民俗特征等历史村镇文化相关要素。而这些要素的来源可以追究到20世纪80年代，日本开始关注于历史环境在精神、文化方面的价值，其主要特点为：将保护内容确定为“以传统建造物群和周围环境一体所形成的历史风貌”，从而划定保护范围、制定保护条例；同时国家在市町村指定的传统建造物群保护地区中，选定具有较高价值的地区或地区一部分为全国重要传统建造物群保护地区，对其保护事业给予必要的财政援助及技术指导；另外，传统的建造物群保存地区的保护不仅仅是考虑有形文化财产，地区的环境及传统文化活动也是保护内容之一。

在政策制度上，日本采用以地方居民为中心向上级部门请愿提案的方式，形成由下至上的全面保护政策，唤醒了民众自觉保护的意识，这在一定意义上确保了历史村镇保护的质量。由于日本对“文化财”一词理解的不断深入，其关注内容也开始逐渐细致，与衣食住行、传统职业、信仰、节庆活动等相关的风俗习惯，民俗民艺以及在这些活动中使用的衣物、器具及其他物品等内容，被视为国民生活方式演变不可欠缺的部分，都被作为保护对象即民俗文化财实行保护。在日本历史文化村镇保护开发实际操作过程中，工作内容从村镇的起源开始调研，关注历史文化村镇的演变、重要事件、人口的流动、区域的变化等对村镇的影响，从而确定其保护开发策略。如日本福住地区历史文化村镇保护开发工作，其制定保护开发策略之前进行了“福住地区民家研究”“福住地区集落构造”“福住地区景观特性”“福住地区民俗研究”等部分的研究工作，以此作为保护开发策略的依据。在“福住地区概况”中主要针对村镇的起源、村镇地形地貌、人口的分布及其流动、产业关系、历史建筑分布等内容进行了详细的调研，其主要用于确定区域保护开发的方向及类型。在“福住地区民家研究”中主要针对现有住宅的地理环境、现有住宅建筑的历史意义、街巷空间特征、建筑外部特点、宗教建筑、住户规模、住宅平面形式、构造形式等进行研究，以确定其民居的特点及意义。在“福住地区集落构造”中主要从聚落类型、空间构成等方面进行研究，用于确定该地区内部的经济、环境等方面相互关系。而在“福住地区景观特性”中研究了各个区域之间的视觉联系及视觉通廊的关系，在“福住地区民俗研究”中针对一年中当地各个季节的民俗活动、民俗器具、民俗节日等进行记录与研究，以总结出该区域民俗风情特点。

9.3.3 我国历史文化村镇保护与发展状况

在各方的努力下，我国历史文化村镇保护与发展取得了一定成就。但是在城镇化、现代化建设和旅游开发等各种经济社会活动中，一些历史文化村镇的保护与发展也出现了一些不协调的现象。

1. 制度规范不完善

首先，历史文化村镇相关的地方法律法规不完善。在2008年国家制定《历史文化名城名镇名村保护条例》之后，缺乏与国家历史文化村镇保护相关的法规、标准相衔接的地方性法律法规，历史文化村镇保护的专门性制度规范比较落后。其次，历史文化村镇保护工作进展不一。除了名录上有记载的村镇外，大部分历史文化村镇并没有制定专门的制度规范，比较偏远的历史文化村镇基本上处于放任的自然发展状态。最后，历史文化村镇管理不到位。历史文化村镇保护与发展归属于不同的管理部门，缺乏专门的协调机构和行之有效的制度实施机制，权责不明确，导致保护工作没有及时跟进，各部门相互推脱。另外，公众的思想观念传统，保护意识比较薄弱，导致制度形同虚，难以发挥应有的效益，保护效果不佳。

2. 经济发展乏力

(1) 历史文化村镇基础设施落后，经济总量偏小。历史文化村镇基础设施相当薄弱，尤其是道路交通设施，成为制约历史文化村镇进一步发展的瓶颈。贫困、封锁的状态使历史文化村镇缺乏自我积累与发展的能力，经济发展相对滞后，总量偏小，甚至落后于区域经济发展的平均水平，保护和发展工作缺乏足够的社会经济动力。

(2) 历史文化村镇经济发展不合理。长期的经济落后，加上历史文化村镇旅游经济效益的吸引，地方政府及开发者为追求眼前利益，把历史文化村镇资源当成经济发展和盈利的工具，却忽视了历史文化村镇的环境承载力以及当地社区居民的心理承受能力。忽略地方资源状况，借保护之名，大搞经济建设，使历史文化村镇在经济开发中被分割、被蚕食，造成商业化过度和环境污染。比较偏远的历史文化村镇，基本上以传统农业生产为主，产业结构单一，经济发展较为粗放。

(3) 历史文化村镇社会的萧条与居民的结构性失业问题。由于整体经济欠发达，历史文化村镇居住条件差，基础设施和公共服务设施的滞后，导致有一定经济实力和劳动能力的居民逐渐外迁。加上价值观的转变，外出读书或工作人数的逐渐增多，历史文化村镇空巢化趋势更为明显。历史文化村镇内部却缺少经济活力，显得冷清，社会经济结构和人口结构呈衰退趋势。另外，由于历史文化村镇居民就业结构不合理，基本只能参与初级生产环节，如在旅游经济中，多以出售手工艺品、拍照、提供导游服务等技术含量低的工作为主，居民的收入水平低下。粗放的生产经营活动和低效益，影响了社会环境和自然环境的协调发展。

3. 文化特色不明显

随着社会经济的发展和旅游活动的展开，历史文化村镇居民在交往活动中不可避免受到现代文化和外来文化的影响。大范围的旅游经济活动使得当地历史文化村镇的传统民族文化出现了较为明显的变迁，民俗节庆、语言服饰、建筑形态、行为景观、价值观念等方面文化与历史文化村镇保护发展极不协调。

(1) 历史文化村镇民族文化的同质化。传统工艺品为代表的同质化现象最为严重，沿街摊位所售商品在别的省市随处可见，90%以上的旅游商品和当地没有任何渊源。在民族服饰上，除极少数比较偏远的历史文化村镇还保留有少量民族服装，或景区为迎合游客需求，提供一些民族服装作为商品供游客拍照使用外，其他历史文化村镇都清一色现代品牌服装。由于普通话的普及，一些地方方言也出现了断层，目前很多年轻的村民在交流中只会用普通话，而不会讲当地方言。

(2) 历史文化村镇传统民俗文化的商品化，庸俗化。在历史文化村镇的旅游开发中，当地居民从众的心理严重，家庭旅馆、旅游餐馆和商店林立。大部分传统民俗节庆也成为招揽游客的手段，变成一种商业活动，尤其是一些少数民族村寨的歌舞表演和婚庆嫁娶仪式，更是千篇一律，成为完全意义上的经济活动，使文化内涵消失殆尽。民族歌谣、曲艺等开始失传；精湛的建筑手法和民族工艺开始衰退。

(3) 历史文化村镇传统文化价值观不断退化、遗失或被扭曲。受商品经济和外来文化的影响，淳朴善良、安分守己、友爱互助、重义轻利、热情好客、吃苦耐劳等价值观不断退化，取而代之的是强买强卖、拉客宰客、以次充好等道德意识弱化行为。家族团结变成如今的地方保护主义，小富为安的思想也导致不思进取，和睦的邻里关系在经济利益的影响下纠纷不断，优良的传统价值观被扭曲。

(4) 古建筑文化被破坏，历史文化村镇缺少文化意境。随着经济的发展，生活水平的提高，许多历史文化村镇居民都另选址建房，其建筑材料、建筑风格等都一味地追求现代化，采用钢筋水泥、铝合金窗、大玻璃等建筑材料，而传统建筑式样却越来越少，出现新旧混杂的现象，影响整体建筑文化。此外，许多古建筑因年久失修，内部基础设施不能满足现代生活的需求，都处于荒废状态。有些历史文化村镇，只剩下少量年老人因眷念旧屋而留在古镇区，有少数几个零售店仍在古镇运营，大部分居民和商贸职能都搬迁到新镇区，使历史文化村镇失去了原真性民俗和行为景观，成为脱离载体的没有文化的遗产。

9.3.4 历史文化村镇开发策略

历史文化村镇可以从制度、经济、文化三方面进行协调开发。

1. 制度协调开发

1) 制度的定义

制度，是能规范和约束人们行为的相对稳定性的因素，包括非正式制度、正式制度及其实施机制三个方面。制度通过提供一系列规则界定人们的选择空间，约束人们之间的相互关系，从而减少环境中的不确定性，减少交易费用，保护产权，促进生产性活动。制度构成了人们在政治、经济和社会等方面发生交换的激励结构，是人们观念的体现以及在特定利益格局下进行公共选择的结果。利益是制度维系的最基本动因，制度存在的理论基础即人类自身行为及生存环境的特点。

正式制度，是人们有意识建立起来的并以正式方式加以确定的各种制度安排，包括政治规则、经济规则和契约，以及由这一系列的规则构成的一种等级结构，从宪法到成文法和不成文法，到特殊的细则，最后到个别契约，它们共同约束着人们的行为。非正式制度，指人们在长期的社会生活中逐步形成的习惯习俗、伦理道德、文化传统、价值观念及意识形态等对人们行为产生的非正式约束的规则。制度的实施机制，即执行机制，在现实中制度的实施几乎总是由第三方进行，离开了实施机制，任何制度尤其是正式规则就形同虚设。检验一个国家的制度实施机制是否有效(或者是否具有强制性)主要看违约成本的高低。

2) 正式制度之间的联系

(1) 纵向衔接。在国家《历史文化名城名镇名村保护条例》《历史文化名城保护规划规范》等专门性法律法规的宏观指导下，省、市、县应根据地区历史文化村镇保护与发展的具体情况，及时制定符合当地特点和实际需要的历史文化村镇保护条例、管理办法和相关的保护规划等，使各历史文化村镇的保护与发展有明确的内容范围、实施标准及原则、奖励惩罚，各项保护与发展工作能够有法可依，得到及时有效的指导。

(2) 区域取补。缩小各历史文化村镇的制度差距。使同一区域内的历史文化村镇属于同一制度系统和制度文明，使整个区域各历史文化村镇走向制度的协调和融合。此外，向区域外部制度完善和制度文明的政区进行制度学习，可以发现制度上的缺失、差距和问题，从而推动制度的变迁和创新。结合历史文化村镇的具体情况，通过制度模仿、制度选择甚至是制度移植，可以大大降低正式制度创新和变迁的成本。

(3) 部门配合。历史文化村镇保护与发展是一项复杂的工程，需要综合考虑文物安全、环境保护、居民发展等多重目标，涉及不同学科、不同管理部门。在制定相关的正式制度时，可以通过联席会议等方式实现各政府职能部门的交流与沟通，充分发挥各部门在学科背景、具体目标和价值取向方面的专业性，明确各领域制度之间的相互关系和影响，增强各类制度的协调性、连续性和关联性，避免在个别领域合理的新制度与其他领域产生制度冲突。同时，多领域跨学科的沟通，也可以提高正式制度的科学性、合理性，从源头上规避制度风险。

3) 非正式制度的取益

(1) 部分非正式制度的传承。非正式制度具有深厚的社会根源，它是正式制度得以产生的前提和有效实施的社会基础。在正式制度的制定、借鉴、移植过程中，可以通过论坛、委员会、微博网站等互动平台，实现政府部门与历史文化村镇保护发展的基金会、志愿者、社区组织的沟通交流、平等对话，增加非正式制度代表群体的发言权，尊重和体现当地风俗习惯、社会文化、价值观念，充分考虑和吸收非正式制度的合理部分，融合成符合历史文化村镇保护与发展总体目标的相关制度。在此基础上，增进公众对正式制度的认可和支持，调动公众参与历史文化村镇保护与发展的积极性，增加正式制度的社会文化基础，使正式制度更易于执行，从而更好、更有效地指导历史文化村镇保护与发展工作。

(2) 部分非正式制度的改良。正式制度即时制定的特征与非正式制度潜移默化的特征，导致两者在变迁速度上存在一定的时间差距。可以通过电视、广播、报刊、网络、宣传册、讲座等媒介，有意识的传播历史文化村镇保护的先进文化，引导学习，在历史文化村镇乃至全社会广泛、深入、持久地开展历史文化村镇保护和可持续发展的宣传教育，增加非正式制度中对于保护与发展思想观念的需求，积极推进历史文化村镇相关主体传统意识的转变，加速和引导非正式制度的变迁。从而强化、突出正式制度所需要的思维方式与价值取向，避免非正式制度变迁滞后而引起的不必要的摩擦和冲突。

(3) 新的非正式制度的普及。公众代表的非正式制度直接源于生活，更了解历史文化村镇保护与发展的实际需要，制度更具操作性，应充分发挥非正式制度的补充、修正、细化和增强作用，不断完善正式制度。此外，非正式制度具有非强制性，主要是通过集体内部各成员的自觉意识、学习仿效、从众心理以及软性的社会舆论压力，才得以存在、发展并发挥约束作用。通过知识分子、青年等接纳性强的阶层献身说教、互动、榜样示范等方式，影响和带动不同社会阶层文化意识的整体演进，使历史文化村镇保护与发展变为公众自觉认识和行动，通过非正式制度的配合，完善历史文化村镇整体制度体系。

4) 制度协调机制的健全与完善

(1) 组建统一的管理部门。统一管理，既可以规避和降低不同部门在制度实施中因各自为政而导致的绩效缺损，又弥补了因历史文化村镇政策资源投入不足而引起的政府管理缺位现象，从而降低“制度落地”可能产生的历史文化村镇保护与发展的额外成本。

(2) 形成透明的执行体系。历史文化村镇作为一种社会公共资源，其保护与发展工作涉及主体较多。为了便于公众及时、准确、完整的获得历史文化村镇保护与发展的相关信息，直接或间接地参与制度执行，可以通过公告栏、信息栏等渠道公开办事制度、执行过程和结果公示，保障居民在关乎切身利益的历史文化村镇保护与发展活动中的知情权、决定权及质询权。此外，在制度执行中，建立健全历史文化村镇保护的全方位民主监督机制，形成一个包括法律监督、行政监督、新闻监督、群众监督和其他社会监督在内的强有力的社会约束氛围，有利于提高正式制度的运行效率和公信力，有效地防治正式制度执行不严，甚至形同虚设等问题。

(3) 获得及时的信息反馈。社区居民直接生活在历史文化村镇中，是正式制度执行结果的直接感受者，通过日常的对话、意见箱、讨论会、委员会，建立健全公众对管理部门各项工作的结果反馈和民意表达机制，有利于突出社区居民的主人翁地位，提高公众参与的积极性。通过制度执行结果的探讨和反馈，对工作情况做出全方位评价，一方面，促进了正式制度的及时改进，保证制度符合保护与发展的实际需要；另一方面也有利于建立法治、责任、廉洁、效能的服务型政府，促进历史文化村镇保护与发展工作及时、有效进行。

2. 经济协调开发

1) 经济协调

经济的内涵比较丰富，既可以指一个国家或地区在一定历史时期内社会生产关系的总和，也可以指社会物质资料的生产和再生产的过程。作为现状或者过程的经济都包含了诸多要素，是一个复杂的系统。基于此，经济协调也包括区域经济协调、城乡经济协调、经济与社会环境协调等诸多方面。

历史文化村镇作为一个行政单位和经济综合体，经济的协调是历史文化村镇保护工作能够有效进行的物质保障，是历史文化村镇持续发展的内生动力。一方面，通过历史文化村镇经济水平的提高，增加居民收入，摆脱贫穷落后的状态，才能以经济反哺历史文化村镇，提供坚实的经济基础；另一方面，经济活动与历史文化村镇的社会环境相协调，保护和提升历史文化村镇可持续发展的能力，提高居民的生活水平，使保护工作获得广泛的群众基础和社会的支持，促进社会的稳定与繁荣以及资源环境的持续发展，才能构建欣欣向荣的历史文化村镇面貌。

2) 宏观经济的协调

政府在基础设施建设、财政、税收等方面给予相应的支持和照顾，为历史文化村镇经济发展构建良好的宏观环境，通过吸引外资投入和区域合作与带动，加快历史文化村镇经济增长，缩小地区经济差距，实现历史文化村镇经济水平与区域经济整体发展水平的协调。

(1) 加大基础设施建设。基础设施建设是历史文化村镇经济实现新发展的基本前提。可以利用国家对历史文化村镇保护的政策契机，通过一般性财政转移支付、历史文化村镇专项拨款、贷款贴息补助、部门资金、财政建设项目等方式，整合各类建设资金及项目，将政府财政收入以规范的形式返还给历史文化村镇，加大对历史文化村镇基础设施、公共服务设施建设的投入。

首先要加强历史文化村镇的道路交通网的建设，以及对现有路段的改造、管理与维护，实现通村公路硬化，提高历史文化村镇的可进入性。

其次是加大历史文化村镇电力、邮政通信、医疗卫生、文化等建设力度，信息网络建设不仅要实现广播电视的安装，还要完善电话及网络设施，改善偏远历史文化村镇的通信信号和计算机网络的覆盖情况，建设历史文化村镇综合信息服务平台。此外，还有人居环境建设、给排水、垃圾处理等方面，不断改善历史文化村镇生产和社会生活条件，全面提升历史文化村镇公共基础设施和社会服务设施，突破发展瓶颈，营造良好的发展环境，为历史文化村镇经济建设提供基础性保障。

(2) 引导多元资金投入。古镇保护与发展是一项庞大的系统工程，需要大量的资金投入，历史文化村镇保护的经济成本是市场经济条件下不可避免的问题。历史文化村镇经济建设应该逐渐向市场开放，通过市场化运作，探索多元化投资融资渠道，积极筹集社会资金，将历史文化村镇的保护和发展重新纳入区域经济发展格局，激发其内在的发展动力。

首先，以扶持历史文化村镇发展为目标，通过政府直接出资兴办企业或者实施工程项目建设，以项目建设带动其他产业发展，并且也引导了其他企业的投资方向，提高历史文化村镇经济发展的吸引力，增强历史文化村镇招商引资的竞争力。

其次，通过各种倾向性的财政政策、金融政策、产业政策、地区发展政策和扶贫政策等，鼓励和引导更多的社会资金转向历史文化村镇。如通过产业政策和地区发展政策，鼓励符合历史文化村镇保护与发展条件的企业或项目进入，提高历史文化村镇产业支持力度，从而确保产业布局和地区发展格局朝着有利于历史文化村镇保护的方向发展。通过税收优惠、信贷优惠、财政贴息、财政补助、金融机构的支持等政策性经济杠杆，对历史文化村镇内的企业、群体或个人等微观经济主体给予资金援助，降低其经营成本，从而鼓励历史文化村镇居民自主投资、吸引外来资金和人才。充分利用市场经济的调控作用，通过政策优惠改善历史文化村镇的开发投资环境，提高区域对历史文化村镇保护与发展的融资力度，吸引多方投资，为历史文化村镇的发展注入了新的活力，同时也缓解了政府“大包大揽”而导致的财政能力不足的问题。

(3) 加强区域间的合作。积极寻求历史文化村镇与其他相对发达地区的交流与合作，促进资金、技术、管理、信息和人才等生产要素的自由流动，实现区域间的资源共享，降低历史文化村镇经济发展的成本。通过区域间的产业结构转移、现有产业链的延伸、直接对口帮扶等方式，加强经济活动的联系，实现资源的优化配置和区域之间的优势互补。通过相应的鼓励政策，推动历史文化村镇与外部区域开展多领域、多层次、多渠道和全方位的经济技术交流与合作。充分发挥经济水平高的地区对历史文化村镇的辐射和带动作用，使历史文化村镇经济融入区域经济建设的大局中，促进历史文化村镇经济发展，实现共同繁荣。

3) 与内部社会环境的协调

历史文化村镇独特的历史人文价值决定了其经济发展必须与当地的社会环境相协调。在切实保护历史村镇自然人文环境的前提下，合理利用村镇资源，因地制宜的发展之适应的特色经济，激活村镇的职能和结构，并且通过发展扩大村镇居民的就业，增加居民收入水平，改善居住环境，从而留住村镇居民，形成历史文化村镇保护与发展利用的良性循环，实现社会效益、经济效益和生态效益的优化组合。

(1) 特色经济的发展。历史文化村镇建设应该根据当地资源状况，在工贸产业发展、生态农业建设、旅游产业发展、文化特色发展等方面突出一种或几种优势特色产业，把资源优势转化为经济优势，优化产业结构，加快产业集聚，实现规模经济效益。旅游资源丰富，基础设施和旅游接待设施完善，区位条件优越的历史文化村镇，把当地的历史文化、民族风情等资源优势转化为经济优势，大力发展村镇旅游。同时将村镇旅游资源与周边自然资源、农业资源有机结合，优势互补，提高旅游开发的层次和产品结构，增强整体竞争力和吸引力。并不是每个历史文化村镇都适合发展旅游，对于位置偏远、本身资源有限、周边旅游环境不成熟的历史文化村镇，应立足于村镇自身的资源优势和区位优势，因地制宜的发展特色农业。对当地优势农产品进行合理布局，使村镇的农业生产向专业化、标准化、区域化、规模化方向发展，提高农业生产的科技含量，把分散的粗放型经营转变为集约型经营，降低生产成本，从而树立历史文化村镇特色农业品牌形象。

(2) 功能布局的完善。古镇是个活的机体，始终处于新陈代谢状态，保护是使其“延年益寿”，但绝非“封存”。通过充分利用历史文化村镇的资源结构，将合理保护与促进自身发展相结合，给村镇注入新的活力，从而避免村镇出现日益萧条、老龄化甚至空巢化等社会问题。

对于另辟新区的历史文化村镇，应做好新老镇区的功能分区，避免因静态、孤立的保护而导致古镇区的经济功能衰退、新老镇区不平衡的现状。

对大多数具有居住功能的历史文化村镇，应注重基础设施的建设和维护，改善公共服务设施，在保证古建筑外部风格基础上，对内部居住环境进行灵活多样的改造，以符合居民的使用与审美要求。缩小村镇与现代生活需求的差距，提高生活质量，才能实现迁出和迁入的有机平衡。

对于不能或不便利用的古建筑，可以视情况改为博物馆、图书馆、学校或行政办公场所。企业搬迁或停办后的废弃用地，可以规划为公园、绿地和公共建设用地，以方便居民的娱乐生活。

(3) 主体参与水平的提高。历史文化村镇居民是经济发展的主体，应结合村镇经济发展需要，通过各种形式的教育培训，加快信息交流和科学文化知识的传播，提高村镇居民的整体素质、生产技能，将村镇丰富的劳动力资源优势转化为经济优势，推动地区经济发展。提高居民参与经济建设的能力和竞争力，也从根本上消除了村镇居民的结构性失业问题，提高居民收入，实现社会公平与稳定。同时通过技能的培训，也改变了传统的农业生产方式，提高村镇资源的使用效率，减少环境污染。

3. 文化协调开发

1) 文化协调的作用

文化是处于一定历史传统和地理环境下共同生产、生活的群体所积累的生活经验、知识与智慧，是同一社会群体在长期生活实践中形成的一套统一而独特的价值观念和思维方式，其产生、存在和发展具有时间性、地域性和民族性。从时间角度文化分为传统文化和现代文化；从地域角度文化分为本土文化和外来文化。历史文化村镇建设风貌如图 9.6 所示。

文化是产生于一定的社会群体和一定的时代背景中，随着社会群体的活动和时代的发展而不断变化，是一个连续不断的动态发展过程。而历史文化村镇作为一种聚落形态，是当地历史的缩影和文明的结晶，记录了当地文化发展、淀积和传承的过程，丰富的物质和非物质文化遗产是祖先留给人类的宝贵财富。因此，文化的协调在历史文化村镇保护与发展中尤为重要。通过文化在时间上的继承和发展，在不同地域文化的交流碰撞中实现文化本土化与全球化，才能突出历史文化村镇的精髓和灵魂，增强村镇的社会凝聚力，为村镇保护与发展提供动力支持，在古为今用的基础上推陈出新，在吸取外来文化精华的同时更加深化本土文化内涵，让历史文化村镇绽放魅力。

图 9.6　历史文化村镇建设风貌

2) 本土文化与外来文化的协调

所谓“一方水土养一方人”，任何一个民族文化的形成都是一定地域内的社会历史发展阶段的产物，并具有深刻的社会根源、地理根源和历史根源。在人类的交往中，不可避免地带来不同文化间的碰撞与交流。本土文化与外来文化各有长短，历史文化村镇只有在文化交流中扬长避短，在继承发扬本民族优良文化的基础上，客观公正对待外来文化，取其精华去其糟粕，才能不断进步，自立于民族之林。同时，不断向外弘扬本土文化，以开放豁达的胸怀接受多元文化的存在，形成“和而不同，竞相绽放”的文化景观。

(1) 挖掘本土文化内涵。本土文化是当地民族赖以生存和发展的精神支柱，是历史文化村镇的灵魂所在，是村镇实现自尊、自立、自强的基础。历史文化村镇的独特价值就在于它所蕴含的独特地域文化。在与外来文化的交流中，应该注重保护和复兴传统文化，特别是继承和发扬本民族文化的优秀品质，通过文化寻根，丰富历史文化村镇的文化内涵，赋予本土文化强烈的民族情感，增强民族自尊心和凝聚力。在历史文化村镇的保护与发展中，可以通过恢复标志性风貌，如乡土建筑、街巷空间、民间工艺、民间歌舞、饮食传统、邻里关系、行为景观等富有地方特色的物质和非物质文化遗产。举办富有地方特色的文化节庆活动，不断传承和展现本土文化，并渗透到村镇居民的日常生活中，突出各历史文化村镇的文化特色和文化魅力，树立本土文化的自信心和自豪感，防止传统文化遭遇冷淡、遗忘甚至是排斥的危机，重塑当地居民对地域本土文化的自我认同。村庄本土文化如图 9.7 所示。

(2) 吸收外来文化的精华。在当今改革开放的全球化新形势下，可以借鉴鲁迅先生的“拿来主义”，以历史文化村镇文化为本，客观地审视外来文化，取其精华去其糟粕。首先，由于人类所处的环境及其所产生的生活实践方式具有一定的特殊性和普遍性，在此基础上形成的各民族本土文化也蕴含了一定的个性和共性，因此，不同地域文化之间在碰撞的同时也可以实现沟通、交流、相互促进乃至融合。其次，防止全盘“西化”的文化激进主义，对外来文化中的“个人主义”“享乐主义”“拜金主义”等不良文化及其危害引以为鉴，避免“哈韩”“哈日”“哈法”等盲目地跟风行为。最后，根据历史文化村镇本土文化的特点和文化需要，对外来文化的精华部分进行消化和融塑，避免一味地抄袭和模仿。只有使外来文化民族化，才能创造一种新的文明范式，丰富本民族的文化内涵，实现本土文化的跨越式发展。

图 9.7 村庄本土文化

(3) 构筑多元文化景观。随着社会的发展，文化本土化的同时也将迎来文化的全球化，在多种文化沟通、交流、互补、融合的潜移默化过程中增加了不同文化间的共性。历史文化村镇反映传统生活、体现地域差别、承载历史信息，所蕴含的传统地域文化资源弥足珍贵，具有稀缺性和不可替代性。当历史文化村镇本土文化与外来文化交融时，应该以独特鲜明的个性和魅力走向世界，不断传承弘扬村镇本土文化。此外，在这样一个日益多元的时代，村镇本土文化在保护传承的同时，应该以开放的心态和宽容的胸怀接纳文化的差异性和多样性。积极营造各种文化形态竞相绽放，“和而不同”的文化景观。

3) 传统文化与现代文化的协调

文化本身是一个动态的概念，任何民族文化都有时代性和连续性。传统文化和现代文化是相比较而存在的两个不同时期的文化形态，是相互联系的统一整体。随着生产的发展和社会的进步，现代文化对传统文化产生巨大的冲击，历史文化村镇所适应的环境或居民的意识形态发生了较大变化。只有在文化变迁中实现传统与现代的文化对接，推动传统文化的现代转型，古为今用、推陈出新，才能实现村镇传统文化的持续发展。

(1) 批判性继承历史文化村镇传统文化。文化是人类持续不断的创造过程，它的积累性和延续性决定了任何新的文化都不可能离开传统文化的基础而凭空重建。面对积极因素与消极因素相互交织渗透的传统文化，要“批判地继承”。在剔除糟粕文化的同时，又继承传统文化博大精深的一面，避免文化断层。

在历史文化村镇的保护与发展中，应该吸收和借鉴“人本、理性、天人合一、道法自然”等人与自然和谐相处的优良传统，才能使古建筑在现代的“钢筋水泥”环境中充分展现地方特色，并且更具生命力。此外，在批判中庸、封闭、内敛、小富即安、无为而治为等推崇守旧、压制个性、阻碍发展的不良文化基础上，继承和发扬传统文化中的“谦恭”“礼让”“厚德”“助人”“民本”等思想，才能不断增强村镇的内部凝聚力，以促进村镇人际关系的和谐、社会的长治久安，实现村镇的平稳发展。

(2) 吸收现代文化的先进元素。传统文化形成于特定的历史时期，必定有其时代的局限性。如古建筑中的小天井在采光、通风、防潮等方面不够合理，不能满足现代生活需要。历史文化村镇的保护与发展在充分发挥传统文化优势的基础上，加入现代的元素，才能使古建筑更适应现代生活的需要，促进社会的和谐发展。例如在古建筑保护中引入太阳能技术、节水技术、生物技术等现代先进的技术，改善居住环境；将现代的空调技术与古建筑中的四合院、天井等调节小气候的建筑结构相结合，降低空调的能耗。

在传统观念中加入创新、发展、人的价值等现代观念，加深对自然和社会的认识，使之适应时代和经济发展的需要。如把历史文化村镇传统文化中的集体主义从家族、民族和国家扩大到整个人类和世界；在家族内部分工协作的基础上加入社会专业分工和团队协作等宏观意识。传统文化与现代文化相互补充，相互交融，才能实现梁思成先生提出的“中而不古、新而不洋”。

(3) 传统文化与现代文化的整合创新。文化除了继承，还有动态和进化的特征，每一个现代文化都是在传统文化的基础上发展而来，再被新的文化取代，文化的发展就是在不断地创新、重组、变异中保持和巩固自己。只有通过传统文化和现代文化的整合，在传承中创新，在与时俱进中培养适应时代发展的文化特征，才能稳固传统文化的地位，使传统文化真正得以重塑、充实、壮大。

9.4 村镇风貌整治规划

9.4.1 村镇风貌整治规划的动力机制

村镇是人类聚居的重要物质家园和精神家园，是接近自然和生态的居住场所，它展示了人与自然的和谐。传统村镇风貌特色传递了一座村镇历史发展的信息，具有不可替代的特征和价值。村镇风貌特色是多种因素“合力”共同作用的结果。

【桑村镇整治环境卫生】

村镇的特色美需要保护、追求和塑造。村镇风貌的整治将产生双重效应：首先是内在效应，通过对村镇特色的规划设计，有效地利用村镇内部资源，不断增强村镇的自我发展能力；再者是外在效应，村镇的特色可以激发当地村民的自豪感，由此形成的感染力能够吸聚更多的外部资源，促进村镇更快、更好地发展。

纵观村镇发展与成长的过程，其实就是自然景观、人文景观等资源在一定时空内积聚与发散的过程。同时，村镇成长的过程也是与其他村镇展开资源配置竞赛和市场竞争的过程。然而，在一定的时空内，资源与市场都是有限的，挖掘村镇特色及其信息载体，科学合理地组织各项风貌特色构成要素，逐步形成和完善村镇特色系统，才能使村镇具有吸引力。一旦特色丧失，人们在文化上和心理上的损失是巨大的。就这个意义而言，在历史文化传统、自然环境基础上浓缩、提炼而成的村镇环境景观特色是资源配置的手段，是为子孙后代造福的事情。当前新农村建设已经呈现出快速发展的良好态势，成为村镇环境整治的有力支撑。

9.4.2 村镇风貌整治规划的内容、原则和方法

1. 规划内容

确定村镇的用地标准；确定各项建筑物的数量和等级标准；提出调整村镇布局的任务；根据需要与可能，适当调整村镇用地；根据改建规划的总体要求，改变某些建筑物的用途，调整某些建筑物的具体位置；做出近期改建地段的规划方案，安排近期建设项目；改善环境，逐步完善公用设施规划。

2. 规划原则

规划要远近结合，建设要分期分批；改建规划要因地制宜，量力而行；保护历史遗存，突出村镇特色原则。

3. 规划方法

调整用地布局，使其尽量合理、紧凑；调整道路，完善交通网；改造旧的建筑群，满足新的功能要求。改造手法，按照不同要求，采取调、改、建等不同方式；村镇用地形状的改造；完善绿化系统，改善环境，美化村镇面貌。改造后的村庄风貌实景如图 9.8 所示。

图 9.8 改造后的村庄风貌实景

9.4.3 村镇风貌整治对策及建议

1. 保持村镇风貌整体风格的延续

从宏观上把握村镇的传统风貌特征。村镇风貌中山水系统和街道系统是村镇风貌的核心。对于山水系统应予以保护和利用，应尽量不破坏原有山体的自然形态，避免随便挖山、填塘，对水体裁弯取直。保护现有河道及池塘水系的完整与贯通，按照自然环境加以整治

和疏浚以满足防洪和排水要求；滨水村镇的驳岸应随岸线自然走向，避免刚性呆板界面；护坡的建筑材料应选用地方乡土材料。例如，山区型村镇地质地貌比较复杂，地势起伏比较大，村镇形态多呈现点式分散布局。村民住宅顺应地势，采取“尺度宜小，体量忌大，宁低勿高；高低错落依山就势，忌开山平地成行成列”的原则；避免民居建设平原化，使村落住宅失去山区建筑的特色。平原区村镇的地势平缓而开阔，居民宅基地相对宽敞，院落规整，建筑风格宜有地域特征。

村镇绿化系统包括山林农田绿化、街道公共绿化及住宅院落绿化三个层面，应选用本地树种，对古树名木予以重点保护，并配以环境小品，营造出简单、自然、亲切的乡村风景。

对于街道系统，应结合道路布局对街道两侧建筑的风格与体量、绿化景观节点、广场节点等综合分析，在保护总体特色的基础上进行更新改造，新建建筑风格应与原整体风貌协调统一，尽量运用地方建筑材料，同时选用清新淡雅的色彩以保持地方特色。对现有建筑进行质量评价，可以按建造年代、风貌等分成保留、整治、更新三类，具体原则如下。

(1) 保留类建筑。与历史文化保护区传统风貌较为协调的建筑，采取基本保留、有机更新的原则，根据发展需要可进行维修或小规模改造，但应保证更新建筑在空间布局、高度、材料、建筑风格等方面与街区传统风貌相协调。

(2) 整治类建筑。主要指有一定历史文化价值的建筑采取整修的主要方式，维持原有外观特征调整，完善内部布局及设施。

(3) 更新类建筑。与历史文化保护区传统风貌不协调、简陋、质量差的建筑，采取近期整修、适时更新的原则，近期对其立面外观进行修饰，在有条件的时候可予以拆除或翻建。

2. *注重村镇公共空间的传统风貌营造*

村镇中与村民生活质量密切相关的公共开放空间系统主要包括村镇主要出入口、公共绿地、街道、广场、打谷场等，是村镇公共活动组织的重要场所，也是形成独特村镇风貌的要素。

村镇公共空间整治的基本原则：适用、经济、安全、环保。在村镇公共空间的保护和更新过程中，根据不同空间的布局特点，确定公园绿地、街道和广场的性质、规模、相互之间的连接路径以及发展措施。突出地方特色，充分展现具有乡土文化氛围的新农村景象，并通过植物配置、小品等手段营造空间景观氛围，应做到以下几点。

(1) 只要“有”，不在于雕梁画栋、亭台楼阁。

(2) 找准位置，别闲着设施。

(3) 多用房前屋后边边角角的空闲地，不要动用整块土地。

(4) 建小的，不建大的。

(5) 建简单的，不搞复杂的。

(6) 要“绿”的，不要“白”的。

(7) 要“乡下”的，不要“城里”的。

公共空间整治的主要内容如下。

(1) 公共活动场所宜靠近村委会、文化站及祠堂等公共活动集中的地段，也可以根据自然环境特点，选择村镇内水体周边、坡地等处的宽阔位置设置。

(2) 公共空间有上下台阶的应增设缓坡，方便老年人、残疾人使用。

(3) 已有公共空间整治应充分利用和改善现有条件，满足村镇居民生产生活需要。

(4) 无公共活动场地的村镇或公共活动场所缺乏的村镇，应改造利用村内现有闲置建筑用地作为公共活动场所的主要整治方式，严禁以侵占农田、毁林填塘等方式大面积新建公共活动场所。

(5) 公共活动空间整治时应保留现有场地上的高大乔木及景观良好的成片林木、植被，保证公共活动场地良好环境。

(6) 公共活动空间可配套设置坐凳、儿童游玩设施、健身器材、村务公开栏、科普宣传及阅报栏等设施，提高综合使用功能。

(7) 公共活动空间应平整、畅通、无坑洼、无积水、雨雪天不淤泥，便于使用，条件允许的村镇可设置照明灯具。

(8) 公共活动空间可兼作村镇避灾疏散场地使用。

(9) 村镇入口是村镇空间环境形成的重要标志点，对整体环境引导和识别起着重要作用，村镇入口一般可通过建筑小品、小型游园绿地等来加以组织，应简洁鲜明地表达出村镇的入口标志和环境特色。

3. 在整治村镇风貌基础上加强公用基础设施状况

需整治村镇的用地布局一般较为规整，街道空间狭窄，而市政设施通常比较薄弱，因此在建设过程中各种市政管网应统一规划，统一建设，以减少对村镇环境的二次破坏。对于村镇环境有污染的设施更应在规划中注意位置、风向、建筑风格等相关因素的影响。加强公用基础设施建设应考虑以下方面。

(1) 加快乡村公路和干线公路建设，加强道路硬化率。

(2) 加强对供水设施的建设与改造，增加集中供水率。

(3) 积极发展清洁能源，推进农村生活燃气化，提高管道气供气能力，建设一批清洁能源供应站增加天然气管网覆盖率。

(4) 大力发展农村公共交通，继续完善连接村镇与市区的公交线网。

(5) 大力推进村镇集中供热普及率。

(6) 加大农村污水治理力度，建设一批污水处理厂和污水处理设施，建设改造一批污水管道设施，逐步实现村镇地区地下排水设施网络化，改变农村污水明排的现状。

(7) 增加农村垃圾处理能力，力争每镇建设一座垃圾中转站，基本实现农村垃圾集中处理，并对旱厕进行集中改造。

(8) 管理服务向农村延伸，编制农村住宅设计指导图集，加强对农民自建房屋的质量安全指导和风貌统一规划。

4. 基层政府在村镇风貌整治过程中遇到的问题及解决

城乡一体化建设过程中，有些地区以改变村容村貌作为切入点，选择了部分村屯作为试点，开展了整修道路、解决饮水困难、改灶、改厕、整顿院落等方面的工作。从政府的主观愿望看，这些做法有利于推进城乡一体化建设，也符合广大农民群众的愿望和要求。

但是，农村问题的长期性和复杂性，使整顿村容村貌工作遇到了很大阻力，出现了一些值得注意的倾向性问题，需要引起高度重视。

(1) 资金不足，推进效果不佳，农民积极性受挫。

(2) 试点乡村建设面临增加新一轮债务的风险。

(3) 整顿村容村貌滋生了新的二元矛盾，即试点村与非试点村的矛盾。

(4) 缺乏维护能力，整顿效果打折扣。

整顿村容村貌过程中暴露出的问题，反映了在推进城乡一体化建设过程中，政策支持上还有欠缺之处，需要进一步理清思路，端正方向。为此，提出以下几点建议。

(1) 因时因地确定“村容整洁” 的建设标准。目前，地区之间、县域之间、乡村与乡村之间，存在差别有一定的客观性和必然性。承认差别并不意味着要扩大差别，消除差别是长期任务，不可能一劳永逸，要树立在发展中逐步缩小差别的理念。改善环境需要一定的物质条件，没有经济支付能力，谈改善只能是纸上谈兵。“村容整洁”不能按一种模式强行推进，改善人居环境，要量力而行，循序渐进，按现有的财力、物力，因时因地制定建设标准。

(2) 坚持规划先行，切实发挥规划的先导作用。加强村镇基础设施建设，实现“村容整洁”，营造良好的人居环境，必须坚持规划先行。规划要以提高农民居住集约化程度为突破口，改变农村布局的分散性、随意性，引导农民逐步由分散走向集中，降低基础设施建设的投资及管理成本；规划要充分考虑农民的生产方式和生活习惯的需要，保护好有历史文化价值的古村落和古建筑，突出地方特色和地域风情；规划要有前瞻性、完整性、引导性，提高人们对实现村容整洁的认识，确立适度的期望值，使“村容整洁”能够随着经济发展而得到不断完善。

(3)“村容整洁”要有专项资金作保障。目前，财政支持新农村建设的资金，投入渠道多、资金分散、使用效率低，要加大整合力度，把零钱变为整钱，集中财力办大事。

(4) 改变试点办法，促进均衡发展。整顿村容村貌要切忌搞短期突击行为，要从试点转为分期实施，从建立长效机制入手完善相关政策。当前，要规范各级政府部门对“帮扶点”的支持办法，扭转各自为战的局面，提高农民改善居住环境的自觉性，探索维护村容整洁的有效机制，建立健全各项管理工作正常运转的保障办法，使建成的设施能够派上用场，让农民群众切实享受到“村容整洁”的成果。

本 章 小 结

本章主要学习的内容是村镇风貌的内涵及意义；村镇风貌调查；村镇风貌建设现存问题；村镇风貌保护规划的原则；历史文化村镇保护开发策略；村镇整治规划的内容、原则和方法。

村镇风貌即为村镇的风采容貌，村镇的自然景观和人文景观及其所承载的村镇历史文化和社会生活内涵的综合，是特定发展时期内村镇景观的总和，是村镇景观的外显特征。村镇风貌规划的流程通常分为三个部分：风貌现状调查、景观资源评价、村镇风貌规划。村镇风貌规划可分为村镇风貌保护规划和村镇风貌整治规划。风貌保护规划一般针对具有自然生态环境、历史文化、特色产业及民俗文化等特色风貌的村镇。风貌政治规划一般针对现有特色不突出及环境较差的村镇。

历史文化村镇是人类智慧的结晶，是历史发展的见证。随着我国城镇化进程的加快，大量具有历史文化价值的古村落、古城镇正面临着巨大破坏，建立保护制度，提出切实可行的保护策略迫在眉睫。历史文化村镇保护是我国文化遗产保护体系的重要组成部分，也是新农村建设的重要内容之一。历史文化村镇开发可以从制度、经济、文化三方面进行协调开发。村镇风貌整治规划的内容为：确定村镇的用地标准；确定各项建筑物的数量和等级标准；提出调整村镇布局的任务；根据需要与可能，适当调整村镇用地；根据改建规划的总体要求，改变某些建筑物的用途，调整某些建筑物的具体位置；做出近期改建地段的规划方案，安排近期建设项目；改善环境，逐步完善公用设施规划。

思考题

1. 村镇风貌的意义是什么？
2. 村镇风貌建设现存问题有哪些？
3. 部分村镇布局不合理，主要表现在哪几个方面？
4. 村镇风貌保护规划有哪几个原则？
5. 历史文化村镇的概念是什么？
6. 我国历史文化村镇保护与发展状况有哪些？
7. 历史文化村镇开发可以从哪三方面进行协调开发？
8. 村镇整治规划的方法有哪些？
9. 公共空间整治的主要内容是什么？
10. 村镇公共空间整治的原则是什么？

第 10 章 村镇生态环境与旅游资源规划

【教学目标与要求】

● 概念及基本原理

【掌握】环境规划的概念及理论；环境规划的主要内容；村镇特色旅游资源的开发与保护；合理开发村镇特色旅游资源的对策；村镇旅游规划的主要内容。

【理解】村镇环境规划的重要性；村镇清洁能源的发展情况；当前村镇旅游业的发展；特色旅游资源的分类；旅游功能区；旅游项目定位原则。

● 设计方法

【掌握】村镇旅游规划方法。

在如火如荼的村镇建设热潮中，以牺牲生态环境追求建设的“高速度、树形象”的现象在一些地方仍然存在。因此，科学编制村镇环境规划显得尤其重要。

10.1 村镇生态环境规划

随着世界各国经济的迅速发展和人口的不断增长，带来了严重的环境污染和资源耗竭问题。几十年来发展中国家因环境污染患病而死亡的人数与日俱增。资源的耗竭和环境容量的减少，阻碍了经济的发展，影响了人类的文明和进步。环境保护规划如图 10.1 所示。

图 10.1 环境保护规划图

10.1.1 环境规划的概念及理论

环境规划是指以环境与社会经济协调发展为目标，根据社会经济规律、生态规律和地学原理，在研究社会、经济、环境复合生态系统发展变化趋势的基础上，对人类自身活动和环境所做的时间与空间的合理安排。

一般来说环境规划分为两个层次，一是宏观层次的规划，二是环境专项规划。宏观层次的环境规划是在对资源的需求、自然承载力、污染物总量控制等综合分析的基础上确定的总体环境目标。环境专项规划包括大气环境综合整治规划、水环境综合整治规划、固体废弃物综合整治规划等。

【环境规划】

1. 环境规划的特征和原则

环境规划是环境科学的重要分支学科之一，是环境科学与系统学、规划学、预测学、社会学、经济学及计算机技术等相结合的产物，是一门应用性、实践性很强的学科。它是国民经济和社会发展规划的有机组成部分，是环境决策在时间、空间上的具体安排，是规划管理者对一定时期内环境保护目标和措施所做出的具体规定，是一种带有指令性的环境保护方案，其目的是在发展经济的同时保护环境，使经济与社会协调发展。

1) 环境规划的特征

(1) 整体性：环境规划具有的整体性反映在环境的要素和各个组成部分之间构成一个整体，各要素之间即存在一定的联系，也具有自身的规律性，从而各自形成独立的、整体性强的、关联度高的体系。

(2) 综合性：环境规划涉及的领域广泛，影响因素众多，对策措施综合，是多学科、多部门的集成产物。

(3) 区域性：环境问题的地域性特征明显，因此环境规划必须注重“因地制宜”，具有地方特征。

(4) 动态性：环境规划应具有时效性，因此要求它必须随影响因素的动态变化而不断地更新。

(5) 信息密集：在环境规划的过程中，自始至终的需要收集、消化、吸收、参考和处理各类相关的综合信息。

(6) 政策性强：环境规划的立项、总体设计及最后的决策分析、实施的每一个技术环节，均以现行的有关环境政策、法律法规、条例标准为重要依据和准绳。

2) 环境规划的原则

制定环境规划的基本目的，在于不断保护和改善人类赖以生存和发展的自然环境，合理开发和利用各种资源，维护自然环境的生态平衡。因此，制定环境规划，应遵循下述几条基本原则。

(1) 以生态理论和社会主义经济规律为依据，正确处理开发建设活动与环境保护的辩证关系。

(2) 以经济建设为中心，以经济社会发展战略思想为指导的原则。

(3) 合理开发利用资源的原则。

(4) 环境目标的可行性原则。

(5) 综合分析、整体优化的原则。

2. 环境规划的类型

环境规划的类型因研究问题的角度不同，采用的划分方法也不同。按照环境组成要素划分，可分为大气污染防治规划、水质污染防治规划、土地利用规划和噪声污染防治规划等；按照区域特征划分，可分为城市环境规划、区域环境规划和流域环境规划；按照范围和层次划分，可分为国家环境规划、区域环境规划和部门环境规划；按照规划期限划分，可分为短期规划(5年)、中期规划(15年)和长期规划(大于20年)；按照环境规划的对象和目标划分，可分为综合性环境规划和单要素的环境规划；按照性质划分，可分为生态规划、污染综合防治规划和自然保护规划。

10.1.2 村镇环境规划的重要性

经过多年的发展，目前我国已形成了一套具有特色的环境规划方法体系，概括起来主要有以下三个方面。

(1) 确立了以可持续发展和科教兴国的战略思想，从《全国生态环境建设规划》等政策方案可以看出，我国的环境规划是以达到经济、社会和环境的协调发展为目的，既保证资源的永续利用，又促进社会生产力的稳步快速增长，实现经济效益、社会效益和环境效益的统一。

(2) 我国环境规划正逐步规范化，编制了全国统一的技术大纲规划，除主导思想外，还有较为完整的指标体系，并且环境规划的内容也日臻完善。

(3) 环境规划正逐步纳入国民经济与社会发展规划中。可持续发展理论的提出强化了经济与环境协调的必要性，从而将环境规划纳入国民经济与社会发展规划中，这是环境规划发展的必然。

10.1.3 环境规划的主要内容

环境规划主要应包括生产污染防治、环境卫生、环境绿化和景观的规划。村镇环境规划应依据县域或地区环境规划的统一部署进行规划。村镇环境规划应在翔实调查、科学预测基础上制定环境目标，并对此提出环境综合整治措施。村镇环境规划一般应包括以下几个方面内容。

1. 环境现状调查与评价

环境现状调查分析，是通过对自然、社会、经济及区域环境状况、环境污染与自然生态破坏的调研，找出存在的主要问题，对环境质量现状进行定性和定量的评估，为环境规划提供科学数据信息。其内容一般包括三个方面：一是自然环境调查，包括气象、水文、土壤和生物条件等；二是社会环境调查，包括人口、产业结构等；三是环境污染调查，包括污染物排放情况、治理情况等。环境现状评价的主要内容包括：当地污染源现状评价、自然环境现状评价和当地社会、经济评价。通过现状评价，找出环境中存在的主要问题，确定主要污染物、污染源和地域分布等。环境现状调查与评价是制定环境规划的基础。

2. 环境规划目标

要确定恰当的环境目标，即明确所要解决的问题及所达到的程度，是制定环境规划的关键。目标太高，环境保护投资多，超过经济负担能力，则环境目标无法实现；目标太低，不能满足人们对环境质量的要求或造成严重的环境问题。因此，在制定环境规划时，确定恰当的环境保护目标是十分重要的。

环境规划目标应体现环境规划的根本宗旨，要保护国民经济和社会的持续发展，促进经济效益、社会效益和生态、环境效益的协调统一。确定的原则主要为：以规划区域环境特征、性质和功能为基础，做到因地制宜；确保环境质量能够满足人类适宜性生活及社会经济发展的要求；满足现有技术经济条件，战略性的给予适当超前；便于管理、监督、检查和执行。

3. 环境预测

环境预测是在环境调查和现状评价的基础上，根据过去和现在所掌握环境方面的信息资料，结合经济发展规划，运用现代科学技术手段和方法，预估未来的环境质量变化和发展趋势。需要对规划区域内的经济社会发展状况、环境质量变化趋势以及两者之间的联系进行预测，主要预测内容包括社会和经济发展预测、环境容量预测、环境污染预测、生态环境预测、环境治理和投资预测等。它是编制环境规划的先决条件和环境决策的重要依据，没有科学的环境预测就不会有科学的环境决策，当然也就不会有科学的环境规划。

4. 环境功能区划

环境功能区划是依据社会发展需要和不同区域，从整体空间观点出发，根据自然环境特点和经济社会发展状况，根据环境结构、环境状态和使用功能上的差异，对区域进行合理划分，把特定的空间划分为不同功能的环境单元，并提出相应的环保要求。环境区划是研究各环境单元环境承载能力(环境容量)及环境质量的现状与发展变化趋势，提出不同功能环境单元的环境目标和环境管理对策，是实施区域环境按功能区进行管理和实施区域环境主要污染物排放总量控制的基础和前提。环境功能区划一般包含生态环境功能区划、水环境功能区划、大气环境功能区划和噪声环境功能区划。村镇生态环境功能区划主要包括生态服务与生态保护功能区、工业生产服务功能区、农业生产服务功能区和生活服务功能区。此外还可根据需要设置重点保护区，如文物古迹区、饮用水源取水口保护区等。环境功能区划是研究和制订区域环境规划的重要内容。

5. 环境规划方案的优化和选择

环境规划设计是根据国家或地区有关政策和规定、环境问题和环境目标、污染状况和污染物削减量、投资能力和效益等，提出环境区划和功能分区以及污染综合防治方案。环境整治方案的设计过程主要是在对环境现状进行分析的基础上，找出本地区主要的环境问题，结合当地的实际情况，制定出环境规划的措施和对策。主要的区域环境规划措施包括污染物综合整治措施、生态保护与建设以及生产布局调整措施。污染物综合整治措施主要包括大气污染综合整治措施、水环境综合整治措施、固体废弃物综合整治措施和噪声综合整治措施，污染物综合整治措施制定是根据环保规划的目标，提出具有针对性的环境整治方案和手段，实现污染物的削减，达到环境质量的相关要求。

环境规划方案主要指实现环境目标应采取的技术措施以及相应的环保投资，力争投资少、效果好。在制定环境规划时，一般要多做几个不同的规划方案，经过对比各方案，确定经济上合理、技术上先进、满足环境目标的几个最佳方案，然后综合分析各方案的优缺点，取长补短，最后确定出最佳方案，实现三个效益的统一。

6. 生产污染防治规划

生产污染防治规划主要应包括生产的污染控制和排放污染物的治理。

新建生产项目应相对集中布置，与相邻用地间设置隔离带，其卫生防护距离应符合现行国家标准《村镇规划卫生标准》(GB 18055—2012)的有关规定。改善生活用水条件，凡是有条件的地方，都应积极使用符合水质要求的自来水；改善居住，搞好绿色，讲究卫生，做到人畜分开；加强粪便管理，要结合当地生产习惯，进行粪便无害化处理，同时，要妥善安排粪便和垃圾处理场所，将其布置在农田的独立地段上，搞好镇区卫生；积极开展环境保护和“三废”治理的宣传普及工作，加强环保观念。

空气环境质量应符合现行国家标准《环境空气质量标准》(GB 3095—2012)的有关规定，有条件的村镇要积极推广沼气，减少煤、柴灶的烟尘污染。

地表水环境质量应符合现行国家标准《地表水环境质量标准》(GB 3838—2002)的有关规定，污水排放应符合现行国家标准《污水综合排放标准》(GB 8978—2002)的有关规定，污水用于农田灌溉应符合现行国家标准《农田灌溉水质标准》(GB 5084—2005)的有关规定。倡导文明生产，加强对农药、化肥的统一管理，以防事故发生；布置排水管渠时，雨水应充分利用地面径流和沟渠排除；污水应通过管道或暗渠排放，雨水、污水的管、渠均应按重力流设计；污水采用集中处理时，污水处理厂的位置应选在镇区的下游，靠近受纳水体或农田灌溉区；村镇内在的湖塘沟渠要进行疏通整治，以利排水，对死水坑要填垫平整，防止蚊蝇滋生。

地下水质量应符合现行国家标准《地下水质量标准》(GB/T 14848—2017)的有关规定。土壤环境质量应符合现行国家标准《土壤环境质量标准》(GB 15618—2018)的有关规定。生产中的固体废弃物的处理场设置应进行环境影响评价，并宜逐步实现资源化和综合利用。村镇有害排放物单位(工厂、卫生院、屠宰场、饲养场、兽医站等)，必须遵循有关环境保护的法律及“三废”排放标准规定。

7. 环境绿化规划

村镇环境绿化规划应根据地形地貌、现状绿地的特点和生态环境建设的要求，结合用地布局，统一安排公共绿地、防护绿地、各类用地中的附属绿地以及镇区周围环境的绿化，形成绿地系统。公共绿地主要应包括镇区级公园、街区公共绿地以及路旁、水旁宽度大于5m的绿带，公共绿地在建设用地中的比例宜符合本标准的规定。防护绿地应根据卫生和安全防护功能的要求，规划布置水源保护区防护绿地、工矿企业防护绿带、养殖业的卫生隔离带、铁路和公路防护绿带、高压电力线路走廊绿化和防风林带等。镇区建设用地中公共绿地之外的各类用地中的附属绿地宜结合用地中的建筑、道路和其他设施布置的要求，采取多种绿地形式进行规划。

对镇区生态环境质量、居民休闲生活、景观和生物多样性保护有影响的邻近地域，包括水源保护区、自然保护区、风景名胜区、文物保护区、观光农业区、垃圾填埋场地等应统筹进行环境绿化规划。栽植树木花草应结合绿地功能选择适于本地生长的品种，并应根据其根系、高度、生长特点等，确定与建筑物、工程设施以及地面上下管线间的栽植距离。

8. 环境规划的实施与管理

环境规划的实施的基本条件是环境规划纳入总体规划，全面落实环境保护资金，编制年度环境保护计划，实行环境保护目标管理。

10.1.4 清洁能源利用

村镇环境规划还应对村镇清洁能源利用提出建议。目前在我国全国不同区域，根据当地资源设置了不同的清洁能源利用方式。

1. 我国清洁能源利用现状

确切地说，清洁能源并不是严格意义上的一种能源分类，而是指利用清洁技术通过清洁生产的方式，在生产和消费过程中对环境产生较小污染甚至不产生污染的一类能源或能源技术。

目前适合我国村镇发展的清洁能源主要有太阳能、风能、沼气、秸秆气化、水电等。其中太阳能既可以通过光电转换技术(光伏)转变成电能应用，也可以直接(光热)用于日常生活，比如用太阳能热水器洗浴，用太阳灶做饭，建造太阳房取暖等。风能在村镇的应用主要通过风机发电将其转变成电能。在大规模风能实现并网发电之前，村镇特别是农牧区小型分布式风机发电的优势十分明显。沼气和秸秆气化本质上都属于生物质能，是目前生物质能的两种主要清洁利用方式。

【中国成“清洁能源”大户】

我国清洁能源城乡发展不平衡，与城市相比村镇清洁能源的发展水平还相对落后。但随着国家对“三农”问题的重视和城乡一体化建设的开展，我国村镇地区清洁能源最近几年得到了快速发展。一系列与发展清洁能源相关的法律法规颁布并实施，国家各级政府和部门制订出台了相关的发展规划和建设方案。村镇基础设施有了很大发展，为进一步发展清洁能源、改善能源发展模式和消费结构提供了基础。沼气综合利用、风电太阳能双清洁能源如图 10.2 和图 10.3 所示。

【第八届中国国际清洁能源博览会】

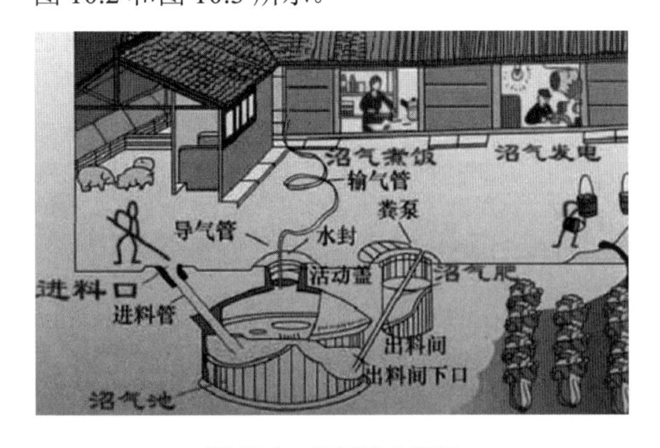

图 10.2 沼气综合利用

图 10.3 风电太阳能双清洁能源

2. 村镇清洁能源发展情况

农村能源主要包括秸秆、薪柴、太阳能(光热)、微型电源(小型风力发电、微水电、光伏电源)、其他生物质能等可再生能源以及煤炭、燃料油、液化石油气和传统电力等。生活用能在农村能源消费结构中占据很大比例，2007 年的统计数字显示，在中国农村居民生活用能结构中，秸秆占比为49%，薪柴占比为28%，煤炭占14%，电力占5%(此处电力指传统电力，不包括光伏风电等清洁能源)，清洁能源仅占不到3%。

1) 太阳能(光热)

太阳能可以直接利用，成本低，无污染，是理想的清洁能源。目前太阳能利用主要有光热转换和光伏发电两种形式。太阳能光热转换是对太阳能的直接利用，比如太阳能热水器、太阳灶、太阳房等。我国太阳能热水器从20世纪末开始迅速发展，年均增长20%以上。

2) 沼气

沼气是一种可再生无污染的清洁能源，是有机物在厌氧条件下经微生物的发酵作用而生成的一种可燃性气体，其主要成分是甲烷和二氧化碳。近年来，我国村镇尤其是农村用户沼气使用量稳步提升，其中普通农村户用沼气的发展迅速，另外有养殖场的村镇更是大力发展沼气工程。

3) 生物质能

生物质能是通过生物质转化技术将植物蓄存的光能与物质资源深度开发和循环利用。目前在我国农村发展的主要有秸秆气化、生物质气化及发电、生物燃料乙醇、生物柴油、生物质裂解与干馏等。

秸秆气化是近年来发展起来的一种清洁能源技术，使得秸秆清洁利用成为可能。通过高温裂解使得秸秆、柴草在炉内气化成可燃气体，用来取暖和炊事。秸秆作为农业生产的副产品，一直以来都充当着农村生活用能和牲畜养殖饲料的主要角色。秸秆的直接燃烧会造成环境污染、损害人体健康、引发安全事故。秸秆气化在一定程度上可解决这些问题，实现秸秆的清洁利用。随着农村生活水平的提高，和对生活卫生条件的追求，节能炉具和清洁炉具受到农村居民的青睐。农村居民通过购置秸秆气化炉取代传统的土灶台、土炉具。焦油问题一直是困扰秸秆汽化的关键，目前这一技术基本上还停留在实验室阶段。实际应用中的秸秆气化炉普遍都存在焦油问题，以及由此产生的二次污染。基于目前现实情况来看，秸秆气化作为清洁能源分散式发展重要方向还存在很多问题亟须解决。

4) 微型分布式电源

(1) 小型风力发电。我国小型风力发电机组的年生产能力达 8 万台，小型风力发电机以20kW以下小型风力发电机组为主。

(2) 微水电。微水电即微型水轮发电机组，是将小溪、小河流水的力量转换成符合民用用电要求的成套设备。我国所定义的微型水电是指100kW以下的水力发电机组，简称微水电。近年来，我国微水电的开发推广工作取得了新的进展和成绩。微水电作为分散的、清洁的可再生能源，将在农村能源发展中起着越来越重要的作用。

(3) 光伏电源。光伏发电是通过光电转换装置实现太阳能到电能的转换，是目前间接利用太阳能的一种主要方式。近几年我国太阳能(光伏)产业发展迅速，产业规模和技术水平都有相应提高。在众多的新能源技术中，光伏发电具有明显的技术优势，非常适合于偏远地区使用，迄今农村和偏远地区系统装置拥有量估计在50万套以上。

10.2 村镇特色旅游资源开发与保护

近年来，乡村旅游和村镇旅游已经成为国内旅游的重要内容，2015 年我国乡村旅游的游客总接待量超过 22 亿人次，旅游收入更是超过了 4400 亿元，分别约占全国旅游接待总人数和旅游总收入的 40%和 10%，而像云南丽江古城、浙江乌镇这样享誉中外的旅游小镇，每年的游客总接待量都有数百万人次，我国乡村旅游和村镇旅游日趋火热。

10.2.1 当前村镇旅游业的发展

1. 发展旅游业的重要性

在当前的时代背景下，我国正在构建新型的城乡关系，而旅游产业以其高回报、低污染的特点，为各地高速增长、持续稳定发展经济和解决就业等方面做出了重要的贡献。把握住村镇旅游项目的开发时机、找准项目开发的定位、建立目的地吸引力将会为许多村镇带来飞跃式发展。

我国广大农村地区，既是资源丰富的旅游目的地，又是发展迅速的旅游客源地，是旅游业发展的新的增长点，因此，我国旅游业今后发展的一项重要任务就是推动广大农村地区的旅游发展。2001 年国家旅游局正式倡导在全国范围内开展工农业旅游，并于 2002 年发布施行了《全国工农业旅游示范点检查标准(试行)》，2004 年，中央提出了“两个趋向”的重要论断并指出我国已经进入“以工促农、以城带乡”的重要阶段，国家旅游局倡导发展农处旅游并在全国范围内开展“全国农业旅游示范点”的创建工作，目前全国共命名了 203 个“农业旅游示范点”，开创了农旅结合、互促共进的旅游发展新局面。

2006 年 5 月，住房和城乡建设部、国家旅游局召开“全国旅游村镇发展工作会议”，号召将云南省旅游村镇建设的经验推向全国，并对全国各地的旅游村镇建设实践进行了总结交流。会议上确定开展特色景观旅游名镇名村示范工作，以发展全国特色景观旅游示范镇(村)为载体推进旅游村镇建设此次会议之后，全国旅游村镇建设掀起高潮，各省区都将创建“旅游名镇”作为推动区域旅游经济发展，加快城镇化进程的重要举措。

2. 特色旅游村镇

特色旅游村镇是指具有良好的可观赏性、空间组合和保存度等资源禀赋，具有显著特色价值的科研教育、休闲游憩、地方特色和文化传承意义，具备优势突出的品牌号召力、产品特色力的旅游资源的镇和村。从提高乡村旅游发展的质量出发，特色景观旅游名镇(村)必然是乡村旅游当中的精品，是乡村旅游发展的新标杆，特色应该成为旅游村镇发展过程中始终坚持的一个方向，要保护村镇的自然环境、田园景观、特色产业、传统文化、民族特色等资源。

旅游村镇建设是我国新型城镇化建设的重要组成部分，对城乡一体化建设以及城乡统筹具有极大的促进作用，特色景观旅游名镇名村建设的工作重点就在于，以旅游为突破口，带动新农村建设，并为国内其他类似旅游村镇的经济发展提供经验教训。丰富的旅游资源和旅游活动是村镇旅游发展的重要依托，因为旅游资源具有唯一性，一旦破坏很难恢复。

因此，加强旅游村镇特色景观资源的保护，对村镇旅游资源进行评价与开发研究，是确定村镇旅游规划发展目标和格局的重要前提和基本依据。

10.2.2 特色旅游资源的分类

【中国村镇风貌】

考虑到交通条件、规划与建设、旅游基础设施、旅游服务、资源保护、旅游经济效益、综合管理等多方面的条件，并借鉴《旅游资源分类、调查与评价》中对旅游资源分类，通过对旅游名镇名村旅游资源的丰度、类型等进行调查和分析，把旅游名镇名村资源分为4大类型：历史文化依托型、自然生态依托型、特色产业带动型、民俗文化依托型。

【历史文化古镇】

1. 历史文化依托型

历史文化依托型旅游村镇是指那些历史名人纪念建筑与设施、遗址遗迹等文化资源比较丰厚的村镇，历史文化是其旅游开发资源特色。

【自然生态村镇】

2. 自然生态依托型

有些旅游村镇具有丰富的乡村原生态的地文、水域、气象与气候、生物景观资源，这些村镇可以将自然生态景观作为其特色和优势进行旅游开发，这类村镇具有发展生态旅游的天然优势，是人们认识、享受和保护大自然的重要途径，尽可能地保持其自然形成的原始风貌，对这类村镇旅游的持续发展意义重大，许多环境优美的村镇地理位置比较偏僻，经济发展比较落后，发展旅游也是其致富增收的重要手段。

【特色产业村镇】

3. 特色产业带动型

有些旅游村镇具有生产某种或几种特色产品的自然地理条件和传统，这些村镇可以依托其独特优势，发展特色产业乡村旅游，全力打造一个或几个特色产品或产业链，通过产业集群形成集聚规模和集聚效应，实行专业化生产和经营，这类村镇的市场需求比较大，可以通过旅游开发拓展特色产业的发展空间，把特色产业做大、做强。如以培育和种植蔬菜为主的农业自然村，其产业以“吃、住、采、游、钓、乐”为主，突出乡村游特色；主办婚嫁、寿诞等喜庆活动，突出人文特色；打造绿色食品品牌，突出无公害特色。另外，这类村镇可以以经营餐饮、采摘、农家乐等产业为主，打造旅游专业村镇。

4. 民俗文化依托型

民俗旅游是一种高层次的文化旅游，有些村镇具有丰富民俗文化，可以提供丰富多彩的文化娱乐项目，开发高品位的旅游文化产品，打造特色文化旅游品牌，民俗文化旅游资源可以满足游客“求新、求异”的心理需求，可以成为旅游的一个亮点。

10.2.3 合理开发村镇特色旅游资源的对策

【村镇旅游资源的开发】

1. 村镇特色旅游资源开发原则

旅游村镇资源开发是为了改善、发挥和提高旅游资源的吸引力，从而达到发展旅游业的最终目的，在吸引旅游者来访并满足其需要的同时，推动旅游接待地的社会经济发展。对于旅游村镇而言，要满足人们日益增长的物质和文化需求，旅游资源开发过程中必须要遵循以下原则。

1) 注重特色、突出主题原则

旅游吸引力产生的主要源泉是主题和特色。要通过环境条件、资源特色、市场条件等方面综合调研，然后进行分析、概括、提炼和选择，最终确定旅游产品及相关因素的内在的、统一的基调，这就是主题。主题和特色是市场竞争力的核心，主题的设计要有特色，要能满足人们求异的心理，特色主要通过主题表现出来，有特色才能吸引游客的注意力，有特色才能在旅游市场竞争中获得差异化发展。

2) 旅游服务系统化原则

在旅游建设中，整个旅游服务就是一个大的系统，为了实现旅游吸引力与接待能力的协调统一，就要综合平衡旅游服务设施建设、交通等基础设施建设、旅游上层设施建设等与旅游资源开发建设的发展水平。对于一个地域较大的旅游地来说，往往存在多种类型的旅游资源，在开发过程中，除了突出重点旅游资源作为自己的形象重点外，也要根据情况对其他旅游资源进行逐步开发。对于一个地域较小的旅游地来说，在开发旅游资源的同时，要围绕吃、住、行、游、娱、购等多个方面满足游客的需求，也就是要不断完善旅游产业链条，完善各种设施的系统配套功能，形成综合旅游接待能力，务必使游客可以用最少的时间、最少的费用，看最多的景点，获得最多的旅游体验，力求使游客感到安全、舒适、方便，提高其重游率。

3) 可持续原则

推动村镇经济发展，提高人们的生活水平是旅游开发的根本目的，但随着旅游村镇的发展和游客的持续增加，部分村镇的生态环境日益遭到破坏。餐馆、饭店等排放的废渣、废气、废水，游客随手丢弃的食品袋、饮料瓶等垃圾，汽车排放的尾气，开发建设产生的建筑垃圾等都对村镇的环境卫生产生了严重地破坏，对当地居民的生产和生活产生不良影响。旅游开发应坚持可持续发展的原则，坚持“防”“治”结合，以“防”为主，运用经济、技术、行政、法律等手段，加强对旅游资源的管理和保护。开发过程中的掠夺性、破坏性的行为会使地方的环境、建筑、文化和服饰特色丧失或者失真，而乡村本色又是旅游吸引力的重要内容，所以，必须加强对旅游资源的保护。一方面要对资源本身采取技术措施进行防御、修缮、抢救和维护，另一方面要保护村镇的本土生活空间，防止其被外来文化弱化、同化。因此在旅游开发过程中，一定要把保护资源放在首位，注重开发与保护的结合，绿化和美化村镇环境，对已损坏的自然环境加大力度进行恢复和治理，以求村镇旅游资源的永续利用，最终实现经济效益、社会效益和文化效益的统一。

4) 参与性原则

参与性原则包括两个方面。一是注重旅游项目中的游客可参与性。随着游客旅游知识的增加，“经历”越来越成为游客旅游购买的核心。游客不再只满足于走马观花式的观光型旅游，而是要求旅行过程中要有可参与的运动甚至冒险性的活动，村镇旅游中的务农劳动就是参与性活动的典型，旅游开发时要注重设计多种类型和风格的参与性活动，增加参与性活动的系列性和层次性。二是关注当地居民的旅游社区参与度。环境效益是旅游开发的根本前提，社会效益是旅游开发的最终目的，经济效益是旅游开发的直接动力，居民只有切实感受到旅游带来的各种利益，才会自觉参与到环境和生态保护中去，而提高居民的社区参与度是提高居民收入和增强居民归属感的重要手段。所以，要设法让村民参与到旅游服务中去，这样不仅可以增强村民管理本村旅游事务的热情，而且可以增强当地的文化氛围，吸引更多的游客。

5) 利益均衡原则

发展旅游具有多种功能。发展地方经济，提高当地居民的收入和生活质量，使开发商获得合理的利益回报，保护资源与环境等，村镇旅游作为新农村建设和乡村经济发展的一种模式，其目的之一就在于提高当地居民的生活质量，通过发展旅游为当地居民找到一条致富之路。因此，利益均衡是发展旅游业的重要原则之一，在旅游发展中要遵循社区参与、协调发展的原则，引导村民合理充分地参与到当地旅游发展中，协调好各利益主体(当地居民、政府、开发商等)之间的关系，合理地进行利益分配，并通过旅游的产业带动作用，提供更多的就业岗位，使当地居民可以在本地就业。

2. 村镇旅游业开发对策研究

1) 宏观统筹，搞好规划

发展旅游村镇，要坚持宏观统筹，搞好规划。村镇旅游业是一项新的产业，需要制订一整套发展计划。首先，规划先行，做好村镇旅游发展的各项规划(总体规划、专项规划、详细规划)，并在规划中重视旅游产品的设计与开发，重视旅游产业发展的潜力评估，重视环境保护与维护，重视营销策略的策划。旅游村镇的开发，要服从当地旅游发展总体规划，对具有资源优势的村镇进行整体规划和设计，以防出现一哄而上、布局混乱的局面。其次，激励并保护村民的旅游参与积极性，并进行合理引导，减少和避免其投资失利的情况，另外，为了避免客源充足时，休闲山庄和农舍出现扎堆经营的局面，必须要通过规划控制和合理布局，限制村镇的无序混乱发展。最后，旅游规划要有助于村镇建筑、环境的恢复，统一休闲山庄、休闲农舍等旅游经营场所的建筑风格，尤其要注意旅游接待建筑设施和其配套设施风格的协调，使建筑风格与村镇的自然、文化环境相协调。在发展方向上，旅游村镇应该通过规划突出自己的优越性，尽可能保持自然和历史形成的原始风貌，做到“人无我有，人有我佳”。

2) 加强旅游基础设施建设

旅游基础设施建设大多是建立在原有的基础之上的，而这些原有设施的数量和布局是根据旅游开发前当地的人口需求规模而建的，随着旅游的发展，大量外来游客涌入，供应能力不足极有可能成为当地旅游发展的限制性问题。旅游发展所必需的交通、宾馆、酒店、游乐场所、购物场所等设施需要进一步完善，需要加大力度建设旅游综合交通网络，构建一个四通八达的道路网络格局，加大旅游精品景区(点)基础设施建设、旅游公共信息平台系统建设、旅游导引系统建设、旅游接待基础设施建设和生态环境保护与建设，以满足游客的需要。基础设施建设的公益性特征，决定了其由政府部门加以建设，在政府财政能力有限的情况下，要多方筹集社会资金或吸引有实力的企业参与到村镇的开发、建设中来，创造优美舒适的环境吸引游客，让游客不仅能体会到村镇旅游的乐趣，还能感受到村镇建设的发展和成果。

3) 挖掘文化内涵，突出农村特色，实现差别化发展

物质文化能直接被人所感知，给人以美的享受，但物质文化背后所蕴含的精神、观念或者追求才是其真正的魅力所在，文化内涵是地区旅游发展不可或缺的底蕴和灵魂。在文

化内涵挖掘中，首先，要突出的是“人”，人是最常见而又最难以把握的旅游景观，旅游经营管理者、普通的工作人员乃至当地居民的行为举止、态度、文化素质等都会直接影响村镇的形象，对旅游村镇的发展意义重大，因此旅游村镇的良好发展必须要在提高人的素质方面下功夫，在提高经营管理者、普通工作人员素质的同时，还要注意当地村民文化素质的提高。其次，要突出“源”，旅游村镇的发展必须重视、突出当地特有的民俗文化传统、特有的思想观念、道德情操、精神追求等，保持自己的某些传统格调。最后，要突出“新”，即与时俱进，游客前来访问的重要目的之一就是要观新赏异，如果没有新的变化，游客可能很难故地重游，村镇的发展要顺应市场经济发展的潮流，不断地开发出能带给游客新的刺激和感受的旅游产品，开发出受当地居民欢迎、游客易于接受的旅游项目。

旅游村镇的发展不是靠铺设几条水泥路，修建几个豪华酒店客栈，演绎几套文艺节目，就能吸引来游客的，要针对不同消费层面游客的需求，在旅游项目特色化、服务个性化上下足工夫，培植一批颇具地方特色的旅游产品。

4) 拓宽营销宣传渠道

旅游宣传是提高旅游地知名度的重要手段，没有宣传就没有市场。目前，旅游村镇间的客源竞争日益激烈，受资金等因素的限制，旅游村镇宣传多是通过经营农户发传单或者游客口碑相传来扩大客源，旅游村镇的宣传力度还不足以匹配其发展的强度，旅游宣传要调动各方力量，拓宽营销宣传渠道。首先，要发挥政府对村镇旅游发展的主导和权威作用，对内加大对村镇的扶持力度，创造招商引资环境，实行优惠政策吸引投资，并协调各相关部门提供全方位的服务，完善旅游基础设施；对外建立村镇旅游官方网站，搭建村镇信息化服务平台，对村镇进行宣传，并通过主办各种旅游项目介绍会、旅游节事活动或利用驻外机构加大宣传力度。其次，要发挥旅游企业在资金、经营和管理等方面的优势，在村镇客源市场需求分析的基础上策划旅游交易和服务平台，开展旅游宣传促销活动。最后，旅行社是对旅游村镇进行营销宣传的主要渠道，可以在异地设立分支机构或者与异地旅行社合作共同宣传旅游产品和线路，让游客在本地就可以获取旅游村镇的相关信息和资料。另外，可以通过广播、电视、杂志等媒体进行宣传，图、文、声并茂地展示村镇的旅游特色、旅游活动和促销信息等，让人们直接感知村镇旅游信息，并可能进一步产生旅游意愿，还可以邀请国内外知名专家、学者、旅游经销商，请他们进行实地考察，发挥名人效应进行宣传。

5) 加强居民社区参与，协调利益均衡

在某种意义上，开发本身就意味着破坏，若是对旅游资源的利用和管理不善，可能会造成旅游资源质量下降，甚至造成资源的损毁，旅游开发产生的消极影响，甚至会使当地居民付出一定的精神和环境代价，导致他们生活和行为方式发生改变。加强居民社区参与就是在旅游发展过程中，从人本主义的角度出发，不仅要让更多有意向参与旅游的村民参与到旅游中去，而且要重视当地村民的感受和意见，让他们切实参与到旅游发展决策的制定、监督、评价和利益分配中来，使他们实实在在地感受到旅游带来的各种积极影响，强化自我认识，并通过旅游活动中与他人的接触、对比，使村民增强对当地、对文化的自豪感和认同感，由文化“自在”转化为“自觉”。村民本身就是旅游村镇发展的吸引力之一，是旅游顺利开展的依托，游客对村镇的满意度受村民的好客度和文化传递功能的直接影响，因此要尽量满足当地村民的旅游发展需求，尊重他们在旅游发展中的意见，努力营造和谐的旅游氛围。

10.3 村镇旅游规划

10.3.1 旅游项目定位原则

【乡村旅游发展规划】

虽然村镇旅游开发有着非常好的前景，但在目前如此激烈的市场竞争中，开发村镇旅游项目如果无法拥有核心竞争力，达到政府及项目开发者目标的概率微乎其微。只有建立起了强大的旅游吸引力，游客才有可能在诸多选择中，仍然做出前往本项目景区的决定。要建立起旅游吸引力，首先需要我们在项目的开发和规划过程中，对项目所在环境做出正确的分析，清晰地针对项目所拥有的资源及其他优势做出定位，才能为之后规划开发和日常运营打下好的基础。乡村旅游发展规划如图 10.4 所示。

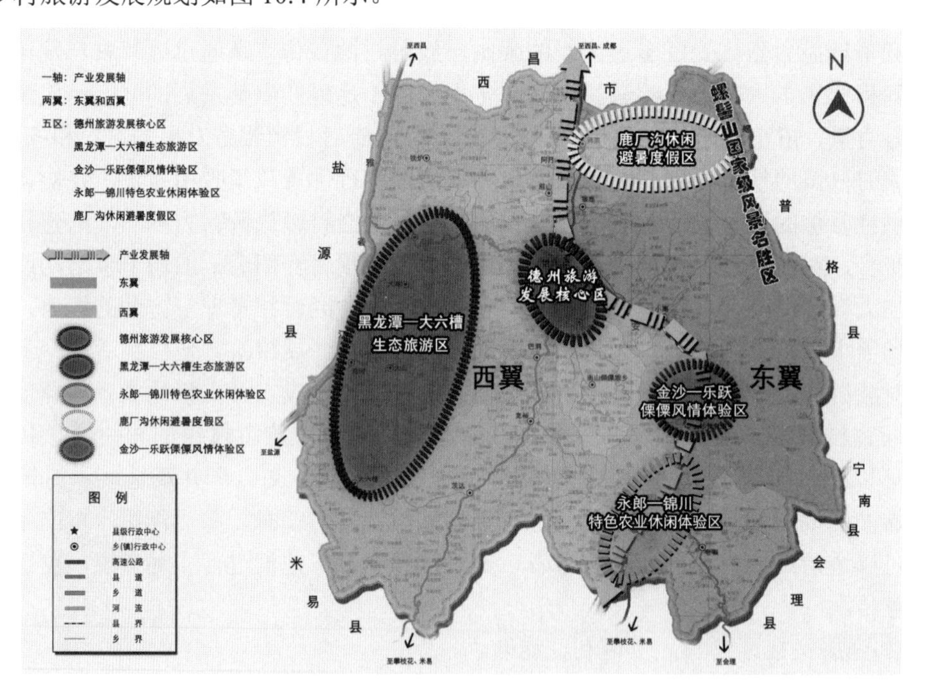

图 10.4 德昌县乡村旅游发展规划

1. 村镇旅游项目定位的工作重点分析

旅游产业赖以生存和发展的三大要素包括旅游资源、旅游硬件设施和旅游服务能力。其中，旅游资源包括自然风光、历史古迹、人工展示、民族习俗等资源，是整个项目的“势”，或天赐或人造。旅游硬件设施包括旅游交通设施、旅游住宿设施、旅游餐饮设施、旅游游乐设施等，往往是由现状和地区财政等因素决定；旅游服务能力是经营旅游产业的综合接待能力，也是一种客观而且逐步提升的素质，因此，旅游资源才是决定旅游业的吸引能力，理应成为项目开发、策划及规划各阶段共同的重心。

拥有旅游资源，并不等于就能把旅游项目做成功，也不等于可以把旅游产业做优。做优旅游产业，旅游规划要与市场经济紧密结合，将旅游项目规划的重心从传统上只对市场和基础设施转向对旅游资源；从单纯技术性的规划转向经济与技术并重，并以经济目标为先。项目规划要围绕“资源—需求—产品—客源—效益”这一核心轴线进行。旅游规划中最主要的思路是在正确的项目定位下研究设计出竞争力强的旅游产品，把现有及可利用资源转化成有个性特色和深层次品味的产品，最终形成具有差异化特征的项目竞争力。

2. 关于当前村镇旅游项目定位原则的建议

旅游目的地在市场竞争中要塑造差异化的“核心竞争力”。因势利导去塑造差异化的旅游产品，要有效地凸显产品这一关键要素，旅游规划应该推出一个或数个能包容各项优势，并切合市场实际的旅游产品。在规划中必须紧紧围绕旅游产品设计这个核心，进行具有差异化的规划，构筑产品的特色和韵味，形成市场的亮点和热点，这样的规划才会是成功的。旅游规划把景区与宏观整体规划融为一体，构建鲜明的旅游城市形象，才可能立于不败之地。旅游资源还要放到周边省、全国甚至国际大市场中去进行评判，实事求是地认识其资源的客观价值，然后在这个认识基础上再去进行市场定位、设计产品，从而搞好规划。

10.3.2 村镇旅游规划主要内容

1. 旅游发展条件分析

1) 资源调查与评价

旅游资源调查工作是旅游规划的基础。通过对村镇的旅游资源做一次全面的调查，得到较为翔实的资料，从普查结果中分析得出哪些资源可以用于开发，再对这类资源进行详查。然后根据类型结构、空间组合特点、旅游资源的条件等，对村镇旅游资源进行分类和评价。

2) 区位条件

区位条件指的是整个村镇的区位条件，研究村镇的可进入性和与周边城市和城镇在空间区位间的关系。

按照区位分布分类村镇可以分为城郊型、景郊型、综合型和卫星城型四种类型。每种类型的村镇在发展旅游的策略上侧重点不同。城郊型村镇主要吸引大、中型城市中居民利用短期假期前来旅游，因此对于这类村镇发展旅游规划的侧重点在于为游客提供生态、乡村等旅游类型；景郊型村镇位于知名度较高的景区周边或本身就是景区的一部分，这类村镇发展旅游规划的重点在于与景区功能相互协调和统一，互为补充，即为前来景区旅游的游客提供生活上的便利，同时可以结合自身的资源开发旅游，呈现与景区观光游截然不同的旅游方式；卫星城型的村镇通常为县级市的经济、政治和文化中心，相当于大、中型城市的卫星城，该类村镇的旅游的开发类似于城市休闲度假旅游的开发，这类村镇各类基础设施相对来说较为完善，但需要充分挖掘地方特色，在旅游产品策划上下功夫，创建旅游品牌。

2. 旅游客源市场分析

1) 客源市场调查

客源市场指的是在一定时期内，对旅游产品现实和潜在的总体需求。客源市场调查可以了解现实客源市场和潜在客源市场，预测其发展趋势，为村镇旅游规划进行科学规划和决策提供可靠的根据。

市场需求调查包括客源市场总体状况调查、游客人文特征调查、游客消费行为调查以及游客出游后的评价调查，而对于潜在客源市场调查主要通过出游率、重游率和开支率等方面指标进行衡量。

2) 客源市场结构

旅游客源市场结构分析是在旅游市场调查所获数据的基础上进行的，通过所获数据研究客源市场的空间结构和时间结构。

空间结构包括旅游客源市场的范围和空间分布，客源市场的范围的确定与旅游目的地的吸引力和旅游客源地的出游能力有关。根据距离衰减法则，旅游者行为活动的空间变化呈现距离递减的规律，距离越近，出游活动机会越大；距离越远，出游活动机会越小。由此可以得到以村镇为中心的周边地区客源地的旅游次数或旅游流量，并划分出一级市场、二级市场和三级市场的范围。村镇旅游客源市场的时间结构通常指客源市场随时间变化的态势，即季节性变化结构和年际变化结构。例如以开发温泉度假为主的村镇，就很容易被旅游旺季和淡季困扰。因此需要对这两个因素进行分析研究，提出应对的策略。

3. 旅游功能区规划

1) 村镇旅游功能分区

功能分区是村镇旅游规划的重要组成部分，根据村镇的旅游资源、土地利用、项目策划等状况对村镇的空间进行系统的划分。村镇旅游功能分区的特征为完整性、持续性、合理性。完整性意味着村镇的旅游功能需要相互关联而又独立，互为支持，使其成为完整的系统，譬如观光游览区、休闲度假区、综合服务区之间相互支撑互为依托。持续性指的是村镇的旅游发展需要循序渐进，体现历史连续性。合理性主要指村镇旅游建设中需要预留发展空间，协调近期发展战略和远期发展战略之间的关系。

2) 村镇旅游空间布局

一般而言，旅游空间布局应该按照景观分区、建筑分类、游览分线、服务建区四大开发理念，考虑资源本体特征和游客需求等要素，合理开发。

(1) 景观分区。将村镇旅游地划定成核心保护区、建设控制区、环境协调区(后两个层次为遗产保护缓冲地带)三个层次。

第一层次，核心保护区即保护遗产的区界。该区域要明确划分，利于管理，是法定保护的重要区界。对遗产保护核心区内建筑进行分级保护，保护区范围为法定遗产保护区界，重点保护传统村镇的空间形态、水体体系、建筑群体环境、传统建筑以及具有地方特色的人文景观和民俗风情。严格保护历史形成的村镇格局、街巷肌理、传统民俗文化以及构成风貌的各种组成要素，严格控制建设。遗产保护区外围设立建设控制区和环境协调区作为该历史文化遗产区界的缓冲地带。

第二层次，建设控制区是村镇的主要缓冲地带。此区域也须限制建设区域，但可部分承担建设一些不宜在核心区发展的建设项目，此区域内的新、改、扩建的建筑须保持传统风貌与传统建筑风格协调。

第三层次，环境协调区一般包括传统村镇外围的环境构成要素——山体植被、村庄、水系和农田。此区域一般为村镇赖以生存的基础，所以要求应严格封山育林，进行水土保持，限制各种工业污染以及任何有不良环境影响的建设项目。环境协调区，即村镇所在的山水环境区域保护点(线)的划定，一般分为三级。一级保护是指各级文物保护建筑和价值最高的传统建筑及其环境；二级保护是指价值较高传统建筑及其环境；三级保护是指构成传统风貌空间的传统建筑及其环境。

(2) 建筑分类。根据村镇旅游地建筑的现状，对古建筑单体进行分类，同时实行区别保护。将村镇内各级保护区内建筑分为保护建筑(传统建筑)和整治建筑(非传统建筑)两大类。

评定建筑等级的标准包括建筑的年代、价值、保存的完好程度等。保护建筑可分类成三级，一级重点保护建筑、二级保护建筑和三级保存建筑，对一级重点保护建筑严格保护，并整治周围环境，同时限制游客进入，确保建筑内设施的保护；二级保护建筑进行定期维修，并适当复原，外观要求保持原貌；三级保存建筑重点保护外观，内部可适当调整更新。整治建筑可视实际分类对待，部分稍加改建、整治外观即可与周围环境协调的可适当加以改善，与周围环境不协调，且其平面及立面须进行改造调整的建筑要进行改造；村镇内的部分现代建筑，严重破坏村内的原始自然风貌，应予以拆除。改建或新建建筑要求与原始建筑相统一。整治建筑分甲级改善建筑、乙级改造建筑和丙级拆除建筑三类。核心保护区建筑原则上必须保持原样，不得改变外观，也不得进行内部结构调整和装修。

(3) 游览分线。目前大部分村镇内游客线路太过自由、零散，对当地居民的日常生活造成较大的影响，同时也是造成景区内某一区域承载力负重的重要原因之一。根据村镇旅游地及其空间组合特点，规划出修学旅游线、古建筑旅游线、农家生活线、古街镇购物线等。核心区选择定点示范户作为游览点，重点保护建筑可视情况不纳入旅游线路，以利于其保护。不同旅游线路要求主题突出，特色鲜明。游客可根据个人喜好，选择不同的旅游线路，既可避免某一景点游客过度集中，控制部分景点游客容量，又可满足游客多样化的需求。

(4) 服务建区。对游客的各项服务要落实到不同的功能区，同时实行服务功能区与景区相分离的原则。村镇应建立新区，新区的位置应建在传统村镇环境协调区以外。村镇景区与新区互补发展，村镇景区仍可作为部分居民的居住区，但新区应成为景区工业、居住、商业和行政中心。传统村镇内部不宜过分商业化，但以地方土特产品、工艺品、家庭旅馆为主导的商业环境是一种文化展示，通过消费者的购物可实现文化互动与文化传播。所以，通过建立新区将村镇景区占地较大的公共设施和商业设施集中起来，淡化村镇的商业气氛和疏解村落客流。目前部分村镇内由于旅游业的发展刺激了旅游服务业的膨胀，部分沿街住户破墙开店，对房屋进行平面改造等现象偶有出现，大部分村镇迫切要求建立新区，缓解商业现代化对文化原真性的冲击。

4. 村镇旅游产品设计

旅游产品是指旅游经营者为了满足旅游者的旅游需求，借助旅游地环境条件和旅游设施环境，在一定地域内生产出来，通过市场途径销售给游客的物质产品和服务的总和。村镇旅游产品的基本构成为：核心部分，即村镇旅游产品满足游客的基本效用和核心价值的部分，同时这部分也是旅游产品的最基本的层次，提供最基本的使用价值满足游客的旅游需求；形式部分，即村镇旅游产品的实体和外形，也就是旅游消费者在村镇旅游过程中接触的实物和劳务的外观，这部分是旅游产品的载体，主要为村镇的接待设施、景区景点、休闲娱乐项目等，形式部分反映出村镇旅游产品的质量、特色、风格、声誉等外在价值，并且使得旅游产品的开发操作性增强；延伸部分，即村镇旅游产品的售前售后服务及营销的过程，对于村镇旅游产品的延伸部分，必须要及时把握村镇旅游产品的发展动向，掌握其动态性。

5. 村镇旅游形象推广与营销

1) 村镇旅游形象

旅游地的形象特征如下。综合性，即旅游地形象由多种因素形成；稳定性，即旅游地的旅游形象一旦形成，在短期内很难改变；可塑性，旅游地的形象不是一成不变的，其改变过程需要一个缓慢的渐进过程，旅游地的形象会随着时间，在人们心目中发生改变；市场性，旅游地形象确立要增强市场意识，创造满足游客需求的旅游地形象。旅游地形象的主体有两个，一个是赋予旅游地形象的主体(旅游的开发者和管理者等)，另一个为对旅游形象进行评价的主体(旅游者等)，因此旅游地的旅游形象是由这两方面共同作用决定的。

村镇旅游形象指人们对村镇旅游的感知、印象、信念、观点的综合，同时也是一个旅游村镇在人们心中综合形成的、独特的、大众认同的、区别于其他旅游村镇的总体印象和评价。

2) 村镇旅游营销

【村镇旅游营销】

旅游营销受人的个体差异的影响。人们的思维方式、道德修养、性格心理、生活习惯等差异较大，人们的情绪和行为易受周围环境影响和感染，并且在旅游过程中旅游企业的从业人员专业素质和水平也存在差异。因此不仅需要对游客进行精心的安排，同时还需要发挥旅游服务人员的主观能动性，以“以人为本”的原则开展市场营销。信息的传播对于旅游营销来说至关重要，让游客了解消息，并且使其产生出游的意愿。

本 章 小 结

本章主要学习的内容是环境规划的概念及理论；环境规划的主要内容；村镇特色旅游资源的开发与保护；合理开发村镇特色旅游资源的对策；村镇旅游规划的主要内容。

很多村镇建设带有较大的随意性和盲目性，环境基础设施建设滞后，生活污水未经处理直接排入水体，造成环境污染逐步加剧，危害到居民健康。因此，科学编制村镇环境规划显得尤其重要。

环境规划主要应包括生产污染防治、环境卫生、环境绿化和景观的规划。村镇环境规划应依据县域或地区环境规划的统一部署进行规划。村镇环境规划应在翔实调查、科学预测基础上制定环境目标，并对此提出环境综合整治措施。

我国广大农村地区，既是资源丰富的旅游目的地，又是发展迅速的旅游客源地，是旅游业发展的新的增长点，因此，我国旅游业今后发展的一项重要任务就是推动广大农村地区的旅游发展。要建立起旅游吸引力，需要我们在项目的开发和规划过程中，对项目所在环境做出正确的分析，清晰地针对项目所拥有的资源及其他优势做出定位，才能为之后规划开发和日常运营打下好的基础。村镇旅游规划主要内容为旅游发展条件分析；旅游客源市场分析；旅游功能区规划；村镇旅游产品设计；村镇旅游形象推广与营销。

思 考 题

1．村镇环境规划的特征有哪些？
2．村镇环境保护的原则有哪些？
3．环境规划的分类方法有哪些？
4．村镇环境规划的主要内容是什么？
5．我国常用的清洁能源有哪些，各自优缺点是什么？
6．特色旅游资源的分类有哪些？
7．村镇特色旅游资源开发原则有哪些？
8．村镇旅游业开发对策研究的内容是什么？
9．旅游项目定位原则有哪些？
10．村镇旅游规划的主要内容是什么？
11．旅游功能区如何规划？

第 11 章

村镇防灾减灾规划

【教学目标与要求】

● 概念及基本原理

【掌握】村镇预防气象灾害面临的形势；村镇地质灾害防治面临的形势；村镇消防规划；村镇防洪规划；村镇防震减灾规划；村镇生命线系统建设；村镇综合防灾工程。

【理解】我国城乡建设防灾减灾面临的形势；村镇传染病防控面临的形势。

● 设计方法

【掌握】村镇防灾减灾规划方法。

相对比于城市，村镇防灾问题一向不是学术界研究的重点，我国对城市防灾所做的研究比村镇防灾研究深入很多。然而，村镇地区地大面广，范围广阔，综合防御灾害的能力弱，一旦发生灾害，造成的人员和经济的损失大，灾后恢复的时间也相对较长。近年来，多次大型自然灾难受害人群都以村镇居民为主，因此，对村镇防灾问题我国应给予高度关注。

11.1 我国城乡建设防灾减灾面临的形势

【我国灾害种类及频发原因】

我国属于受自然灾害影响最为严重的国家之一，近几年来，我国自然灾害具有发生频率高、危害影响大的特点，对人民的人身安全及财产安全造成很大威胁。自然灾害是因自然界变化所引起的灾害，联合国界定的自然灾害有 30 余种，而与村镇相关的灾害主要是“地震、火灾、洪水、风灾、地质破坏”五大类，以及它们引发的次生灾害。这些灾害本身及其次生灾害一旦发生，对村镇造成的损失和破坏是不可估量的。我国灾害的分类见表 11-1。

表 11-1 我国灾害的分类

分类方法	灾害分类	特点		
形成原因	自然灾害	突变型	骤发性灾害，发生前无明显征兆，往往因其急速性造成极大损失	地震、地质灾害、气象灾害、生态灾害
		发展型		
		持续型	持续时间长，危害范围广	
		环境演变型	灾害的发生往往因灾害的发生发展，导致人类生存环境的改变，影响深远，是潜伏期比较久的灾害	

续表

分类方法	灾害分类	特点	
形成原因	人为灾害	个体性	各种有目的的主动灾害(如恐怖爆炸等)或由意外导致的各种事故灾害(火灾、化学泄漏等灾害)等
		群体性	
发生关系	原生灾害	并非其他灾害诱发的灾害	
	次生灾害	由原生灾害诱发的灾害，如地震诱发的大火、洪水、泥石流等灾害。相互之间可形成“灾害链”“灾害群”	

由于经济发展水平、人口分布情况、防灾减灾宣传、政府监管力度以及民俗风情的差异，各村镇在防灾能力上存在很大差别。但总体而言，存在如下几个特点：①灾害发生概率大；②对村镇居民影响大；③村镇建设是村镇灾害最大的承灾体；④次生灾害严重。这些特点决定了村镇在防灾减灾方面存在着很多的困难与制约，因此我国村镇建筑防灾减灾的现状不容乐观。

由于我国经济发展等原因的制约，与经济发达国家的防灾减灾研究仍有一定的差距。目前我国对自然灾害的研究大多以单一灾种为主，主要研究灾种的发生机理、分布特点及防治措施等，缺乏对村镇综合防灾减灾规划的研究。

11.1.1 村镇消防规划面临的形势

我国是一个典型的农业大国，14 亿人口中，就有 7 亿人在农村。这一庞大的群体为中国经济发展和社会进步做出了不可磨灭的贡献。但是，若干年来，由于历史和现实的种种原因，农村隐患重重，火灾屡有发生，在全国火灾的总量中占有相当大的比例。

1. 我国村镇火灾特点

从火灾规模上看，火烧连营、整村吞没屡有发生；从引发火灾的季节上看，主要集中在冬春两季；从区域上看，一些崇拜火的少数民族聚集地区火灾比较严重，这是由于很多少数民族有长年不熄火的习俗，极易引发火灾；从起火原因上看，电气火灾和用火不慎从而导致引燃大量可燃物的火灾高居各类火灾之首。村镇随着社会的进步和发展，以及社会工业的转移，使一些适宜于农村家庭作坊生产的小工业大量涌现，从而出现家庭作坊式的“三合一建筑”，即生活起居住宿、工作和产品原料储存在一个建筑物内，因生产用电用火以及生产中的易燃材料堆积，一则容易起火，二则一旦起火火灾极易快速蔓延，发生爆炸，造成人员死亡和财产损失。

2. 当前村镇消防工作现状及存在的问题

当前，我国正处于改革的攻坚阶段和发展的关键时期，城乡发展不平衡、区域发展不平衡、经济社会发展不平衡，已经成为制约我国发展的重要因素。在消防工作上，城乡发展不平衡的问题十分明显，农村消防工作整体薄弱，基础建设欠账较多，特别是在农村经济建设快速发展，各类火灾隐患大量增加的情况下，消防工作滞后的问题越来越突出。

村镇消防安全组织和制度建设不完善，管理措施不到位，消防安全责任制落不到实处。一是消防安全责任制没有落到实处。每年各县级人民政府都与各乡镇政府、各经济主管部门签订消防安全责任状，各乡镇政府也与村委会、下属企业签订责任状。但责任状只流于形式，没能结合本地、本部门实际，结果是从上到下一个模式。有的乡镇、村甚至至今未签订消防安全责任书，在管理上存在盲区。二是组织网络和制度建设不完善。一些地方县、乡镇、村三级消防安全组织网络不健全，制度不完善，尤其是村一级没有建立消防安全组织，制定防火安全公约，造成应当开展的群众性消防工作没有开展，应当进行的消防宣传教育没有落实，致使上级关于消防安全的各项工作措施落实不到农村。一些镇在乡镇撤并或机构精简过程中，把消防、安全人员作为重点精简对象，造成专兼职安全人员减少，消防安全管理队伍萎缩，影响了农村消防管理的力度。三是基层派出所作用没有充分发挥。派出所履行消防监督管理职能，在一定程度上缓解了公安消防监督力量不足的问题，但由于派出所民警消防专业知识薄弱，发现火灾隐患能力不强，特别是对一些技术性、专业性较强的问题更是难以察觉，管理效果还不明显。

村镇诱发火灾的因素增多，火灾隐患重重。农村建房随意性大，居民住宅耐火等级普遍低。由于受到传统风俗的影响和经济条件的制约，村镇居民住宅多为砖木瓦房，其主体结构大多采用木、竹等可燃物材料，有些地区居民直接采用泥土作为墙体承重材料。许多村民在房前屋后、庭院、过道大量堆放稻草、玉米秆、甘蔗叶等可燃物，占用了防火间距，也加大了火灾荷载，很容易引起火灾，而且一旦发生火灾，往往蔓延迅猛，很可能形成火烧连营的局面。

农村电气线路乱拉乱接、线路老化、违章用电的问题比较突出，存在很多火灾隐患，极易引发电气火灾事故。近年虽进行了农网改造，但室内电线陈旧老化、绝缘破损的现象仍然比较严重；许多村民缺乏安全用电常识，加上管理不到位，私接乱接现象突出；随着农村生活水平的提高，电视机、电冰箱、空调等用电设备增多，造成电气线路超负荷运行；一些农民还贪图便宜使用劣质或不合格的电器，也在一定程度上加大了电气火灾发生的危险性。

随着城市建设的不断发展，城乡结合部的村镇已经被城市包围，形成了以出租房、旅馆、饭店、娱乐场所为主要使用性质的城中村，这类场所隐患多、整改难，特别容易发生群死群伤重特大火灾事故。

村镇防范火灾事故的能力较低，自救能力差。村镇、院落规划不合理，消防基础设施缺乏。

一是虽然各乡镇都设有村建所，但从事村建规划的人员对乡镇、村镇消防规划没有明显意识，导致乡镇、村镇、院落建设无消防规划和设计，消防基础设施难以同步实施，造成先天不足。二是消防基础设施薄弱。村镇建设中公共消防设施历史性欠账较多，农村房屋多数是自己修建，没有留防火间距，更谈不上配置必要的消防设施，一旦发生火灾，极易造成火烧连营之势。一些村镇道路狭窄崎岖，消防车根本无法行驶，以致发生火灾后，消防车无法快速有效地行至火场，延误了灭火的最佳战机。

近年来农村多种形式的消防队伍虽然得到发展，但由于缺乏整体规划，没有形成群防群治的网络，离实际需要还有很大差距，总体自防自救能力较差。一是农村青壮年大多外出打工、经商，一旦发生火灾，留守村里的妇女、老人、儿童有心无力，只能望火兴叹。因而近些年，造成人员伤亡的火灾，大部分都发生在农村地区，伤亡人员还大都是留守的妇女、老人和儿童。二是农村消防器材装备缺乏，扑救火灾的总体效果较差。由于财政紧张、经费不足，绝大多数乡镇无力购置灭火器、消防水泵等必要的消防装备，农村日常用得最多的灭火工具就是橡皮水管、水桶、脸盆等，许多初起火灾得不到及时有效地扑救。

宣传力度不够，群众安全意识淡薄。农村消防安全的宣传力度不够，群众消防法治观念和消防安全意识淡薄。受地理位置远和传播媒介少的客观条件制约，偏僻的农村地区往往成为消防工作无法触及的盲点。一方面，多数村民消防意识和法律意识淡薄，防火灭火常识匮乏，不知火警电话号码，不懂初期火灾的扑救方法，不少农民以为消防队救火要收费，导致火灾后不敢报火警而造成火灾蔓延扩大。另一方面，消防部门也由于人员编制不足，造成管理的力不从心，无法及时提供有效消防服务。

3. 我国消防安全体系发展趋势

我国党和政府历来十分重视消防工作，并利用广播、电视、报纸等宣传工具，加强对广大人民的防火教育。这些对保障国家和人民生命财产的安全起到了很重要的作用。然而，由于农村消防规划、消防基础设施、消防组织和火灾扑救力量的缺乏以及农民的消防法治、消防安全意识淡薄等导致问题仍比较突出。

我国1996年开始组织有关单位和人员系统地开展相关研究，也认识到开展性能化设计和评估技术研究的必要性和迫切性。1998年4月29日全国人民常务委员会九届二次全会通过《中华人民共和国消防法》，这部法律全面、系统地规范了我国的消防工作。有关部门也逐步建立和完善消防监督管理机制，制定了有关的消防技术规范，确定了“预防为主，防消结合”的消防工作方针，建立并不断扩大消防队伍。性能化防火规范以及性能化防火设计，正受到越来越多的国家的关注。消防安全评估技术是性能化规范的重要组成部分，也是我国推行性能化规范急需解决的关键技术问题。村镇火灾损害如图11.1所示。

图11.1 村镇火灾

图11.2 村镇洪灾

【村镇洪灾】

11.1.2 村镇防洪规划面临的形势

我国是洪水灾害十分严重的国家之一，每年由洪水造成的经济损失和人员伤亡不计其数。我国又是个农业大国，农业是国民经济的基础，随着城镇化进程的加快，我国农村地区发展迅速，经济水平快速提高，洪水灾害造成的损失日益增加，对村镇居民的日常生活和农业生产造成巨大影响。村镇洪灾损害如图 11.2 所示。

1. 村镇洪灾的危害

村镇大都是由人类最初的小聚集点经过发展而形成的居民点，其位置多根据人的生产、生活需要而定，很多古老的村镇在其形成初期并没有经过周密的自然灾害考察，常见有村镇位于山下或地势低洼处，也有一些村镇沿河而建，加之村镇并不发达的经济水平，村内也没有足够的防洪排水措施，因此位于河、湖、海旁边及位于雨量较多地区的下游村镇很容易遭受洪水灾害。洪水会导致村镇房屋倒塌、道路交通阻断及基本生活设施的损坏；村镇地区的洪水还会导致大面积农田被淹没，农产品减收或无法收获；由于村镇医疗水平较落后，洪水过后还会导致村民之间及人畜之间传染病的传播。洪水灾害不但会摧毁村民家园，还会淹没农田破坏村民赖以生存的基础，导致农作物减产或绝收，给村镇带来巨大损失，如图 11.3 所示。

图 11.3　村庄受洪灾的影响

2. 我国现有村镇防洪设计规范及存在问题

【中国防洪启示录】

村镇防洪标准即以村镇作为防护对象，根据防洪安全的要求，充分考虑经济、社会、环境等因素的抵御洪水标准，以确保在标准之内的洪水来临时，防护对象安然无恙。

1) 我国现有防洪规范总结

我国现已颁布几部相关的防洪规范(表 11-2)，但是对广大村镇地区的防洪规范尚没有统一规定，各流域或区域在确定防洪规范，编制相应的防洪规划时，还只能以上述规范作为设计的参照依据。

表 11-2 我国已颁布的防洪规范

序号	规范名称	编码
1	防洪标准	GB 50201—2014
2	蓄滞洪区建筑工程技术规范	GB/T 50181—2018
3	水利水电工程等级划分及洪水标准	SL 252—2006
4	水利水电工程设计洪水计算规范	SL 44—2006
5	城市防洪工程设计规范	GB/T 50805—2012
6	城市防洪规划规范	GB 51079—2016

村镇的防洪规划，应建立在分析不同地区的洪水成灾原因、特性和规律，调查掌握主要河道及现有防洪工程的状况和防洪、泄洪能力的基础上，根据洪水灾害严重程度、不同地区的地理条件和社会经济发展状况，来确定不同的防护对象并按现行的国家防洪标准的有关规定执行。

我国《防洪标准》(GB 50201—2014)中规定防洪标准应以洪水的重现期表示，对特别重要的防护对象，可采用可能最大洪水表示。对于以乡村为主的防护区(简称乡村防护区)，根据其人口或耕地面积分为四个等级，各等级的防洪标准按表 11-3 的规定确定。

表 11-3 乡村防护区的防洪标准

等级	防护区人口/万人	防护区耕地面积/万公顷	防洪标准/年
1	≥50	≥20	50～100
2	50～150	6.6～20	30～50
3	20～50	2～6.6	20～30
4	≤20	≤2	10～20

对于人口密集、乡镇企业较发达或农作物高产的乡村防护区，其防洪标准可适当提高，地广人稀或淹没损失较小的乡村防护区，其防洪标准可适当降低。邻近大型工矿企业、交通运输设施、水利水电工程、动力通信设施、文物古迹和风景区等防护对象的村镇，当不能分别进行防护时，应将其各自的防洪标准与乡村的做比较，根据“就高不就低”的原则，按现行的国家《防洪标准》的有关规定执行，另外还应根据需要与可能对超标准洪水做出必要的考虑。

根据国家标准《蓄滞洪区建筑工程技术规范》的有关规定，确定防洪标准相关的抗洪设计方法和计算参数等。

对于需要修筑或邻近水利水电工程的村镇可参照《水利水电工程等级划分及洪水标准》与《水利水电工程设计洪水计算规范》来确定水利水电工程的等级、建筑物的级别和洪水标准，为合理处理局部与整体、近期与远景、上游与下游、左岸与右岸的关系带来帮助。

2) 现有防洪规范设计在村镇防洪中存在的问题

我国的防洪规划编制工作已久，但至今没有一套完整的村镇防洪设计规范。

目前使用的防洪标准还存在不少问题。如仅用洪水重现期的频率来表达防洪标准，这是不完整的，重现期是一个理论值，它仅反映的是防护对象承担的风险程度，其物理意义在一定程度上不够形象、直观；一些规范制定的时间较早，现今的防洪工作中出现的问题未考虑在内，需要更新，例如以前对于由山崩、滑坡、冰凌以及泥石流等引发的洪水研究较少，制定防洪标准的条件尚不成熟，标准中未做具体规定；在制定规范时未对洪水和我国村镇房屋结构类型进行详细分类，未考虑到洪水的冲刷、浸泡、波浪打击等不同形式对不同建筑物材料的影响作用。如《蓄滞洪区建筑工程技术规范》是针对蓄滞洪区内的特定房屋类型，即透空式和半透空式建筑物而设计的，它没有普遍性，同时它只研究了砖砌体、钢筋混凝土和单层空旷房屋的抗洪设计要求，对于其他结构类型未做详细说明。

3) 学者对于村镇防洪规范设置建议

关于防洪标准的表达方式。我国使用的是目前世界广泛采用的洪水频率法，即以洪水重现期或频率表示，对特别重要的防护对象可采用可能最大洪水表示。在描述时如果根据具体的研究对象，可结合典型年、控制断面设防水位、设防流量等进行综合考虑使其更加完整。

不论防洪标准定多高，出现超标准洪水的可能性依然存在，洪水灾害并不能完全避免，因此在制定标准时可以从投资效益和可能发生的灾害损失两方面综合考虑，以确定最优经济标准。

洪水灾害对村镇建筑的损害是相当大的，更改房屋选材和结构是提高房屋抵御洪水灾害的最有效途径，但是由于我国经济发展的不均衡，采用现代钢筋混凝土结构或砌体结构取代传统土木结构，对于经济发展相对滞后的地区一时还难以实现，现阶段只能根据实际情况对房屋安全进行针对性的增强。考虑到不同洪水灾害对不同房屋结构的作用方式，关于如何提高房屋抵抗外力能力，加强保护房屋的地基基础、底部墙体等，在规范中应作详细规定。

根据不同地区洪水成灾特征，采取不同的防洪策略，如东部台风暴潮严重、中部大江大河主要堤防防洪标准低、险工险段多，西部山洪、泥石流、山体滑坡等山地灾害威胁严重在规范中应将其细化，并考虑到洪水灾害对不同结构及选材房屋作用效果不同，针对各种组合方式制定相应的防洪标准。

11.1.3 村镇抗震规划面临的形势

【村镇地震】

随着社会的发展，村镇各方面都有了很大进步，但广大村镇是我国经济基础较薄弱的地区，由于其地理位置、气候条件、基础设施、教育程度、生产力水平等的限制，在灾害发生时，村镇往往受损失最严重(图 11.4)。据地震资料记载，20 世纪全球破坏性地震总数的 1/3 发生在我国，死亡人数占全球总数的 1/2，其中 60% 来自村镇。同样等级的灾害，村镇遭受损失的程度往往远高于城市地区。经济和生产力程度越低，村镇遭受的损失越严重。这是因为与城市相比，村镇基础设计、经济及技术水平较落后，尤其是防灾减灾的措施和基础设施比较欠缺，御灾能力差，灾后救援难度大、效率低。

图 11.4 村镇地震

1. 地震及次生灾害对村镇的危害

1) 地震及次生灾害的危害

在内外应力作用下，地壳积聚的构造应力会突然释放形成的震动弹性波，波动由震源向四周传播会引起地面不同程度的颤动，在地面以上的表现即为地震。简言之即为由于地壳能量释放而在引起的不同程度的地面震动。震源，是“地震波发源的地方”，垂直投影到地面上的点即为“震中”，两者之间的距离即为“震源深度”。地震按照不同标准的分类见表 11-4。

地震可导致大火、洪水、泥石流等次生灾害，次生灾害往往会导致更大的损失。人员伤亡中只有 30%～40%是直接来自地震，50%以上来自次生灾害。为防止地震次生灾害带来巨大损失，应在规划阶段对一些有毒、易产生污染、易发生爆炸、易引起火灾的建筑和场地进行合理布置，减少次生灾害发生带来的危害。对当地村镇历史地震曾引起的次生灾害进行资料统计，对可能造成次生灾害的各种隐患进行清除，如对位于村镇上游的水库等进行加固，防止地震次生水灾；易燃易爆的工厂等建筑应与村镇有合理间距，防止地震引发次生爆炸、火灾等；尽量避免村镇建于地质不稳定的山脉下方，防止地震引发山体滑坡摧毁村镇。同时应对当地易发的次生灾害如火灾、泥石流、崩塌等分别采取相对应的各种防御措施。地震次生灾害可能会造成比地震更加严重的损失，应予以重视。

【地震及其分类】

表 11-4 地震按照不同标准的分类

分 类 方 法	地 震 类 别	分 类 依 据
按照地震成因分类	构造地震	板块学说理论
	火山地震	火山活动或火山爆发，震源浅，震级小(7%)
	诱发地震	水库蓄水、深井注水、陨石坠落等
	陷落地震	溶洞或陷落(3%)

续表

分类方法	地震类别	分类依据
按照震源深度分类	浅源地震	震源深度＜70km
	中源地震	震源深度≥70km 且≤300km
	深源地震	震源深度＞300km
按照震中距分类	地方震	震中距＜100km
	近震	震中距≥100km 且≤1000km
	远震	震中距＞1000km
按照震级分类	小震	4 级以下
	中强震	5～6 级
	强震	7～8 级以上
	特大地震	8 级以上

2) 对村镇的危害

我国位于印度洋板块与太平洋板块双重挤压的中间地带，地理位置较特殊，是世界上遭受地震较频繁的国家之一。根据中国地震烈度区划图，地震烈度为 6 度及以上的地区占我国国土总面积的 79%，地震烈度为 7 度及以上的地区约占 41%，地震烈度为 8 度及以上的地区约占 8.9%，地震烈度 9 度以上的地区占 1%。根据资料记载，27.4%的城市(包括直辖市及地级市区)、32%的县级市以及县(旗)均发生过 5 级及以上有破坏作用的地震，约 93%具有破坏性作用的地震发生在县级市以及县(旗)。我国在历史上发生过的 8 级及 8 级以上的强地震中，只有唐山市 1976 年的 7.8 级地震发生在城市，其余均发生在村镇地区。

地震是对村镇威胁最严重的灾害。以 2008 年汶川地震为例，其受灾特征之一即为村镇人口受灾占较大比例。根据计算，汶川地震受援灾区的县(市)单位共有 18 个，其中农村人口为 495.6 万人，占其受灾人口总数的 77%，上述各灾区县行政单位中农村人口占大部分，比例均在 75%以上，地震灾区受灾人口的农村属性明显。地震还会带来严重的次生灾害，以滑坡、泥石流、崩塌等地质灾害及火灾为主，同时还会造成地面断裂、塌陷等次生灾害。尤其是在山区及丘陵地带的村镇。除此之外，由于村镇防灾减灾设施比较落后，较小的地震也常会带来较大损失，以 2000 年 04 月 29 日的河南地震为例，仅 4.7 级地震却导致 53761 间房屋遭到不同程度的损坏，其中 490 间村镇房屋倒塌，造成 5680 多万元的直接经济损失。地震对村镇的威胁严重，村镇防震减灾问题亟待解决。

2. 村镇的抗震防灾现状问题

1) 抗震设防标准不全

目前村镇规划主要依据现有国家统一标准法律法规、规范与标准，没有根据村镇地质地貌情况制定地方抗震设防标准。

2) 村镇建设与布局现状不佳

我国村镇规模通常小且分散，基础设施配套困难，村镇内街巷窄小，人畜车共行，抗震不利。规划布局与建筑设计缺乏科学性，多沿主要道路分布，不利于抗震疏散。村镇布局无规划性，农民新建住房存在自发随意性等问题，房屋常坐落于山体附近。建设基础很差，建筑技术落后。原有居民点危窑危房多，抗震性极差，农居危房改造建筑仅在旧有土坯房、土木房屋基础上用石灰乳刷白墙面与重搭瓦屋面的简单处理措施，不但解决不了保温隔热等问题，更不能抵御地震灾害。

3) 公共设施条件较差

我国村镇综合交通抗震现状不佳。公路里程总量不足，路网等级低公路里程中国道与省道占用率低，一级、二级公路比重偏低。公路布局呈中心城区放射状，乡镇间公路连通度较差。缺乏货运站、客运站等对外交通联系的枢纽场地。水工程、供电工程、防灾设施均存在不同程度老化、落后等问题，无法满足灾后村镇居民的基本需求。

【地震怎么形成的】

11.1.4 村镇预防气象灾害面临的形势

1. 气象灾害及其种类

【气候变化与气象灾害】

据统计，气象灾害约占自然灾害总数的60%左右，我国地域辽阔，气候类型多种多样，村镇发生气象灾害的频率也较高，对农业等造成的经济损失较大(图 11.5)。气象灾害包括干旱、沙尘暴、雪灾、冰雹、寒潮、台风、暴雨、大雾、冻害、龙卷风等。

图 11.5 村镇气象灾害

村镇防风规划所指风灾是指台风过境所带来的暴雨、冰雹、龙卷风等，这类灾害对村镇威胁尤为严重。以暴雨为例，暴雨是对我国影响较大的气象灾害之一，尤其在村镇，均匀而持续的降雨会对农作物水分需求有很好的补充作用，如果降雨在短时间内大强度出现而形成暴雨，将会造成农作物被毁、收成减少，同时大量的降雨会破坏土壤，冲刷农田，给村镇带来极大的经济损失。

2. 气象灾害的特点

(1) 强度大、范围广。由于气象灾害一般与气候特征有关，因此气象灾害一般会影响这一带具有相同气候特征的地区，并且具有较大的强度。

(2) 地域性。我国气候类型多样，不同地区有不同的气候特征，不同的气候特征往往会造成不同的气象灾害。如沿海地区以暴雨、台风等气象灾害为主，而在非沿海地区，气象灾害可能有大雾、冰雹、干旱、寒潮等。

(3) 转移性。我国气候类型多样，各个地区的气候会随着季节的变化而变化，因此气象灾害也会跟随气候变化在地域上发生转移。

3. 村镇防风减灾规划策略

易形成风灾地区的村镇选址应避开与风向一致的谷口、山口等易形成风灾的地段，因为大风气流被突然压缩，急剧增大风速，会造成巨大风压或风吸力而形成灾害。

易形成风灾地区建筑物的规划设计除应符合现行国家标准《建筑结构荷载规范》(GB 50009—2012)的有关规定外，还应符合下列规定，以尽量减少强大风速的袭击，降低建筑物本身受到的风压或风吸力：建筑物宜成组成片布置；迎风地段宜布置刚度大的建筑物，体型力求简洁规整，建筑物的长边应同风向平行布置；不宜孤立布置高耸建筑物。

在易形成风灾地区的镇区边缘种植密集型防护林带，为防止被风拔起，需要加大树种的根基深度。同时，处于逆风向的电线杆、电线塔和其他高耸构筑物，均易被风拔起、折断和刮倒。因此，在易形成风灾地区的镇区规划建设，必须考虑加强对风的抗侧拉、抗折和抗拔力。

易形成台风灾害地区的村镇规划应符合下列规定。

(1) 滨海地区、岛屿应修建抵御风暴潮冲击的堤坝，抵御台风引起的海浪、狂风和暴雨。要建立台风预报信息网，配备必要的救援设施。

(2) 确保风后暴雨及时排除，应按国家和省、自治区、直辖市气象部门提供的年登陆台风最大降水量和日最大降水量，统一规划建设排水体，及时排除台风带来的暴雨水。

(3) 应建立台风预报信息网，配备医疗和救援设施。宜充分利用风力资源，因地制宜地利用风能建设能源转换和能源储存设施，是节约能源，推广清洁能源，实行能源互补的重要手段。

11.1.5 村镇传染病防控面临的形势

疫病致灾分为生物性和非生物性。急性传染病即是生物性灾害主要表现之一，其由病原生物所引起并传播给他人，并迅速传播造成流行，严重危害人体健康。1978 年国务院修订的《中华人民共和国急性传染病管理条例》和 1989 年通过的《中华人民共和国传染病防治法》共规定了甲、乙、丙类等 35 种法定传染病。

目前我国村镇一般采取隔离空间来阻断传染病的蔓延。在现代村镇型居民点空间布局日益密集的情况下，应该将村镇进行分区，防灾分区中设置隔离空间以防止传染病的扩散，这样可以有效地减少灾害损失。

11.1.6 村镇地质灾害防治面临的形势

【地质灾害】

1. 地质灾害的定义及其分类

地质灾害是一种会使人类、社会及环境遭受危害及恶化的地质作用，也可以是一种地质过程，包括滑坡、泥石流、地面沉降、崩塌、地裂缝等各种地质作用导致的灾害。根据我国地质灾害的初步分类，地质灾害一共分为 10 大类，38 中类。地质灾害多发于山区、丘陵及特殊地理位置的村镇，在平原村镇中发生概率较小。

2. 我国地质灾害的特征

(1) 气候因素是地质灾害重要的致灾因素之一，一些恶劣的气候结合较易发生灾害的地质条件就会导致地质灾害。我国气候种类多样，地域很广，不同地域有不同的地质条件，地质灾害有明显的地域分布特点。如我国西南部山区泥石流、滑坡、崩塌等地质灾害严重，平原地区如华北平原等“地裂缝、地面沉降、沼泽化”等地质灾害严重。

(2) 地质灾害常作为次生灾害伴随地震、洪水等灾害的发生。地震发生时往往会造成地裂缝、崩塌、滑坡等次生地质灾害，洪水的发生往往会导致泥石流、滑坡等次生地质灾害。次生地质灾害的发生往往会使灾害损失成倍增加。

3. 村镇地质灾害的防灾策略

地质灾害发生，一是地球内部活动所引发的地质作用造成的，二是由于气候、人类活动等作用造成的。对于前者，地球的内部活动是人力所不能阻止的，因此人类只能发展监测、预警技术，对地球内部活动进行观测，地质灾害多发地区，应提前做好地质灾害发生后的逃生准备工作。对于第二个原因，应该对暴雨等易引发泥石流、滑坡等地质灾害的气候要素进行密切监测，人类活动应在控制合理范围内，应用科学的开发方法和途径，避免因人类过度开采、钻井等行为引发的地质灾害。对于地质灾害，还有以下防灾策略。

(1) 村镇选址时应尽量避免地质条件恶劣的地区，对当地的地形、地势、降水等条件进行详细调查，避免选址于岩石倾向不稳定的山脉下部。

(2) 山体上方排水不利易导致滑坡，应对易产生滑坡的山体上部及其周围排水情况进行改善，设置排水沟渠，将其流向改至距滑坡地点较远的地方，或在其上部设拦截水流的障碍物，防止排水不利对山脉坡体长期浸泡而导致滑坡。

(3) 对较易发生地质灾害的山脉进行绿化，耕种植被。

(4) 对地质情况的改变做好监测工作，同时发动群众对易产生地质灾害的地段多进行观察，提高预警效率。

【如何远离地质灾害】

地质灾害在我国村镇比较严重(图 11.6)，往往会给人民带来极大损失，应在研究地质灾害发生、发展和作用原理的基础上，大力发展地质灾害的防灾减灾技术手段，通过技术监控、预警与人类活动的适度化来降低灾害发生概率，减少灾害损失。

图 11.6　村镇地质灾害

11.2　村镇消防规划

11.2.1　村镇消防规划编制原则、任务和内容

全面推进城乡一体化建设，必须规划先行。在村镇规划的指导下，才能更好地统筹来自各政府部门的公共资金，解决当前农村公共消防设施严重短缺的问题，消除那些涉及村镇安全的消防安全隐患，保障村镇经济社会健康发展和广大农民群众安居乐业。

1. 村镇消防规划编制原则

在消防规划编制过程中，要牢固贯彻“预防为主，防消结合”的消防工作方针，坚持以科学发展观为统领，切实将村镇建设进程中消防规划和建设的各项任务落到实处；按照以人为本、因地制宜、全面协调可持续发展的原则，把建设资源节约型、环境友好型社会的要求落实到新农村消防规划和建设的具体实践中。编制单位要切实将消防规划和建设的出发点与落脚点放在不断加大村镇消防设施建设力度，提高村镇的自防自救能力，保障村镇经济社会健康发展，构筑良好的消防安全屏障上来。

2. 村镇消防规划编制任务

按照“农村城镇化、城乡一体化”的总体发展思路。村镇消防规划建设工作是城乡一体化建设中的一项紧迫任务。对于目前尚无村镇总体规划或有总体规划但消防规划内容不全的村镇，迫切需要开展消防规划的编制工作。对于农村区划调整、撤并的村镇，要及时修编、调整原有的消防规划；经济发展速度较快、原有规划不适应经济发展的村镇，应及时修编消防专业规划。在村镇总体规划编制或修订时，要将消防规划作为重要内容进行同步编制或修订，努力实现村镇消防规划全覆盖。在消防规划的编制形式上，可以采用村镇消防专业规划和村镇总体规划消防专篇两种形式。

3. 村镇消防规划编制内容

村镇消防规划编制主要应包括村镇消防安全布局、消防站、消防给水、消防车通道、消防通信规划等内容。消防规划应当由规划文本、规划图纸、规划说明三部分组成。其中规划文本应包括规划范围、规划期限、消防安全布局、消防站、消防给水、消防车通道、消防通信等主要内容；规划图纸应包括村镇消防安全布局现状、规划图，消防设施现状、规划图；规划说明应当明确规划建设的年度计划和实施建设的责任主体、建设资金等。

11.2.2 村镇消防规划布局

1. 消防安全布局

村镇建设应按功能合理分区规划。居住区选址应避开泄洪区、泥石流区和地下采空区；工业区宜布置在村镇的一侧或边缘；生产和储存有爆炸危险性的甲、乙类厂(库)房应布置在村镇边缘安全地带。已经设置且严重影响消防安全的易燃易爆厂(库)房，必须纳入改造规划，采取限期迁移或改变使用性质等措施，以改善消防安全条件。

【微型消防站建设专题】

合理规划液化石油气供应站、气化站、混气站、汽车加油(气)站和煤气(天然气)调压站的位置。合理规划油品和可燃气体输送管道的位置，不应在管道安全保护距离内规划建设建筑物。

村镇建筑应尽量采用一、二级耐火等级，控制三级耐火等级，严格限制四级耐火等级。结合“草危房改造”，将原有耐火等级低、相互毗连的建筑群规划改造；改造确有困难的，应积极采取防火分隔，提高耐火性能，改善用火和用电条件，增设消防水源等措施，来改善消防安全条件。

集贸市场不应设在影响消防车通过的地段，逐步清理和拆除占用堵塞消防通道的各类违法建、构筑物。经常逢集或举办庙会的村镇，应规划专门的集市区域。

与林区相邻的小村镇距成片林边缘的防火安全距离不宜小于300m。

2. 消防站

村镇应规划建设消防站。消防站的规模、形式应根据村镇经济发展状况、镇区规模、区域位置、产业结构和火灾情况等因素确定。

成片规划的片区应当在片区内的中心镇或其他适当位置，参照《城市消防站建设标准》，规划并逐步建设标准型普通消防站，组建专职消防队。

经济较为发达，区面积已经超过4km^2，人口超过1.5万人的村镇，应当规划并逐步建设小型普通消防站，近期规划应先配置一辆消防车和其他必要的消防装备、器材，利用村镇公安警务室、联防队等力量，组建多种形式的消防队。

其他村镇可根据实际情况，利用村镇公安警务室、联防队等力量，组建多种形式的消防队，配备轻便型消防车或机动消防泵和其他必要的消防装备、器材。

积极鼓励企业参与村镇消防站建设。依托企业规划建设的消防站，村镇在建站用地和运行费用上应当给予必要扶持。

对不同规模的镇，设置消防站、消防值班室、义务消防队的具体要求，按《城市消防站建设标准》中对消防站的责任区面积、建设用地所做的规定：标准型普通消防站的责任区面积不应大于7km^2，建设用地面积2400～4500m^2；小型普通消防站的责任区面积不应大于4km^2，建设用地面积400～1400m^2。

3. 消防给水

村镇应规划建设生产、生活、消防合用的消防给水管网，消防给水管网宜成环状。

村镇消防用水量应按同一时间内的火灾次数和一次灭火用水量确定。消防给水管道设计流速不宜大于 2.5m/s。管网末端最小管径不应小于 100mm，并保证生产、生活用水量达到最大时仍能满足消防用水量。

镇区消火栓应沿道路设置，其间距不宜大于 120m，管网末端的消火栓压力不应小于 0.14MPa。

村镇应规划利用江河、湖泊、水塘等天然水源作为消防水源。靠近河流、湖泊、水塘的厂(库)区和堆场应规划修建消防车取水码头。

给水管网不能满足消防用水要求且无天然水源的地方应设消防水池。

4. 消防车通道

利用道路硬化和桥梁改造，进一步拓宽村镇道路。畅通消防通道，提高消防车通行能力，村镇路网布置应当满足消防车通行要求。

消防车通道的宽度不应小于 3.5m，其净空高度不应小于 4m。

街区内的道路应考虑消防车的通行，其道路中心线间的距离不宜大于 160m，当建筑物沿街部分的长度大于 150m 或总长度大于 220m 时，应设置穿过建筑物的消防车道。当确有困难时，应设置环形消防车道。

有封闭内院或天井的建筑物，当其短边长度大于 24m 时，宜设置进入内院或天井的消防车道。有封闭内院或天井的建筑物沿街时，应设置连通街道和内院的人行通道(可利用楼梯间)，其间距不宜大于 80m。

5. 消防通信规划

结合“农话改造”和电话普及，改善农村消防报警的通信条件，村镇电话与“119”火警调度台应实现“119”直拨。“119”火警调度台的专线不应少于 2 条。

6. 其他方面

结合农村电网改造和能源改革。积极研究落实枯秆气化和沼气工程的消防安全措施。加强用火用电消防安全管理，满足农村防火工作的实际需求，不断改善农村消防安全条件和状况。

11.2.3 加强村镇消防工作的对策措施

1. 消防规划审批

村镇总体规划中消防规划内容不符合规定要求的，不得批准实施。村镇消防专业规划由县级市人民政府委托公安部门会同建设行政主管部门组织评审，报有权审批的单位批准。

2. 消防规划建设管理

人民政府是村镇消防规划建设的责任主体。在村镇总体规划时，应当将消防规划的内容纳入总体规划或制定消防专项规划，并明确相关职能部门的建设管理责任，逐步建立公共消防设施经费保障机制，落实建设和管理维护资会，并随着经济和社会发展的需要同步增长，确保公共消防设施的建设和管理工作适应扑救村镇火灾的实际需要，使公共消防设施建设与农村经济社会发展相协调，切实提高农村灭火自救能力。

各级公安、建设行政主管部门应当定期组织对村镇消防规划建设情况进行检查指导和监督。大力推进村镇消防规划建设的管理工作的落实。对埋压、圈占消火栓或者占用防火间距、堵塞消防通道的，或者损坏和擅自挪用、拆除、停用消防设施、器材的违法行为，公安消防部门应当及时依法进行查处。

加强领导，发挥政府职能，健全管理网络。一是各乡镇要成立由政府领导负责，派出所、综治、民政、建设(规划)、农业以及教育、文化等部门负责人参加的农村消防安全组织管理机构，切实担负起农村消防工作的领导、综合协调和监督检查职能。二是明确职责，落实责任，层层签订消防安全目标责任书，上级政府加大对乡镇开展消防工作的督查力度与密度。三是乡镇人民政府要制定工作措施，切实将消防工作纳入社会治安综合治理考评内容，考评情况与单位评定荣誉、个人晋升奖惩和乡镇领导政绩挂钩。四是各村(居)民委员会和驻村企业及各种形式的经济成分组织要成立消防安全工作领导小组和义务消防队伍，配备专(兼)职防火人员，分片包干落实到人头，并鉴定责任书，同时，确定防火巡视员，具体负责农村防火工作的落实。

以人为本，普及消防常识，提高农民消防意识和法治观念。农村消防安全宣传教育应始终坚持以人为本的指导思想，把对人的教育放在第一位，积极推进消防宣传工作，充分利用各种宣传媒体和宣传阵地，对不同人群开展有针对性消防法律法规、消防知识的宣传教育，增强人们的消防观念，引导他们积极主动参与消防安全工作。将消防法律法规和消防安全知识的宣传教育纳入当地普法教育内容，用消防安全的先进典型和火灾事故案例教育引导村民群众等方式，提倡移风易俗，改变不良用火习惯。加强火灾多发季节的消防安全检查，加大农村火灾事故的查处力度，尽快查明火灾原因、性质，对消防违法犯罪行为要依法做彻底斗争。

3. 正确处理好消防规划、分阶段和年度实施计划的关系

消防规划的实施是一个长期的工作，要通过分阶段，分清轻重缓急，扎实推进。分阶段、分年度逐步落实加以完成。分阶段就是分近期和远期，分年度就是每年应有完成指标，正确处理好消防规划与分阶段、分年度实施计划之间的关系，加强村镇消防规划实施的计划性，杜绝规划执行过程中的随意性。

11.3 村镇防洪规划

1. 确定洪水类型

【大型洪水】

防洪措施要根据洪水类型确定。按洪灾成因可分为河洪、海潮、山洪和泥石流等类型。河洪一般应以堤防为主，配合水库、分(滞)洪、河道整治等措施组成防洪体系；海潮则以堤防、挡潮闸为主，配合排涝措施组成防洪体系；山洪和泥石流工程措施要同水土保持措施相结合等。

防洪措施要体现综合治理的原则，实行工程防洪措施与非工程防洪措施相结合。

2. 村镇防洪规划策略

1) 完善村镇防洪规划

村镇防洪应首先建立或完善村镇防洪规划，并与村镇规划协调，同时应结合村镇农业规划、水利规划、河流规划等相关规划，避免出现设施的重复设置。根据村镇人口情况、村镇耕地面积等数据确定村镇防洪标准，按照国家规定的防洪标准设防；通过调研确定村镇易发洪灾的类型，明确应配备的防洪设施的数量、规模等；由于村镇经济水平的限制，应本着“平灾结合”的理念，将防洪设施或相关防洪工程与村镇日常生产或农业活动的设施结合配置，降低防洪投入成本；严格遵循国家规范标准设立村镇防洪规划，如《防洪标准》等。调查村镇附近及穿过村镇的河流的历史演变、水流量、历年洪水发生情况以及村镇洪灾损失等，通过定性分析与定量计算对河流本身防护整治，在对村镇进行防洪规划的同时结合河流附近的植被与水土保持，确定适合村镇经济能力的防洪策略；村镇如果靠近大型或重要工矿企业、交通运输设施、动力设施、通信设施、文物古迹和旅游设施等防护对象，并且又不能分别进行防护时，该防护区的防洪标准要按其中较高者加以确定。

2) 新建或重建村镇选址应首先考虑防洪

现代的村镇规划设计中，虽然强调“征服自然，改造自然”，积极兴起江河整治的工程建设，修筑堤坝防止洪水，建造水坝拦蓄洪水，但常常忽视“用水之利而避水之害”的营造思想。新建村镇或者灾后重建村镇在选址阶段即应对村镇周围的环境进行勘测分析，不但要排除地质灾害隐患，还应对所选地段每年的降雨量以及周围的河、湖、海等水量资料进行分析，调研上游地段是否有大型水库、蓄水池等大型储放水设施，对于临山地段还应关注本地降雨量对山下村镇的影响，防止因降雨造成山雨在山下村镇汇集形成洪灾。村镇选址阶段对洪灾隐患的排除可以大大降低洪灾对村镇的威胁，避免以后采用工程手段消耗人力物力去防洪。

3) 防洪设施构筑原则

修建围埝、安全台、避水台等就地避洪安全设施时，其位置应避开分洪口、主流顶冲和深水区，其安全超高值，见表 11-5。位于易发生洪灾地区的镇，设置就地避洪安全设施，要根据镇域防洪规划的需要，按其地位的重要程度以及安置人口的数量，因地制宜地选择修建围埝、安全台、避水台等不同类型的就地避洪安全设施，该安全超高的数值要按蓄、滞洪时的最高洪水位，考虑水面的浪高及设施的重要程度等因素确定。

表 11-5　就地避洪安全设施的安全超高

安 全 设 施	安置人口/人	安全超高/m
围埝	地位重要、防护面大、人口≥10000 的密集区	＞2.0
	≥10000	2.0～1.5
	1000～10000	1.5～1.0
	＜1000	1.0

续表

安全设施	安置人口/人	安全超高/m
安全台、避水台	≥1000	1.5～1.0
	＜1000	1.0～0.5

注：安全超高是指在蓄、滞洪时的最高洪水位以上，考虑水面浪高等因素，避洪安全设施需要增加的富余高度。

4) 村镇建筑防洪设计

水量过大的洪水在流动过程中有较大的冲击力，会导致建筑坍塌，如山洪暴发。竹、木类建筑在村镇中仍旧比较常见，山洪暴发时水流比较湍急，水量比较大，这些强度较低、结构较不稳定的建筑会因洪水巨大的冲击力而倒塌。在洪水多发地段，建筑应以砖柱为承重结构，并提高其抗洪能力。持续性降雨形成的洪水虽然没有很大的冲击作用，但在地势低洼处，洪水在其形成或滞留阶段会持续浸泡建筑，生土为主的建筑被洪水长时间的浸泡会因浸水部位(多为基础部分)软化而造成建筑倒塌，因此地势低洼地段的生土墙建筑应采用坚实材料作基础，如砖、石等材料，石砌基础的高度应不低于洪水淹没线，并以砂浆勾缝，提高其牢固程度，砂浆指标应≥M2.5。

蓄滞洪区为洪水提供贮存场所，包括低洼地、湖泊等。其附近村镇建筑承重材料宜采用砖砌体，应采用实心砖墙，不应采用生土结构，砖墙的厚度应≥240mm。为降低墙体承受的水压和冲击力，墙体应均匀开设门洞、窗洞等，开洞率≥0.32，若开洞位置与建筑使用有冲突时，可以将墙体的局部构造减弱进行协调。

5) 村镇其他防洪策略

避难点：集会舞台、高台等可作为暂时避难点。此类设施在规划时应避开泄洪口，避免设置于村镇低洼地。村镇应配备完善的洪灾救援系统，可结合村镇防灾总体规划进行设计，避免防灾资源的重复设置。

河道：清除河中障碍物及两岸伸至河中的植物、树木等；修理弯曲程度较大地段，保证水流的畅通；计算确定适宜的河道宽度，防止河道过小泄水能力不足导致河堤坍塌对附近村镇造成灾害；清理河道过宽导致沙泥淤积形成的“夹心滩”。

河道交口：对处于两河交口处的村镇，可将两河支流的交点改在村镇的下游地区。

河堤、河岸：加固河堤及河岸，加深洪水灾害严重地区的河堤基础，在河流两侧对村镇有影响的地段加建防洪工程。

防洪堤坝：在洪水上游地段修建防洪堤坝或截洪沟，将洪水疏导至村镇两侧。绿化村镇上游的坡地、山体等，防止水土流失。

11.4 村镇防震减灾规划

11.4.1 村镇防震工程

防震工程即通过技术手段加强建筑物、构筑物和生命线系统等的抗震能力，使其在遭遇设防烈度内的地震时不出现严重破坏，能够继续保持良好工作状态，进而降低生命和财产损失。地震灾害损失主要来自建筑物的倒塌和由此引起的次生灾害，因此防震工程是防震减灾的重要方式。

防震工程主要包括以下两方面。

【抗震设防】

1. 抗震设防

在新建建筑、构筑物和基础设施时应当对其进行抗震计算和采用抗震构造措施，使其满足抗震设防要求。除了建筑物，生命线工程和容易产生次生灾害的工业设施都应该进行重点设防。

2. 工程鉴定和加固

对已经无法满足当地抗震要求的建筑物、构筑物和生命线系统，利用抗震技术措施对其进行抗震加固改造，提高其抗震性能。

11.4.2 村镇防震规划布局

1. 村镇规划布局

地震烈度与地震级别、震源深浅、离震中距离和场地的地质特征有关，其中场地地质特征对烈度的影响非常大。受断裂带影响，地震高烈度区域明显沿着断裂带程带状分布。

1) 村镇规划选址

村镇建设前依据地质条件对待选址区域进行地震灾害风险评估，选址应避开容易发生大烈度震害的区域，避开潜在的滑坡体，防止地震引发的大型滑坡灾害。

2) 建设场地的选择

建设场地的选择见表 11-6。

表 11-6 建筑抗震场地条件划分

地段类别	地形、地貌、地质条件特征
有利地段	稳定基岩，坚硬土或开阔、平坦、密实、均匀的中硬土
不利地段	软弱土，液化土，条状突出的山嘴，高耸孤立的山丘，非岩质陡坡，河岸和边坡缘，平面分布上成因、岩性、状态明显不均匀的土层(如古河道、断层破碎带、暗埋河塘、半填半挖地基)等
危险地段	地震时可能发生滑坡、崩塌、地陷、地裂、泥石流等以及发震断裂带上可能发生地表错位的部位

建筑场地的地质条件对建筑在地震中的生存能力影响很大，若建筑所在场地地震构造复杂，如靠近断裂带、地裂缝等，地震烈度就会明显大于附近区域，重要建筑物选址应避开断裂带 100～200m 的距离，并且根据地质勘测建议不同区域适合建设的建筑结构类型。建设前对建设场地进行勘探，避开不利的场地。

2. 建筑设计

1) 建筑抗震设计原则

建筑设计大体上需要遵循的大的原则包括选择合适的结构体系，建筑平面立面要简洁，设置多道防线。单体建筑设计要遵循“小震不坏、中震可修、大震不倒”的设计思想，结构设计除了满足一般情况下的正常结构要求，还要保证遭遇大地震情况下应该延性破坏，至少不可以垮塌，给人们逃生的时间。

2) 建筑结构体系选择

【抗震建筑】

重视结构体系选型，选择受力明确的结构体系，避免选择砖混—框架混合体系，砖混建筑要按照规范或参照规范要求设置构造柱和圈梁，宜采用横墙承重，上宅下店建筑避免采用砖混内框架结构和砖混—框架混合体系，框架结构体系设计过程中要体现强柱弱梁、强剪弱弯的设计思想。在过去的震害中，之所以出现很多强梁弱柱的破坏，是因为在建筑结构设计过程中低估了混凝土板对梁的刚度和强度贡献，设计时应将板的刚度和强度贡献予以充分考虑。建筑平面立面布置宜对称、规则和均匀。建筑设计时有意设置多道防线。单体建筑设计时，谨慎采用悬挑结构和跨度过大的结构形式，加强楼梯间等逃生关键部位的设计，特别针对砖混建筑要加强构造措施。在所调研的村镇中普遍存在砖混建筑缺乏构造柱、圈梁或者设置不合理等问题。

3. 救灾设施

1) 紧急疏散场地

参照村镇人口规模设置足够数量和大小的广场或公园作为疏散场地，广场和公园可以利用地裂缝等地质条件差的区域以充分利用土地资源。疏散场地按照人均 $2m^2$ 为下限。

2) 紧急疏散通道

结合村镇路网规划紧急疏散和救援通道。设置疏散通道时，通道的宽度要确保两旁建筑倒塌后通道仍然畅通。疏散通道要便于到达疏散场地。

3) 灾害救援场所

为了方便灾后对受灾群众进行紧急救治和安置，医院、政府等部门宜结合广场布置，并且选择安全度高的区域。地震发生的刚开始阶段主要依靠自救，灾后结合指挥中心、急救医院和广场，实施自救效率会更高。

4) 生命线系统

生命线系统建设应充分考虑其抗震要求，设计时考虑一定冗余，使其地震后仍然能够正常工作或能够迅速恢复。对生命线系统的设置要适当分散化，确保震后仍能够满足最基本功能需求，分散设置一定的物资储备，重点确保通信畅通、电力持续供应和救援道路畅通，为救灾提供基础支持。

11.5 村镇生命线系统建设

生命线系统指的是遇到紧急情况，维持村镇居民最基本生存保障的交通、信息和供给系统，是村镇防灾减灾规划中的重要组成部分，尤其对于交通相对闭塞的区域，生命线系统是村镇遭受灾害时的重要救援保障。它包括四个部分：交通运输系统、给水排水系统、能源和电力系统、信息情报系统。

【构筑城市“生命线”】

1. 交通运输系统保障

交通运输系统包括铁路线、公路系统等。村镇遭受灾害时，灾区受灾人员疏散、受灾区域输送救灾物资和救援人员抵达都要依赖这一系统。对于村镇来说，过境公路起着对外运输的主要通道，很多村镇只有两个交通出入口与外界相联系，保证过境公路在村镇受灾时畅通无阻对于村镇救灾和减少灾害损失非常重要。村镇道路与外界联系的过境路很多是削坡修路，很容易因为塌方而处于中断状态。

山路塌方的主要原因是人为削坡和山体植被破坏。没有人为扰动的山体塌方的情况要明显少一些，所以在修筑对外联系公路的时候要尽量减少削坡修路，若必须削坡修路则应该保障地表植被不被破坏，在道路旁和道路上方修截水沟，防止大量地表水渗入山体为滑坡创造条件。在山腰上修路的时候注意进行地质状况评估，减少地质灾害诱发，修路时将生态保护和避免地质灾害诱发作为必须遵循的准则。在地质条件比较脆弱和地形复杂的地方可以用修桥、涵洞和隧道代替削坡修路。桥梁和隧道代替公路，可以保证山体植被和土体不会被扰动太多，与削坡修路相比较，交通受坍塌影响的可能性较小。

2. 给水排水系统保障

给水排水系统指的是保障村镇正常运转所必需的饮用水供给和污水排放设施。诸如地震等灾害会使给水排水系统受到破坏，使遭受灾害的村镇运转困难。设计村镇给水排水系统时要结合当地的抗震基本烈度，采用适当的抗震措施，如提高管道材料的强度，采用减震支架和柔性管道接头等。设置多个水源，以避免单个水源遭受破坏带来的风险。

3. 能源和电力系统保障

能源供给是降低灾害影响、迅速恢复村镇正常运转的有力保障，对于村镇而言电力系统主要包括供电线路和配电设施等。生命线系统各要素之间有很强的相关性，电力系统瘫痪会导致给水排水系统陷入瘫痪，信息系统无法正常工作，医院等重要部门也会受到影响。由此可见电力系统应该是生命线系统的关键系统，在规划建设村镇时，应该将电力系统作为生命线工程的重点保障来建设，提高电力系统的抗灾能力，确保即使电力系统遭受破坏也应该能够迅速恢复。

4. 信息情报系统保障

信息情报系统主要包括有线、无线电话、网络设备、广播电视等各种信息媒介。部分村镇由于位置偏僻，交通不便，在遭受大的灾害的时候很容易成为灾害孤岛，处于孤立无援的境地，所以确保村镇在受灾后保持通讯正常是十分重要的。信息畅通可以使外界及时掌握村镇的受灾情况，并及时采取相应的救援措施。

11.6 村镇综合防灾工程

1. 综合防灾的内涵

综合防灾作为一种发展中的系统整体优化管理模式，国际社会也尚无完整规范的定义。综合防灾包括以下三层含义：一是防灾贯穿于灾前预防、灾中救助和灾后的恢复重建全过程；二是防灾包括各灾种的防灾；三是防灾有实体机构实行综合统一的组织管理，有完善、畅通的灾害信息共享机制和灾情评估及辅助决策系统。

综合防灾(图 11.7)的内涵至少体现在如下几方面：一是它建构在大安全观下，全面认知并整合各类灾害；二是灾害信息采集环节后的信息共享与综合；三是应急预案与防灾规划的综合；四是防灾全过程优化基础上的综合；五是社会与政府防灾行为的联动；六是应急管理与发展规划结合；七是防灾“硬件”与“软件”的综合。

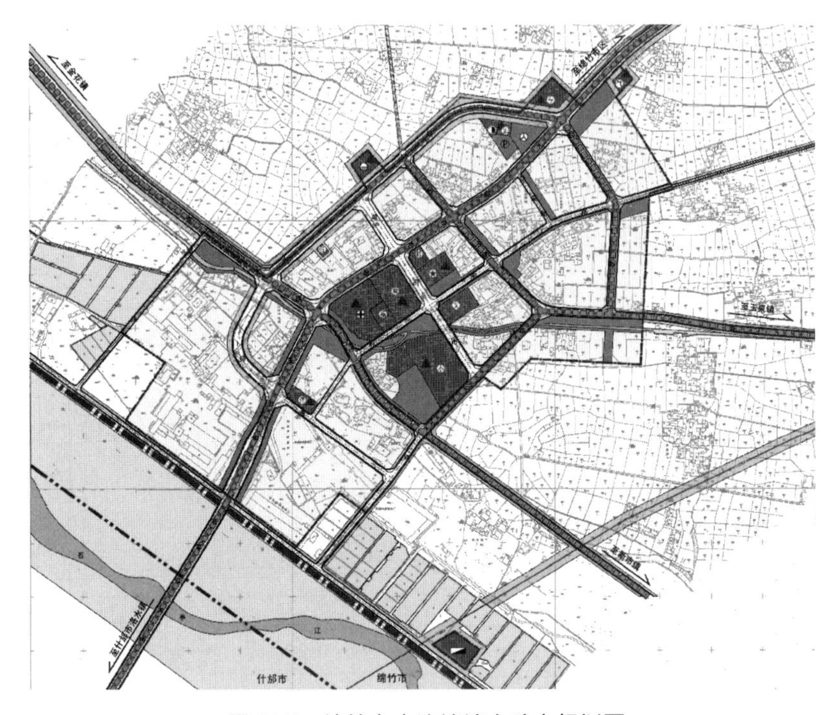

图 11.7　绵竹市广济镇综合防灾规划图

2. 村镇综合防灾的特点

村镇综合防灾的最大特点就是它的综合性。综合即是整合，对防灾资源的整合，具体可以从以下三个方面看：①组织整合，即建立综合防灾管理的领导机构，应急指挥专门机构和专家咨询机构；②信息整合，加强灾害信息的收集、分析及处理能力，为建立综合减灾管理机制提供信息支持；③资源整合，旨在提高资源的利用率，为实施综合减灾管理和增强应急处置能力提供物质保证。

综合防灾就是强调系统化的综合分析与决策，作为规划的指导思想应抓住“综合”的关键，即协调好如下关系。

(1) 经济建设与防减灾建设一起抓。

(2) 防灾、抗灾、救灾与恢复建设一起抓。

(3) 各行政管理部门应相互配合，实施工程与管理的综合网络。

(4) 工程性防灾的硬措施与非工程性防灾的软措施的结合。

(5) 数据观测、灾情资料、趋势预测的交流、发布预替与救灾措施的交流。

(6) 防灾与兴利相结合。

(7) 政府科技行为与社会公众参与安全文化活动等。

3. 村镇综合防灾规划

村镇防灾规划的目的是减少灾害给城市居民带来的生命和财产损失，也称防灾减灾规划。防灾减灾规划应为综合防灾，通过分析洪灾、火灾、地质灾害、震灾、气象灾害等灾种的特点和产生的后果等，为村镇各项设施的建设和规划设计提供必要的防灾减灾依据，村镇防灾减灾规划应在村镇规划之初就纳入考虑范围，为灾害发生后的村镇提供补救措施，而不应作为村镇规划的补充内容。《村镇防灾规划技术规范》中规定：“村镇防灾规划范围和适用期限应与村镇总体规划保持一致，对一些特殊措施，应明确实施方式。”村镇规划应该从总体上指导村镇防灾规划，村镇防灾规划中重要的战略思想应从宏观和微观两方面为村镇总体规划提供必要的依据，尤其是与村镇布局、土地利用、村镇设施等相关的策略。村镇综合防灾减灾规划的编制如图 11.8 所示

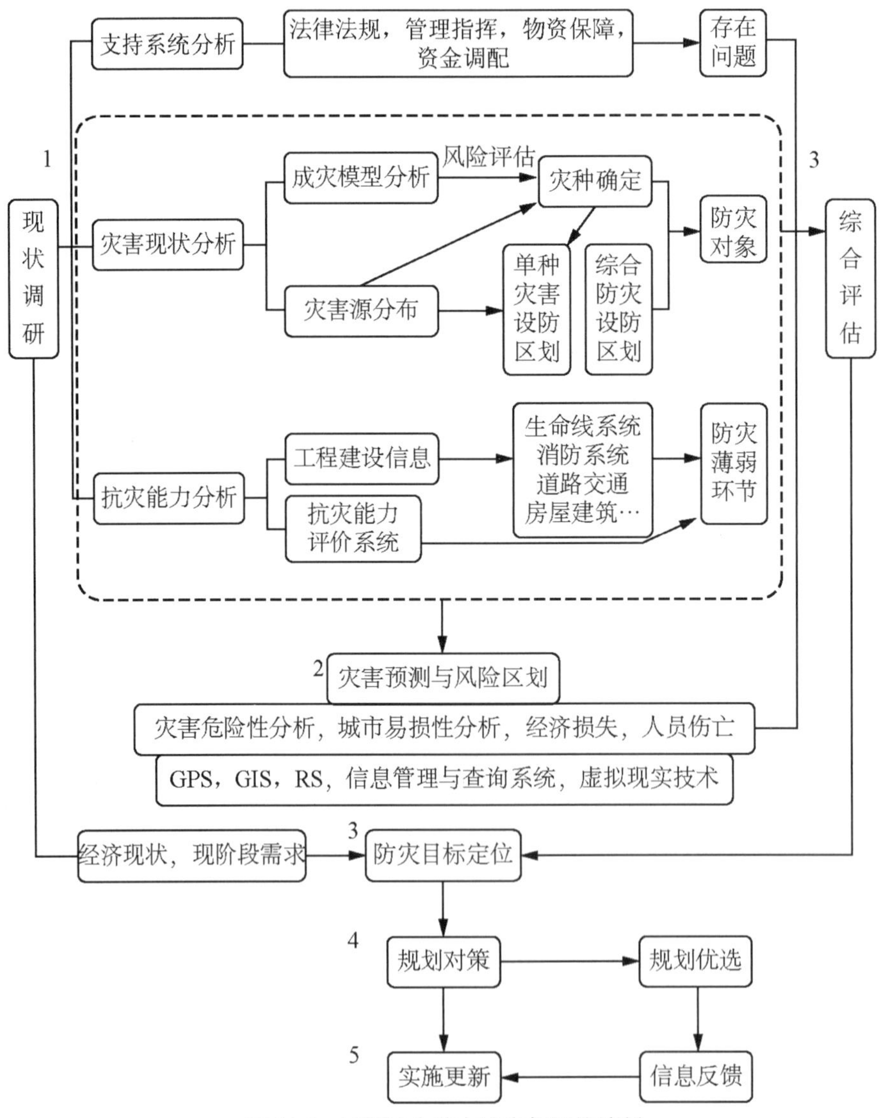

图 11.8　村镇综合防灾减灾规划的编制

村镇综合防灾减灾规划在编制过程中应贯彻“预防为主，防、抗、避、救相结合”的方针，为适应村镇发展现状，本着节约资源和减少投资的原则，采取平灾结合的防灾规划手段，根据不同村镇的地理位置、气候条件、经济水平等方面的差异，因地制宜采取措施制定规划。村镇防灾减灾规划应根据村镇本身特点，分析并确定其较易遭受的灾害种类，在规划制定过程中有针对性地对重点灾种重点考虑，并与村镇总体规划统筹协调，减少设施建设的重复投入和资源浪费。村镇综合防灾规划还应建立完备的灾后救援体系，如村镇日常生活中应保证避难场地可随时使用，长期性的避难场地应配备必需的供水、供电等设施，同时应在村镇中储备一定量的灾后救援所需物资，条件允许的村镇还可修建灾后救援储备物资的专用仓库等。

本章小结

本章主要学习的内容是村镇预防气象灾害面临的形势；村镇地质灾害防治面临的形势；村镇消防规划；村镇防洪规划；村镇防震减灾规划；村镇生命线系统建设；村镇综合防灾工程。这些内容是学习村镇防灾减灾规划方法的基本知识。

村镇防灾减灾规划应为综合防灾，通过分析洪灾、火灾、地质灾害、震灾、气象灾害等灾种的特点和产生的后果等，为村镇各项设施的建设和规划设计提供必要的防灾减灾依据，村镇防灾减灾规划应在村镇规划之初就纳入考虑范围，为灾害发生后的村镇提供补救措施，而不应作为村镇规划的补充内容。

综合防灾作为一种发展中的系统整体优化管理模式，国际社会也尚无完整规范的定义。综合防灾包括以下三层含义：一是防灾贯穿于灾前预防、灾中救助和灾后的恢复重建全过程；二是防灾包括各灾种的防灾；三是防灾有实体机构实行综合统一的组织管理，有完善、畅通的灾害信息共享机制和灾情评估及辅助决策系统。

村镇防灾减灾规划应根据村镇本身特点，分析并确定其较易遭受的灾害种类，在规划制定过程中有针对性地对重点灾种重点考虑，并与村镇总体规划统筹协调，减少设施建设重复投入和资源浪费。

思考题

1. 村镇防灾减灾的主要内容有哪些？
2. 当前村镇消防工作存在哪些问题？
3. 与村镇有关的灾害主要有哪几大类？
4. 防灾减灾设施布局要求有哪些？
5. 村镇的抗震防灾有哪些现状问题？
6. 气象灾害的防御的主要应对措施有哪些？
7. 村镇地质灾害的防灾策略有哪些？
8. 村镇的其他防洪策略有哪些？
9. 我国村镇的火灾特点有哪些？
10. 消防站有哪些设置要求？

第 12 章

低碳生态村镇规划设计

【教学目标与要求】

● 概念及基本原理

【掌握】低碳生态村镇设计内容；低碳生态村镇优化布局模式；低碳建筑设计概念和新技术应用。

【理解】低碳生态村镇概念和规划布局模式。

● 设计方法

【掌握】低碳生态村镇规划方法。

12.1 相关概念解析

12.1.1 相关概念

低碳生态村镇建设是贯彻落实科学发展观，按照集约节约、四节一环保、功能完善、宜居宜业、特色鲜明的总体要求，是为切实提高建设重点村镇的质量和水平，为探索符合我国国情的绿色村镇建立的一种发展模式。同时国家新型城镇化发展，有效推动了中小城镇快速发展，并能积极落实节能减排政策，创建一批生态环境良好、规划布局完整、基础设施完善、人居环境优良、管理机制健全并与自然紧密结合的绿色重点镇，切实提高村镇的建设质量和水平。

【低碳生态城市规划方法】

12.1.2 低碳生态村镇发展背景

当前大气层中的二氧化碳含量已经比工业革命以前高出 35%，而且这一比例仍在不断提升，它直接关系到地球生态平衡和人类的生存安全，为此气候变化成为全球首要关注和解决的问题。

从大量研究文献证实，城市碳排放量大约占全球碳排放的 75%～80%，而且城市以消耗 85%的能源和资源为代价，来推动全球经济发展，是一种过度“新陈代谢”现象(图 12.1)。通过图 12.2 数据可以发现，城市已经成为能耗和碳排放的主要“贡献者”。全球气候变化已经警示人类要减少温室气体排放，寻求更加低碳、生态的可持续发展模式。各国政府、官方组织、公益团体甚至个人都已积极展开相关研究或实践活动，并形成了广泛共识，其核心观念是全球要发展“低碳经济”，规划建设“低碳城市”，倡导“低碳生活”。

【荷兰羊角村风光】

【英国低碳之旅】

世界各国的经济发展逐步转向低碳经济发展模式，在复杂的城市系统内寻求低碳城市发展模式，一些相对成功的低碳案例也在逐渐增多，比较典型的有瑞典锡格蒂纳小镇、瑞典哈默比湖城、英国贝丁顿社区、荷兰羊角村、荷兰伊科鲁尼亚小区、格林威治世纪村等。这些低碳生态村共同的宗旨是以零碳排放为目的，减少对自然生态环境的破坏和影响。

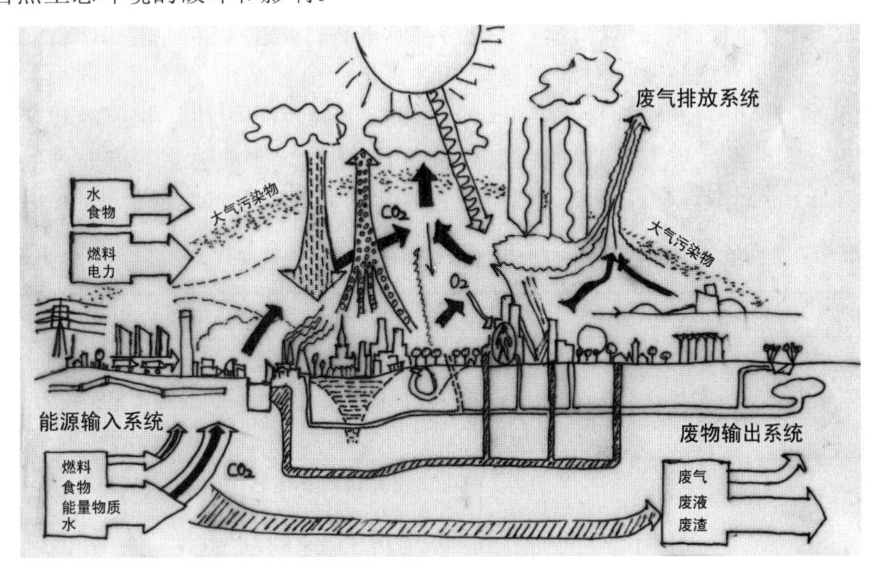

图 12.1　城镇过渡“新陈代谢”

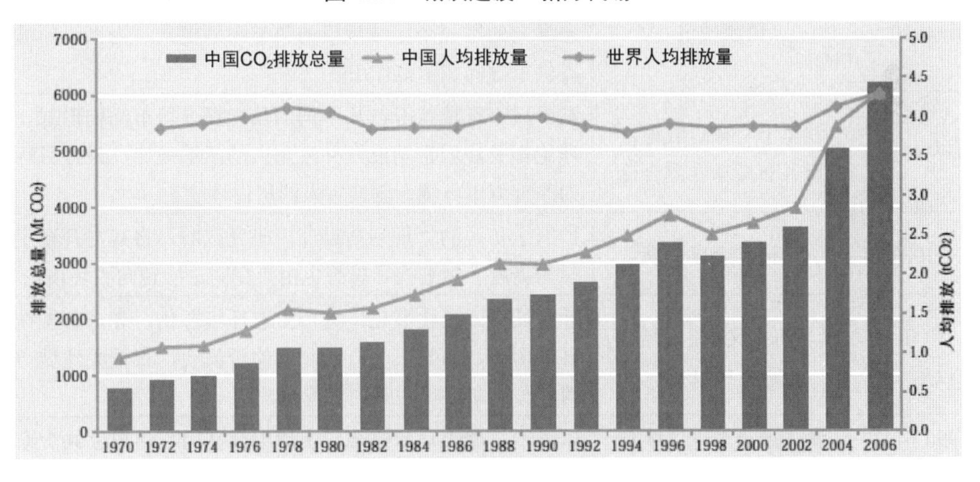

图 12.2　中国 CO_2 排放总量与人均排放量变化趋势(1970—2006)

12.1.3　低碳生态村镇与城乡规划发展关系

从城乡规划思想演变史来看，较早的城市规划思想萌芽时期应从乌托邦思想的提出算起，是代表着人们对美好生活和环境的一种愿景，思想范畴带有空想(或理想)属于不实际、理想的社会改良计划。与其相比，霍华德“田园城市”理念，从社会现象和问题出发，具有现实意义和实践意义，并试图从城市整体规划观角度，探寻一种能克服工业革命以后出

【建筑节能与低碳城市】

现的“城市病”、能促进与自然和谐共生的可持续发展模式。

从“田园城市”之后，城市规划思想也从乌托邦的传统理想主义走向了理性主义。为此从20世纪围绕该主题，提出了很多新理论和观点，诸如沙里宁有机疏散论、雅各布斯功能混合论、设计结合自然现、新城市主义、倡导紧凑城市等理念成为这一阶段引导城市建设的风向标。从城市规划发展历程可以看出，现代城市规划逐步走向复杂化、内涵化，涉及的问题也非常广泛。早期的城市规划针对的是工业化和城市化，而现代城市规划所针对的是全球气候变化、全球城市化、能源危机、城市安全等更为严峻的挑战，城市规划的功能角色也发生了相应的转变。为此，近现代城市规划的研究范畴、研究内容、主要思想等方面都经历了复杂的演变过程，为低碳城市规划概念的合理性提出奠定了基础，见表12-1。

【新型城镇化的基本逻辑】

表12-1　近现代城市规划思潮演变对低碳城市规划理念的借鉴意义

时　期	规 划 思 潮	规划思想的价值取向演绎
1760—1850年	乌托邦和空想社会主义思潮	基于现实的矛盾，追寻理想的“世外桃源”，创造具有理想的城邦模式，描绘美化蓝图，但与现实差距较大，成为了空想主义
1882年	线形城市	基于城市交通拥挤和环境恶化问题，提出城市以交通运输为前提，减少交通消耗，依托铁路形成安全、高效和经济的线形城市
1898—1920年	田园城市	基于“城乡一体化”原则，控制城市规模，是具有健康、生态导向的第一个区域规模的科学规划模式，为世界新城开发提供了导向和示范作用
1940—1961年	沙里宁有机疏散论，雅各布斯功能混合论	基于城市环境状况，从不同的角度探寻城市结构形式，两个理论都关注城市功能，并注重人的活动规律，最终目标都是为改善城市环境，创造宜人的居住环境
1965—1980年	设计结合自然观	扩展了传统的“规划与设计”研究范畴，将其提升至生态科学的高度，规划指导思想也由“空间论”转向“环境论”
1980年以后	新城市主义、生态城市、可持续规划	针对城市郊区化蔓延，城市生态环境恶化，寻求可持续规划目标明确，倡导人与自然和谐的价值观，着重关注城市能源消耗与生态环境关系的环境伦理观
1990年以后	紧凑城市与可持续发展、精明增长	以紧凑、城市功能复合、土地混合利用、倡导公共交通、节约资源、改善环境为目标
2000年以来	低碳城市、低碳规划	二十一世纪以来，全球气候变化对城市建设冲击很大，城市在追寻可持续发展的大框架下，具体寻求城市低碳化发展模式，低碳城市规划受到重视

12.2 国外低碳生态村镇案例研究

12.2.1 瑞典锡格蒂纳小镇

1. 锡格蒂纳小镇区域位置概况

锡格蒂纳小镇坐落在瑞典梅拉伦湖畔。它位于斯德哥尔摩西北约 40km，城镇规划区范围为 328km^2，有人口 3.6 万人，是瑞典斯德哥尔摩省的一个自治市(图 12.3)。该小镇于公元 980 年前后建立，995—1030 年间这里铸造了瑞典最早的钱币，城中有 18 世纪的市政厅和街道、国王的宫殿、优美的湖畔风光以及中世纪的废墟，是瑞典第一镇。锡格蒂纳小镇具有悠久的城镇发展历史，镇内文物古迹众多，充满中世纪的风情，具有独特的城镇历史风貌。

图 12.3 锡格蒂纳小镇区位图

2. 锡格蒂纳小镇空间布局

锡格蒂纳小镇(图 12.4～图 12.8)以组团化布局为主，是一座田园牧歌式的城镇，绿化和水系穿插其中。它建筑布局灵活，有许多木结构房屋，鳞次栉比的店铺、咖啡馆和饭店，分布在城镇街道两侧和湖边区域。城镇内部街道疏密相间，而且多以步行街区进行交通组织，城镇内部有大面积绿化草地开放空间，尤其在沿湖面周边，绿化和林荫景观路多为步行道路。锡格蒂纳小镇贯彻低碳生态城镇建设理念，将生态、自然环境带入城镇内部，生态网络息息相关。

锡格蒂纳 Storagatan 步行街充满中世纪风情，这条步行街都以 1～2 层建筑为主，沿街两侧都以商铺为主，其中还有旅游服务中心、博物馆及具有 400 多年历史的市场集市。此外，也有很多木结构建筑，还有建于 1284 年属于哥特式风格的纯红砖建筑——玛丽亚教堂。

图 12.4　锡格蒂纳小镇总体布局

图 12.5　锡格蒂纳建筑风貌

图 12.6　锡格蒂纳滨湖步道

图 12.7　锡格蒂纳 Storagatan 步行街

图 12.8　锡格蒂纳开放空间

12.2.2 荷兰羊角村

1. 区位条件

羊角村距阿姆斯特丹约 120km，是位于荷兰东北部的著名历史村庄，如图 12.9 所示。18 世纪挖煤工人在这里挖出许多“羊角”，故得名羊角村。也因为早年的挖掘工作，使得这里形成了大小不一的水道及湖泊，畜牧业成为当地主要的农业活动。农业用地远离农舍，且被大小不一的水道及湖泊阻隔，农民只有坐船才能到达他们的农地，进行农业生产活动非常不方便，因此这成了当地发起土地开发项目的主要原因。20 世纪 50 年代后凭借村庄美丽的自然风光，其成功转型为荷兰著名旅游景点，其自然景观保护和旅游休闲业的价值进一步得到显现。

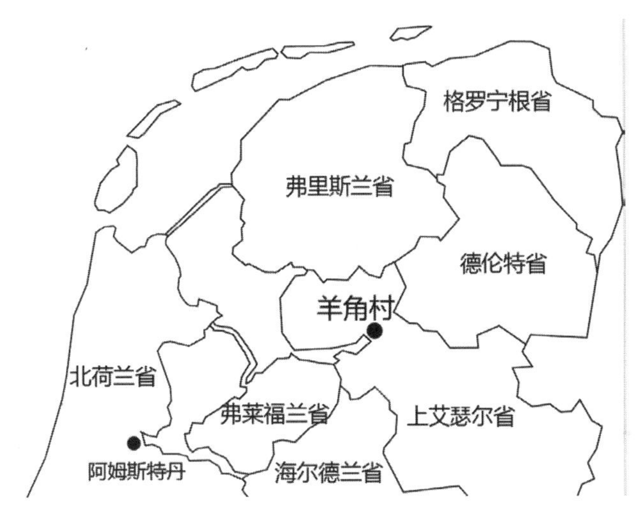

图 12.9 荷兰羊角村区位图

2. 村庄布局

整个村庄是由清澈的小河纵横交错形成网状水系，一座座如同大蘑菇似的相间的民居散落在河道两旁，坐船成为交通出行主要方式，是典型的低碳生态村庄(图 12.10)。通过土地整理与开发，该乡村地区实现了地域上的分区化和产业上的专门化。农业地区通过土地开发规划的实施获得了更为集中的土地和更好的生产条件；自然保护区内农业生产用地被调整减少并被限制在合理的范围内，旅游休闲业与当地农业发展相协调。因为生态条件的良好维系，羊角村迄今保持着美丽的自然风光，被誉为“荷兰威尼斯”“人间仙境”，现在每年拥有不少于 50 万人次的游客量。

图 12.10　羊角村村庄布局

3. 道路交通与服务设施

荷兰地势平坦，风景优美，是世界上最适合骑行的国家，自行车利用率非常高。羊角村外部交通和村庄内部出行以坐船和骑自行车为主，河道周边的游船码头和口岸均配有齐全的服务设施，包括咖啡厅、活动广场、休闲空间和自助自行车停车场，如图 12.11～图 12.14 所示。

图 12.11　羊角村水上交通

图 12.12　每户门前码头

图 12.13　自助自行车停放场地

图 12.14　羊角村水道旁的休闲空间

4. 羊角村特色建筑和环境

羊角村建筑具有非常明显的地域特色，建筑多为一层，砖混结构，屋顶都是由芦苇编成，经久耐用，而且冬暖夏凉、防雨耐晒。每栋建筑都是一个小岛，四面环水，绿化环境好，整个村庄硬质铺装较少，都以草地或绿化植被覆盖，如图 12.15～图 12.16 所示。

图 12.15　羊角村的地域性节能建筑

图 12.16　羊角村绿化环境

12.3　低碳生态村镇设计内容

12.3.1　低碳生态村镇的内涵

人类经历了从农业文明、工业文明，进入到生态文明时代，由于气候变化和高碳排放的现实问题，人类将迈向低碳发展的时代，以缓解气候变化，实现可持续发展，如图 12.17 所示。

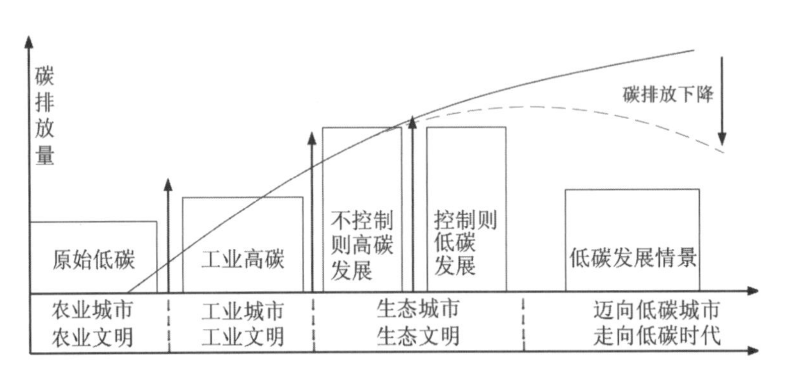

图 12.17　迈向低碳发展的演进过程

低碳生态村概念，目前普遍采用的是由丹麦学者在 1911 年的报告《生态村及可持续的社会》中提出的，其定义为："生态村是以人类为尺度，把人类的活动结合到不损坏自然环境为特色的居住地中，支持健康的开发利用资源并能持续发展到未知的未来"。

我国的生态村产生于 20 世纪 70 年代末，生态村是伴随着生态农业建设而逐步发展的，甚至最初就是指生态农业村。我国学者普遍认为："生态村是一个在自然村落或行政范围内充分利用自然资源，加强物质循环和能量转化，以取得生态、经济、社会效益同步发展的农业生态系统。"

我国生态村建设强调经济、生态、社会效益的统一。因此，生态村规划应首先确立经济、生态和社会三方面的发展目标。村镇规划设计首先应该从非建设用地入手，而非传统的建设用地规划，优先规划和设计村镇生态基础设施。如今被广大规划工作者所采纳的生态村建设内容为“生态产业、生态人居、生态环境、生态文化”。

12.3.2 规划基本原则

1. 与上位总体规划相协调

村镇低碳生态规划与上位总体规划建设相互影响，其规划范围内功能区划分、用地适宜性建设分析、低碳生态指标控制、交通与土地利用关系都要与上位规划进行协调。

2. 整体优化原则

低碳生态规划以区域生态资源环境、社会、经济的整体最佳效益为目标。村镇低碳生态规划的思想与理念应该贯穿和体现在村镇规划的各项规划中，各项规划都要考虑碳排放和生态环境影响及综合效益，强调村镇生态规划的整体性和综合性。

3. 生态平衡原则

低碳生态规划应遵循生态平衡原则，重视人口、资源、环境等各要素的综合平衡，优化产业结构布局，合理进行生态功能区划，构建可持续发展的区域性生态系统。

4. 区域分异原则

区域分异是低碳生态规划的基本原则之一。在充分考虑区域和村镇低碳生态要素的功能现状、问题及发展趋势基础上，要综合考虑区域规划、村镇总体规划和建设规划的要求以及村镇规划区现状，充分利用环境容量，划分生态功能区。

12.3.3 规划任务要求与内容

从城乡规划角度来看，需要认真研究城乡规划要素间的关联关系(图 12.18)，加强城市与乡村的关联网络建设，从区域整体上建立资源有效利用，强化城乡生态网络连贯性，创造一个能减缓气候变化、节能、宜居的生态图景。

1. 低碳生态村镇规划任务要求

1) 保护生态和农村特色

村镇得以维持的基本自然资源直接来自它周边的区域，在村镇规划建设中必须加以保护。村镇规划与城市规划的重要区别在于，村镇规划应该尽可能地保留村镇原有的资源、地貌、自然的形态，生物的多样性及人与自然、生物之间的紧密不可分离的共生共存关系。而大规模“农民上公寓楼”的村镇重建模式，“规模化”的单一农作物种植计划，“工厂化”的盲目推行机械化、电气化都会破坏村镇、田野与周边自然生态环境的有机、多元化的共生关系。

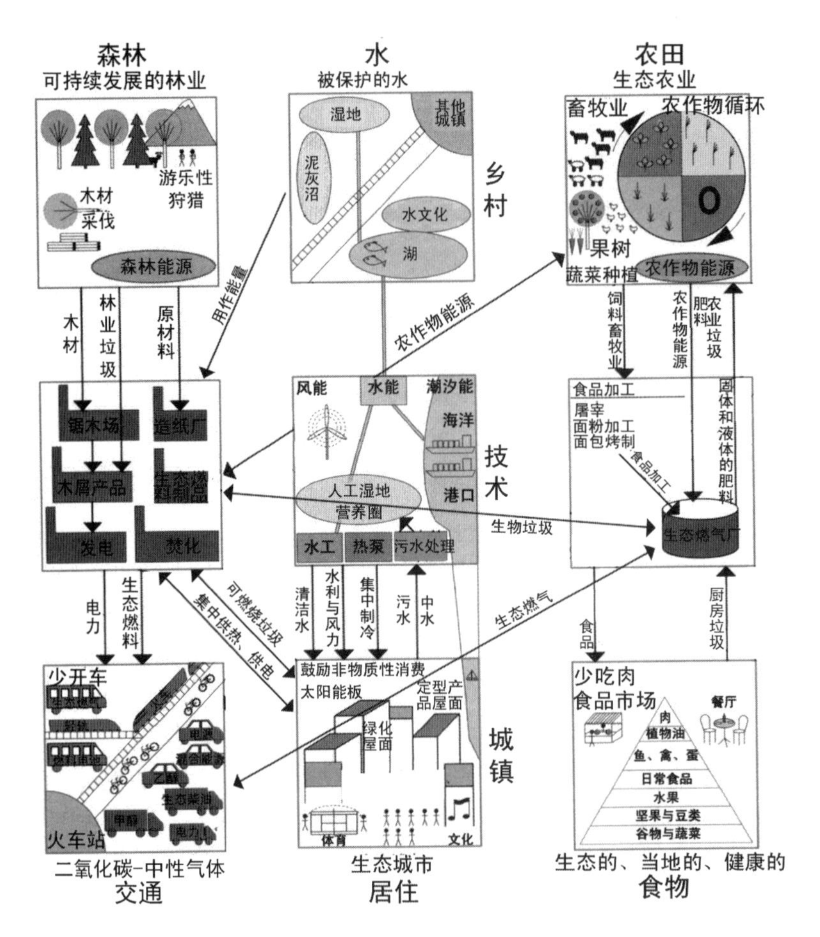

图 12.18 低碳城市的城乡规划研究要素流程图

2) 坚持功能和空间的有机混合

乡村生活与生产在土地和空间使用上的混合是一种有效率的存在。比如猪、家禽必须散养在农房周边，这才能构成生活生产循环过程中不可缺少的分解者环节。如果一定要搞集中饲养，那在经济上是不合算的，也会造成浪费。所以，应该尊重传统的饲养模式并加以“拾遗补缺”式的优化，而不能按照城市“规整”的模式将它推倒重来。

3) 保持乡村生态循环

乡村居民的生理健康在很大程度上依赖于周边良好的环境，维持干净的水、土壤、良好的生态系统，应成为村镇规划的主要目的。这也将成为脱贫致富之后农民的第一需求，更是吸引城里人下乡旅游、定居的主要因素之一。村庄周边的区域对农民的资源供应能力、与农业农村的生态共生能力和废物吸收分解能力是限定的，所以村镇规划必须更加重视“生态的承载力”。因为良好的生态环境是农业之本，农民的生存之本。

4) 传承乡土文化

农民的心理健康是来自对社区的认同感、友好感和安全感。村庄的规划、建设、整治应该保留和传承他们熟悉的传统文化场景。村庄的规划和建设要尽可能地向历史学习，尊重与保护村庄的文化遗产、地域文化特征以及与自然特征的混合布局相吻合的文化脉络。这不仅是城市规划师参与村庄整治建设的守则，也是村庄整治的重要内容，更是把农村建设成为吸引人的“农家乐”基地的一个主要的方法。如果不按照这种方法去整治村庄，把这些老房子、街区都推倒重建，把这些传统文化建筑和分布格局破坏了，也就破坏了村庄自身的风貌特色。

5) 坚持适用技术推广

乡村生态的循环链、乡村生活与生产混合等特点必须加以完整细致的保护。在农村，应尽可能应用小规模、微动力、与原有生态循环链相符合的“适用性”环境保护技术和能源供应方式，而不能盲目照搬城市大型污水垃圾处理设施或盲目追求所谓的“高新技术”。在农村能源系统建设方面，首先应推广太阳能或其他可再生能源，但是不一定是太阳能电池。其次是地热能利用。再次是生物质能源，压缩秸秆等。最后是沼气、小型风能、小水电等再生能源。

2. 低碳生态村镇规划设计内容

村镇低碳生态规划的任务是根据低碳生态环境要素、生态环境敏感性与生态服务功能空间划分功能区，指导村镇低碳生态建设，避免高碳排放和生态系统破坏。村镇低碳生态规划内容包括以下几个方面。

【低碳城乡规划建设】

1) 规划编制要求

要依据各地城镇化和工业化的水平、居住环境、风俗习惯、收入水平、自然资源、经济社会功能方面的基础条件，区分城市近郊区、工业主导型、自然生态型、传统农业型和历史古村型等不同的村庄性质类型，依照“保护、利用、改造、发展”相协调的原则进行规划编制。

2) 基础设施规划

村庄道路硬化。村庄的道路具有公共产品属性，是方便农民生活、提升居住质量、支撑农村经济社会发展最基本的硬件条件。近年来，我国不少地方村庄人居环境治理都取得了积极的成效。但还有不少地方，农村宅前屋后的巷道、村庄内部道路等基本是土路，“晴天一身土、雨天一身泥”，极不适应农民群众的需求。在推进新农村建设过程中，要重视解决村内道路建设，加大公共财政投入，积极引导村集体组织和村民，投工投劳完善村内道路、桥梁设施建设，尽量采用当地材料、当地工艺硬化路面。

村镇生活垃圾污水治理。近年来，还有不少地方的村庄，垃圾和污水不处理，随意堆弃，肆意排放，严重影响村容村貌。在社会主义新农村建设中，各地要将创建公共卫生放在重要地位，加强农村生活环境治理。要尽量采用小规模、微动力、与原有生态循环链相符合的“适用性”环境保护技术。可结合各地实际，积极推进生活垃圾的分类收集和就地回收利用，坚持减量化、无害化，推行“户分类、村收集、乡运输、县处理”的农村生活垃圾处理方式。不能盲目把农村的垃圾运到城市搞集中处理。

改善人居生态环境。充分利用村庄原有的设施、原有的条件、原有的基础，按照公益性、急需性和可承受性的原则，改善农民最基本的生产生活条件，重点解决农村喝干净水、用卫生厕、走平坦路、住安全房的问题。加大村庄整治力度，要按照城乡统筹、以城带乡，政府引导、农民主体、社会参与、科学规划、分步实施，分类指导、务求实效的原则，充分依托县域小城镇经济社会的发展优势，推动村庄整治由点向片区、面上和县域扩展。依据《村庄整治技术规范》，完善村庄公共基础设施配置，推进农村生活污染治理，全面改善农村人居生态环境。

3) 村镇规划设计

生态村的建设用地就是指除水域和其他用地以外的用地，对应于其建设内容的生态人居。低碳生态村镇规划设计主要应用于居住建筑用地、道路广场用地、公用工程设施用地和绿化用地的规划上。

(1) 居住建筑用地。方便村民生产生活、节约集约用地、体现村庄特色、经济合理是衡量村庄规划主要标准。“可持续发展及生态思想在住宅区设计上的体现就是住宅区的建筑密度要适当加大。”因此，居住建筑用地“反规划”的应用体现于在原有村落的基础上，适当集中分散的住户，组织部分地区退宅还耕，从而达到提高资源使用率，节约能源的效果。

(2) 道路广场用地。为了减少对自然界的压力，生态村建设中鼓励把自行车、步行系统作为主要交通方式。生态社区的道路宽度应在3～6m之间，从而得到以自行车或步行交通为主的社区交通模式。“建立非机动车绿色通道”的城市基础设施景观战略。由此得出，生态村道路交通设计的“反规划”应用表现在提倡以自行车或步行交通为主的交通模式，建立与绿地系统、住宅区、公共服务区相结合的非机动车绿色通道。

(3) 公用工程设施用地。应在基础设施如煤气管道、供水供电等两侧设绿道，通过生态化的设计和改造人工基础设施，来维护当地的自然生态并促进生态功能的恢复。保护和恢复湿地系统景观战略可运用到生态村的污水处理上。因此，生态村的公用工程设施用地应在市政管线两侧设绿道，建立人工湿地污水处理系统。

(4) 绿化用地。村落绿化包括庭院绿化、街道绿化、防护林绿化、绿地花园设计等方面。可将城郊防护林体系与城市绿地系统相结合，开放专用绿地，建立乡土植物苗圃基地景观战略，运用到其中。因此，生态村的绿化用地规划应将防护林系统与绿地系统结合，开放单位专用绿地，选择乡土树种，并与公共活动空间设计相结合。

12.4 低碳生态村镇优化布局规划

12.4.1 村镇规划选址

【低碳生态与城乡规划】

村镇规划选址关乎交通、环境、生活便利、设施利用等多方面问题。因而，村镇选址应综合考虑区位条件、地质条件、日照环境，自然资源利用等多方面因素，避免恶劣自然条件的影响，尤其采暖地区的村镇，不宜布局在山谷、洼地、沟底等凹地里，以避免因冬季冷气流而增加能耗。采暖地区村镇规划布局宜选择避风场所进行建造。

12.4.2 村镇节约用地优化模式

1. 小城镇建设用地结构指标配置

国外小城镇大多数为大城市的卫星城镇，受大城市影响，其经济发达、规划超前、建设水平高、居住环境好，其建设用地结构比例比较合理。一般地，居住用地占小城镇总用地的25%～35%，生产及仓储用地占15%～20%，公共服务及其商业用地占10%～20%，道路交通用地占10%～15%，绿化广场用地占10%～15%，公用工程用地占3%～5%，其他用地约占5%，在这种用地结构比控制下，小城镇社会经济形态比较协调稳定，城镇居住密度适当，道路宽度，生活便利。

借鉴国内外发达小城镇的建设用地结构，依据现行建设用地标准管理体系规定的各类用地控制性结构比，结合小城镇未来发展趋势，不同特性的小城镇，其各类建设用地的最佳结构比应略有差异，小城镇各类建设用地最佳结构比例，见表12-2。

表12-2 小城镇各类建设用地最佳结构比例表

城镇类型	居住建筑用地	工业仓储用地	公共服务及商业用地	道路交通用地	广场绿化用地	公用工程用地	其他建设用地
农业产业化推动型	40%～50%	10%～15%	10%～15%	5%～10%	10%～15%	2%～5%	2%～5%
旅游带动型	30%～40%	5%～10%	15%～20%	5%～10%	20%～25%	2%～5%	2%～5%
市场带动型	30%～40%	10%～15%	20%～25%	5%～10%	10%～15%	2%～5%	2%～5%
外向带动型	30%～40%	15%～20%	15%～20%	5%～10%	10%～15%	2%～5%	2%～5%
工业带动型	30%～40%	20%～30%	10%～15%	5%～10%	10%～15%	2%～5%	2%～5%

2. 小城镇节约用地的优化模式

1) 非农产业结构优化

非农产业结构的转换是农业产业推动型小城镇土地利用优化的主要优化模式。小城镇发展的真正动力在于经济发展、产业支撑，尤其是乡镇企业和专业市场的发展。在改革开放初期，乡镇企业多是以家庭小作坊来进行生产，因而其分布较为分散，且规模小，企业素质普遍不高，企业竞争力不强。随着国有企业结构调整的逐步展开，乡镇企业市场萎缩，经济效益普遍下滑，小城镇的发展也受到产业发展的限制，使得其规模小、质量低、功能不完善、集聚力不强。面对日益激烈的市场竞争，乡镇企业正从最初的小规模、分散化、低技术含量向专业化、集团化和高技术化的方向发展，这种发展趋势带来了小城镇产业的集聚发展。与这种产业结构的调整升级相应的是土地利用结构的调整优化和土地集约使用，通过产业结构的优化特别是乡镇企业向工业小区聚集，小城镇土地利用表现出明显的功能分区，土地利用结构正逐步趋向合理。

2) 土地使用制度优化

土地使用制度改革是小城镇土地利用优化的契机。土地有偿使用制度改革，有力地推动了小城镇建设。通过实行土地有偿使用，使各个小城镇初步建立了土地市场，企业的用地需求受到了预算的硬性约束，市场对土地的优化配置起到了基础性作用。小城镇也从土地出让金中获得了巨大的建设资金。但当前还存在着许多制约小城镇建设土地的政策因素，诸如土地的供给政策，征服报批政策，承包地的流转问题，宅基地问题，土地收益分配问题等，这些问题解决得好坏直接关系到小城镇土地利用的合理性。有些小城镇针对这些问题进行了有益的探索，正逐步推行土地租赁制，降低了企业进城的资金门槛，实现土地置换或土地入股，实现土地的有偿流转。以土地使用制度改革为契机，小城镇的土地资源和资产也在不断地进行调整、优化、重组。

3) 小城镇功能分区优化

小城镇镇区用地功能分区，就是根据各类建筑物和设施的不同性质和用途，分别组合成为功能不同的用地区。功能分区的好处是，能把居民点内功能相同的部分组合在一起，进行合理布局，使各部分用地紧凑、功能明确，既能避免不同功能间的相互干扰和影响，又可共同利用公共设施，减少基建费用，节约用地。

小城镇功能分区的原则是：各功能区之间，应有方便的联系；经济利用土地，各区用地布局力求紧凑，外形力求整齐，并为今后发展留有余地；充分考虑居民对各种公共设施、动力设备的综合利用，为组织生产、方便生活创造条件；有利于卫生、防疫、防火，有利于环境保护。

3. 小城镇合理布局优化

小城镇用地布局就是把小城镇各项用地按其性质和供能(作用)以及相互之间的联系，有机地组合在一起，使之成为一个统一的整体，从而为居民的生活和生产创造良好的环境条件。小城镇用地合理布局的主要任务是对镇区内部的用地结构、街道网、公共建筑用地，居住建筑用地、生产建筑用地以及绿地系统、给水系统、排水系统、供电系统等用地进行合理组织、统一安排，对各部分用地的详细规划起控制和指导作用。我国台湾地区嘉美大埔智慧型工业区规划时，充分分析了区域生态廊道和汇水系统(图 12.19)，最后确定在规划方案中，规划了联系地块东西的生态廊道和水系，延续了区域生态机理，改善区域生态环境，如图 12.20 所示。

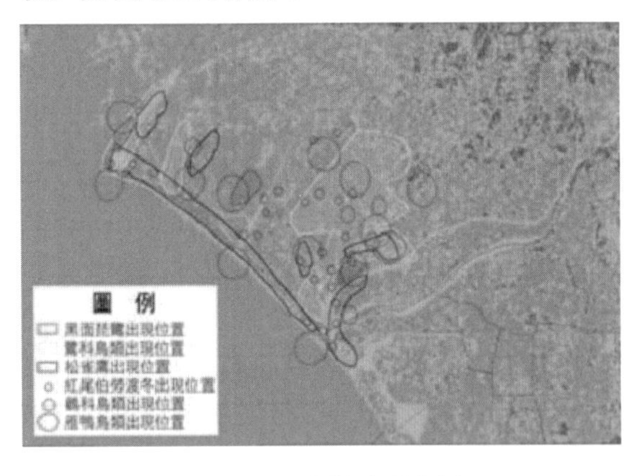

图 12.19　区域水系分析

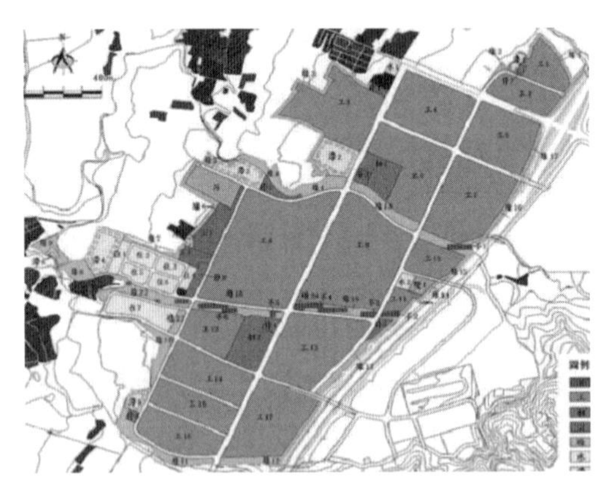

图 12.20　生态工业区方案

12.4.3　村镇规划布局

1. 村镇建筑规划布局

利用村镇建筑规划的合理布局，优化局部微气候环境，建立气候的防护单元，有利于村镇的节能。气候防护单元的建立，应充分结合特定地点的自然环境因素、气候特征、建筑物的功能、人的行为活动特点，建立一个组团的自然—人工生态平衡系统，如图 12.21

所示。如对严寒地区和寒冷地区，可利用单元组团式布局形成气候防护单元，用以形成较为封闭、完整的庭院空间，争取日照，避免季风干扰，组织内部气流，并且利用建筑外界面的反射辐射，形成对冬季恶劣气候条件的有利防护，改善建筑的日照条件和风环境，以此达到节能的目的。对于夏热冬暖地区，则应布置成开敞的有利于通风的环境，从而加速室内高温的排出，营造舒适的居住环境。

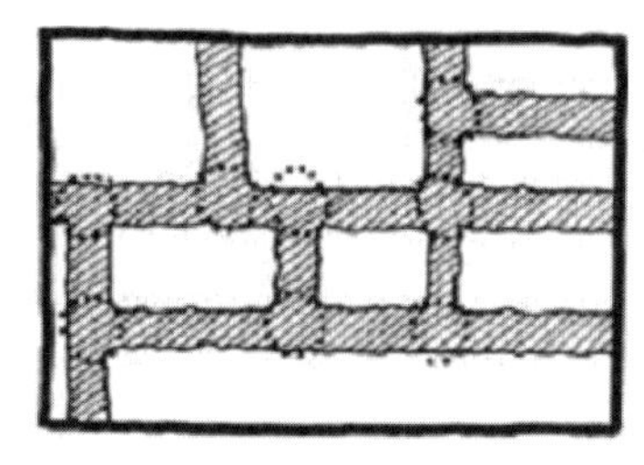
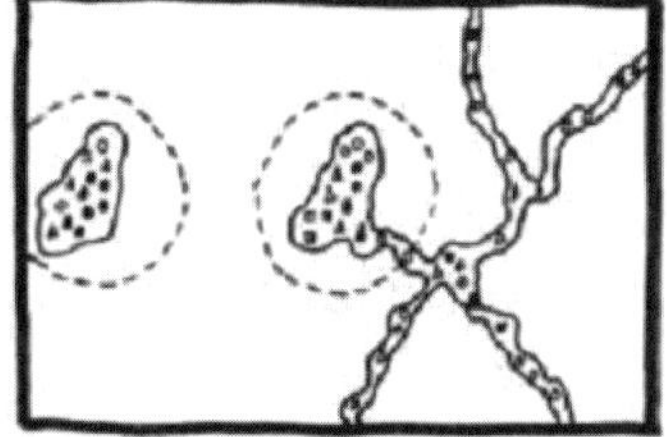
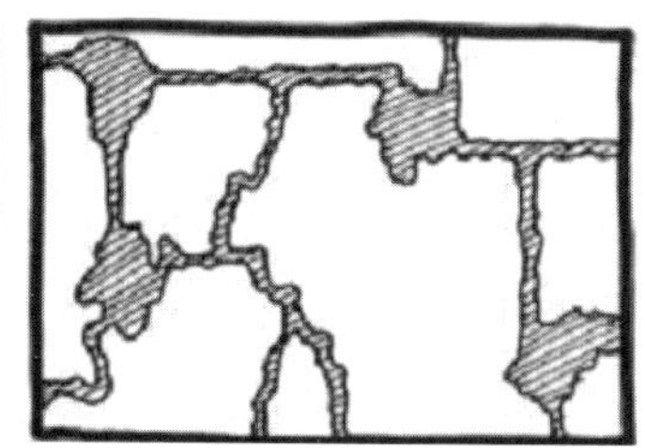

图 12.21　低碳生态村镇生态网络

2. 场地风环境优化

根据风环境影响和节约热能经验，一般将建筑间距控制在 1∶2 的范围以内，可以利用风影效果使后排的建筑避开寒风侵袭。同时，利用较高建筑的背向遮挡冬季寒流风向，可减少寒风对中、低层建筑和庭院的影响，以利于冬季节能，并创造适宜的微气候。这样，通过适当布置建筑物，降低风速，可减少建筑物和场地外表面的冬季热损失。

3. 日照和朝向

合理的建筑朝向是村镇规划布局首先要考虑的问题。建筑朝向的选择涉及当地气候条件、地理环境、建筑用地情况等，必须全面考虑。总体原则是在节约用地和兼顾建筑组合的前提下，要满足冬季能争取适量并具有一定质量的阳光射入室内，避免冷风吹袭；夏季避免过多的日照，并有利于自然通风的要求。从以往实践经验来看，南向是在全国各地区都较为适宜的建筑朝向。

12.4.4 村镇规划建设新技术

1. 基于新能源开发利用的技术

1) 生物质气化技术

将秸秆、稻壳、木材等加工废料，通过控制反应条件，使生物质在秸秆气化装置中发生热化学反应，进行能源转换，产生一氧化碳、氢气、甲烷等可燃气体，从而以低品位固体生物质能源转换成高品质优质燃气，集中贮存，再用管道输送至用户，用以炊事、取暖、发电等。

【生物质气化多联产技术综合利用介绍】

2) 沼气技术

将秸秆、粪便、厨余垃圾等有机物投入池中发酵后产生可燃沼气，出料即为肥料。沼气与空气混合燃烧时温度可高达 1200℃，是优良的炊事、取暖燃料。以沼气为纽带由沼气池、畜禽舍、三格式化粪池和日光温室组合而成的“四位一体”生态产业，是产气、积肥同步，种植、养殖并举，能流、物流两性循环的能源生态综合利用体系，非常适于在村镇建设中应用。

【沼气技术在新农村建设中的作用】

【地热能发电的工作原理】

3) 潜存地热能

利用地下潜存 100m 左右的土壤作为蓄能和供能体，通过热泵技术输入高品质的电力，在冬天从土壤中提取低品质热量，再转化为高品质热量，用于供热采暖。夏天利用热泵制冷循环，输入电力，将室内热量灌入地下贮存，可为室内供热除湿。

4) 风能发电技术

适用于风能资源丰富的地区，可以建设集中的风能发电站，为生产生活提供电力。

【光伏发电技术应用】

5) 太阳能发电技术

适用于太阳能资源较为丰富的地区，在村镇建筑向阳面屋顶安装大量太阳能光电板，将太阳能直接转化为电能，并直接并入电网或用蓄电池存储，如图 12.22 所示。此项技术科技含量较高，而且太阳能光电板价格高昂，近期在我国乡村地区还不能广泛使用。

图 12.22　太阳能光电板屋顶

2. 低冲击的城镇建设

【“低冲击开发”模式打造绿色发展】

低冲击发展模式的主要含义是让城市与大自然共生，如图 12.23 所示。共生的概念最先是从城市的规划建设前后应不改变原地表水的径流量开始的，这个概念非常重要。例如，有许多城市因为整个建成区的地面完全不渗水，下雨几分钟后街道就变成了河道，雨量再大一点或时间长一点就会发内涝洪水，城市内部出现水灾习以为常。传统的城市排水机制是雨水排得越快越好，但是如果排水系统有地方堵住了或是不畅，下暴雨时城市内部就可能发洪水。

低冲击发展模式指的是城市建设之后不影响原有自然环境的地表径流量。具体的策略是要求城市建成区至少要有 50% 的面积为可渗水面积，如图 12.24 所示；建筑、小区、街道直至整个城市都有雨水收集储存系统；它们之间连接为反传统的“不连通状态”；所有河渠不实行“三面光”以沟通地表水与地下水之通道等。而且此概念可延伸到不影响基本的地形构造，不影响碳汇林容积量，不影响城市的文脉及其周边的环境等。如果能做到这些，城市与自然就能和谐相处，就能实现互惠的共生关系。因此城市应以对环境更低冲击的方式进行规划、建设和管理，这就要求城市规划方式从过去的重空间物质规划转向物质与生态协调共生的规划。

我国台湾地区花莲马太鞍堤岸改造中，就采用了低冲击建设模式，改造材料取自当地的建材，通过生态化的改造和建设模式，改善了河流和堤岸的生态环境，成为周边居民和游客好评的景点之一，如图 12.25 所示。

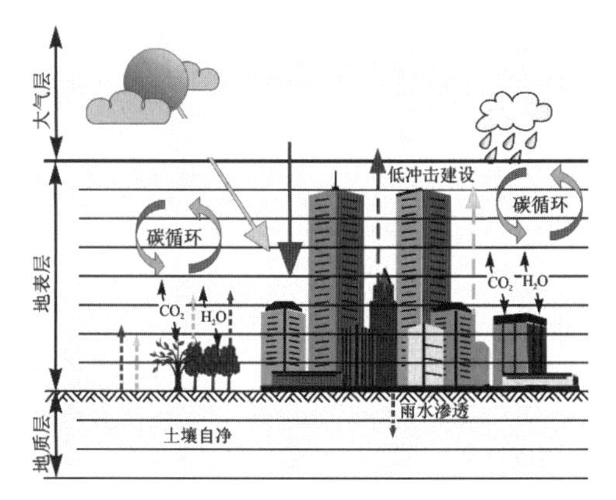

图 12.23　低冲击建设运行模式

图 12.24　低冲击建设实现途径

(a) 改造前(左)

(b) 改造后(右)

(c) 改造前(左)

(d) 改造后(右)

图 12.25　我国台湾地区花莲马太鞍堤岸改造前后对比

12.5 低碳建筑设计

12.5.1 低碳建筑的概念

【低碳和低能耗建筑的技术分享 a】

学界目前没有明确的低碳建筑的定义，至于排碳量降低到什么程度可以称为低碳建筑，也没有具体的数值。低碳建筑可以被认为是实现尽可能少的温室气体排放的建筑。定义低碳建筑可以参考低碳经济等相关概念。依据低碳经济的概念，我们可以将低碳建筑定义为在建筑材料与设备制造、施工建造和建筑物使用的整个生命周期内，减少化石能源的使用，提高能效，降低 CO_2 排放量，为人们提供具有合理的舒适空间环境建筑。

12.5.2 低碳建筑设计理念

【低碳和低能耗建筑的技术分享 b】

1. 自然采光设计

自然采光主要指白天充分利用阳光来为空间照明的方式。自然采光设计可以分为被动式自然采光设计和主动式自然采光设计。

被动式自然采光设计主要指白天充分利用阳光来为空间照明进行学习、工作、生活与生产的传统良好的节能方式设计，当代仍然有效，如图 12.26 所示。

主动式自然采光设计主要指采用镜面反射采光，利用导光管、光纤导光，棱镜组传光，利用卫星反射镜、光伏效应间接采光等技术和方法来进行采光设计。这些采光方法适用于无窗或地下建筑、建筑朝北房间以及识别有色物体或有防爆要求的房间。它不仅可以改善室内光照环境质量，在无天然光的房间也能享受到阳光照明，而且可以减少人工照明用电，节约能源，减少 CO_2 的排放，保护环境。

图 12.26 依靠自然和生物系统的低碳建筑

当设计一座采用自然采光技术的建筑物时，应该进行认真的设计与评估。特别需要考虑到建筑物的朝向、间距、当地的气候以及全方位潜在的障碍物对光线采集量的影响，建筑物的电力照明设备和室内设计的配合，如何将光线引入室内空间，各种电力照明设备的照明负荷有什么不同，如何使这些设备运行得更加有效等。

自然采光技术不仅能够达到节能减排的效果，还能让建筑物的使用者享受到自然采光照明的良好效果。事实上，根据研究显示，利用天然光照明能够提高人们的工作与学习效率以及增进健康。这就意味着将日光照明技术应用到建筑设计上，能有机会增加建筑自身和其使用者的工作效率。

2. 自然通风设计

应用于建筑上的自然通风可分为三种类型：风压作用通风、热压作用通风和热压与风压的综合作用通风。三种类型的自然通风都是由于自然形成的气压差引起的。不过，风压通风是利用自然风力引起的气压差，而热压作用通风则是利用气压和湿度上的差异引起的上升浮力所产生的压力。因此，我们需要采取不同的建筑设计使自然通风方式发挥最大效果。

建筑物自然通风有四种主要途径：单侧通风、穿堂风、烟囱效应及反烟囱效应。在进行平面或剖面上的功能配置时，除考虑空间的使用功能，也要对其热产生或热需要进行分析，尽可能集中配置。使用空调的空间尤其要注意其绝热性能。一方面通过建筑体形设计、朝向、建筑群的布局等，根据当地风动环境来取得最大的自然通风。另一方面，建筑物的平面形状及建筑群的布置方式也会引起气流的不同变化。各种建筑构件，如导风板、窗户设置方式(窗户朝向)、窗户尺寸、窗户位置和窗户开启方式等都会直接影响建筑室内气流分布。

在经过精心设计后，自然通风可以实现两种不同的功能。一是健康通风，用室外的新鲜空气更新室内空气，保持室内空气质量符合人体卫生要求，这是在任何气候条件下都应该予以保证的。二是热舒适通风，直接增加人体散热和减少皮肤出汗引起的不舒适，进而改善条件，另外还可以降低建筑表面的温度，带走建筑围护结构储存的能量，达到降温的目的。自然通风可以削减建筑施工成本和运行成本，并且可以减少空调和风扇的能源消耗。此外，由于室内没有使用风扇等机械装置，室内的噪声亦可减低。

12.5.3 低能耗建筑技术应用

1. 传统技术的探索

传统的适宜低能耗低碳维护结构技术方面，有苯板、稻草板、稻草砖等节能技术，竹子建造技术，陶土夹心墙建造技术，木框架填充秸秆砖，木结构填充岩棉等。

近年来，我国东北寒冷地区研究开发出的苯板、稻草板、稻草砖等节能材料已在农村节能住房建设中得到推广应用，并不断规范化和完善，现已应用到两层建筑和不同框架结构的农村建筑中。黑龙江大庆市林甸县、吉林白山市、辽宁本溪市南芬区等地区用草砖节能技术建造的住宅，利用当地大量的农作物废弃物稻秸、草甸草、湿地芦苇等作为建筑墙体原料，大量节约建筑材料，有较好的保暖效果，既可提高住宅舒适度，又可减少空气中碳、硫排放，有效改善农村居住环境。

在满足自然采光和自然通风的情况下，将主要使用空间放在南向，辅助空间放在北向，如图 12.27 所示。住宅出入口处门斗的设置避免冬季冷风的渗入。采用了传统的火坑作为主要的供暖设施，利用保温性能好，节能高效明显，生产过程中能耗少，以环境无害的低碳生态建材草砖作为墙体材料。

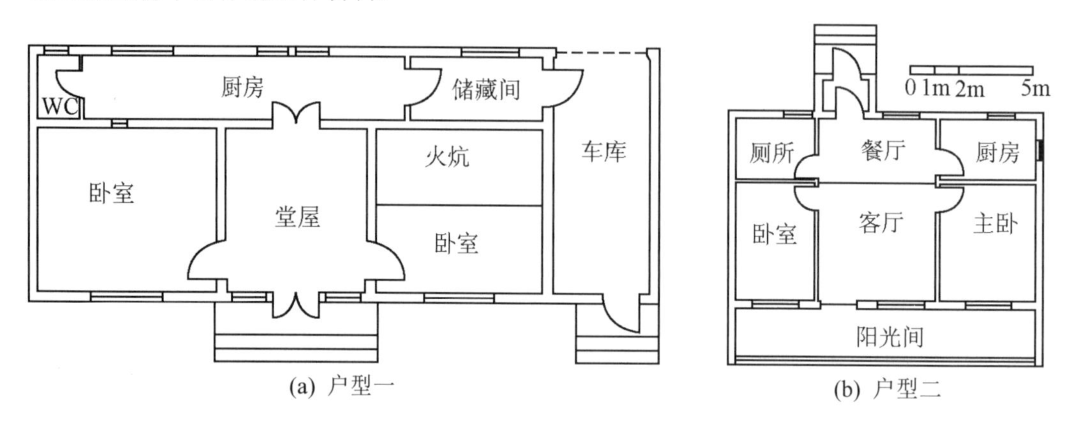

(a) 户型一　(b) 户型二

图 12.27　低碳住宅平面图

河北的地球屋 001 号，可谓是在农村实施的第一个实验性的样板房。主体结构采用木结构，外围护结构采用 45cm 厚的陶土夹心墙，墙体构造是将秸秆跟泥土混合起来，填到墙壁里头，冬天很保暖，夏天室内外温差可以达到 10℃，室内很凉爽，就好像在窑洞里头一样冬暖夏凉。节能窗采用单层玻璃、底膜和传统农村的剪纸工艺制作的所谓三层玻璃窗，防止了热量的散失，造价成本非常低。另外采用节能炕、双层炕技术，提供辅助热源，保证冬季室温。这种采用很简单的材料，很低的成本，就能够做到节能减排的建筑，是更环保的建筑，极具特色。

2. 新技术探索

探索新型建筑支撑包括结构选型与结构材料选用。建筑围护结构包括墙体材料与构造技术、屋面材料与构造技术，均以低碳经济与技术为基础进行突破。在机电设备系统方面彻底贯彻节能措施，彻底降低空调的冷热负荷。一方面在不得不使用石化燃料的情况下，必须采用高效的系统及机器设备来达到节能目的。另一方面为了尽量减少因设备空置运转或无效操作引起的能源浪费，采用恰当的能源控制技术也是十分必要的。

我国第一幢零碳排放节能大楼——宁波诺丁汉大学可持续能源技术研究中心，就是通过阳光、地热和雨水等可再生资源，自给自足地解决用电、用水等问题，且不产生 CO_2。大楼的主体外墙是双层立面玻璃，玻璃中间设有夹层，整座大楼的制冷和加热，都是在这个夹层内完成的。地热水泵直接通过地板传导热气。大楼南侧坡地上与大楼楼顶、窗户边的太阳能光电板构成了一套强大的太阳能发电系统，满足电梯、计算机、制冷风机等设备的用电需要。大楼还装有电动总控的“智能”窗，可根据建筑室内安装的温感设备指令，确定外窗及百叶的开启程度，即便是地下室也能进行自由呼吸，保护室内环境的舒适度。

德国的“汉堡之家”案例展现的是一座以极低的能耗标准为特征的“被动房”。这一房屋基本无须主动供应能量，而是通过地热泵实现采暖、制冷、通风和去湿。“汉堡之家”结合上海的气候特点，创造出相对隔离的空间，无须采用任何取暖设备或空调就能保持舒适的室内温度和环境，做到冬天保暖，夏天降温。建筑还使用太阳能，实现建筑能源供应的自给自足和零废气排放。这样的建筑每年每平方米消耗能量 50kW，相当于普通办公楼的平均能耗的四分之一。

英国零碳馆案例原型取自世界上第一个零 CO_2 排放的社区——贝丁顿零碳社区。案例由两栋零 CO_2 排放的小楼前后相接，楼中设有 6 套装饰华美的居家住宅，零碳馆建筑面积为 $2500m^2$。零碳馆运用了英国贝丁顿零能耗体系的核心和关键技术，结合上海地区的气候特征实现节能环保，充分利用自然资源和可再生能源对建筑技术进行全面开发，提高了建筑对于能源的使用率。在零碳馆中，暖通需求由太阳能风力驱动的吸收式制冷风帽系统和江水源公共系统供给，电力则通过建筑附加的太阳能发电板和生物能热电联产生并满足建筑全年的能量需求，如图 12.28 所示。

图 12.28 英国贝丁顿零碳社区

本 章 小 结

低碳生态村镇是未来村镇发展的主要方向，是实现新型城镇化路线的具体途径。从城乡规划思想演变来看，从田园城市到低碳生态城镇建设，在主要思想等方面都经历了复杂的演变和演绎过程，为低碳城市规划概念的合理性提出奠定了基础，为实现城乡低碳发展提供了理论指导。

本章通过国内外低碳生态村镇案例分析，提出了低碳生态村镇规划设计内容，包括选址方法、布局模式和低碳建筑设计的要求。

思 考 题

1．低碳生态村镇设计内容有哪些？
2．低碳生态村镇规划的基本原则是什么？
3．低碳生态村镇规划布局的优化模式的内容是什么？
4．低碳生态村镇低碳节能技术有哪些？

参 考 文 献

崔英伟．村镇规划[M]．北京：中国建材工业出版社，2008．
方明，董艳芳．新农村社区规划设计研究[M]．北京：中国建筑工业出版社，2006．
郭恩章．城市设计知与行[M]．北京：中国建筑工业出版社，2014．
华南理工大学建筑学院城市规划系．城乡规划导论[M]．北京：中国建筑工业出版社，2012．
金兆森，陆伟刚，等．村镇规划[M]．3版．南京：东南大学出版社，2010．
全国高等学校城乡规划学科专业指导委员会，深圳大学建筑与城市规划学院．新型城镇化与城乡规划教育[M]．北京：中国建筑工业出版社，2014．
中国城市规划设计研究院．小城镇规划及相关技术标准研究[M]．北京：中国建筑工业出版社，2009．
张泉，左晖，梅耀林，赵庆红．村庄规划[M]．2版．北京：中国建筑工业出版社，2011．

北京大学出版社土木建筑系列教材(已出版)

序号	书名	主编	定价	序号	书名	主编	定价
1	*房屋建筑学(第3版)	聂洪达	56.00	53	特殊土地基处理	刘起霞	50.00
2	房屋建筑学	宿晓萍　隋艳娥	43.00	54	地基处理	刘起霞	45.00
3	房屋建筑学(上:民用建筑)(第2版)	钱　坤	40.00	55	*工程地质(第3版)	倪宏革　周建波	40.00
4	房屋建筑学(下:工业建筑)(第2版)	钱　坤	36.00	56	工程地质(第2版)	何培玲　张　婷	26.00
5	土木工程制图(第3版)	张会平	56.00	57	土木工程地质	陈文昭	32.00
6	土木工程制图习题集(第3版)	张会平	38.00	58	*土力学(第2版)	高向阳	45.00
7	土建工程制图(第2版)	张黎骅	38.00	59	土力学(第2版)	肖仁成　俞　晓	25.00
8	土建工程制图习题集(第2版)	张黎骅	34.00	60	土力学	曹卫平	34.00
9	*建筑材料	胡新萍	49.00	61	土力学	杨雪强	40.00
10	土木工程材料	赵志曼	38.00	62	土力学教程(第2版)	孟祥波	34.00
11	土木工程材料(第2版)	王春阳	50.00	63	土力学	贾彩虹	38.00
12	土木工程材料(第2版)	柯国军	45.00	64	土力学(中英双语)	郎煜华	38.00
13	*建筑设备(第3版)	刘源全　张国军	52.00	65	土质学与土力学	刘红军	36.00
14	土木工程测量(第2版)	陈久强　刘文生	40.00	66	土力学试验	孟云梅	32.00
15	土木工程专业英语	霍俊芳　姜丽云	35.00	67	土工试验原理与操作	高向阳	25.00
16	土木工程专业英语	宿晓萍　赵庆明	40.00	68	砌体结构(第2版)	何培玲　尹维新	26.00
17	土木工程基础英语教程	陈　平　王凤池	32.00	69	混凝土结构设计原理(第2版)	邵永健	52.00
18	工程管理专业英语	王竹芳	24.00	70	混凝土结构设计原理习题集	邵永健	32.00
19	建筑工程管理专业英语	杨云会	36.00	71	结构抗震设计(第2版)	祝英杰	37.00
20	*建设工程监理概论(第4版)	巩天真　张泽平	48.00	72	建筑抗震与高层结构设计	周锡武　朴福顺	36.00
21	工程项目管理(第2版)	仲景冰　王红兵	45.00	73	荷载与结构设计方法(第2版)	许成祥　何培玲	30.00
22	工程项目管理	董良峰　张瑞敏	43.00	74	建筑结构优化及应用	朱杰江	30.00
23	工程项目管理	王　华	42.00	75	钢结构设计原理	胡习兵	30.00
24	工程项目管理	邓铁军　杨亚频	48.00	76	钢结构设计	胡习兵　张再华	42.00
25	土木工程项目管理	郑文新	41.00	77	特种结构	孙　克	30.00
26	工程项目投资控制	曲　娜　陈顺良	32.00	78	建筑结构	苏明会　赵　亮	50.00
27	建设项目评估	黄明知　尚华艳	38.00	79	*工程结构	金恩平	49.00
28	建设项目评估(第2版)	王　华	46.00	80	土木工程结构试验	叶成杰	39.00
29	工程经济学(第2版)	冯为民　付晓灵	42.00	81	土木工程试验	王吉民	34.00
30	工程经济学	都沁军	42.00	82	*土木工程系列实验综合教程	周瑞荣	56.00
31	工程经济与项目管理	都沁军	45.00	83	土木工程 CAD	王玉岚	42.00
32	工程合同管理	方　俊　胡向真	23.00	84	土木建筑 CAD 实用教程	王文达	30.00
33	建设工程合同管理	余群舟	36.00	85	建筑结构 CAD 教程	崔钦淑	36.00
34	*建设法规(第3版)	潘安平　肖　铭	40.00	86	工程设计软件应用	孙香红	39.00
35	建设法规	刘红霞　柳立生	36.00	87	土木工程计算机绘图	袁　果　张渝生	28.00
36	工程招标投标管理(第2版)	刘昌明	30.00	88	有限单元法(第2版)	丁　科　殷水平	30.00
37	建设工程招投标与合同管理实务(第2版)	崔东红	49.00	89	*BIM 应用：Revit 建筑案例教程	林标锋	58.00
38	工程招投标与合同管理(第2版)	吴　芳　冯　宁	43.00	90	*BIM 建模与应用教程	曾浩	39.00
39	土木工程施工	石海均　马　哲	40.00	91	工程事故分析与工程安全(第2版)	谢征勋　罗　章	38.00
40	土木工程施工	邓寿昌　李晓目	42.00	92	建设工程质量检验与评定	杨建明	40.00
41	土木工程施工	陈泽世　凌平平	58.00	93	建筑工程安全管理与技术	高向阳	40.00
42	建筑工程施工	叶　良	55.00	94	大跨桥梁	王解军　周先雁	30.00
43	*土木工程施工与管理(第2版)	徐　芸　李华锋	79.00	95	桥梁工程(第2版)	周先雁　王解军	37.00
44	高层建筑施工	张厚先　陈德方	32.00	96	交通工程基础	王富	24.00
45	高层与大跨建筑结构施工	王绍君	45.00	97	道路勘测与设计	凌平平　余婵娟	42.00
46	地下工程施工	江学良　杨　慧	54.00	98	道路勘测设计	刘文生	43.00
47	建筑工程施工组织与管理(第3版)	余群舟　宋会莲	48.00	99	建筑节能概论	余晓平	34.00
48	工程施工组织	周国恩	28.00	100	建筑电气	李　云	45.00
49	高层建筑结构设计	张仲先　王海波	23.00	101	空调工程	战乃岩　王建辉	45.00
50	基础工程	王协群　章宝华	32.00	102	*建筑公共安全技术与设计	陈继斌	45.00
51	基础工程	曹　云	43.00	103	水分析化学	宋吉娜	42.00
52	土木工程概论	邓友生	34.00	104	水泵与水泵站	张　伟　周书葵	35.00

序号	书名	主编	定价	序号	书名	主编	定价
105	工程管理概论	郑文新　李献涛	26.00	130	*安装工程计量与计价	冯　钢	58.00
106	理论力学(第 2 版)	张俊彦　赵荣国	40.00	131	室内装饰工程预算	陈祖建	30.00
107	理论力学	欧阳辉	48.00	132	*工程造价控制与管理(第 2 版)	胡新萍　王　芳	42.00
108	材料力学	章宝华	36.00	133	建筑学导论	裘　鞠　常　悦	32.00
109	结构力学	何春保	45.00	134	建筑美学	邓友生	36.00
110	结构力学	边亚东	42.00	135	建筑美术教程	陈希平	45.00
111	结构力学实用教程	常伏德	47.00	136	色彩景观基础教程	阮正仪	42.00
112	工程力学(第 2 版)	罗迎社　喻小明	39.00	137	建筑表现技法	冯　柯	42.00
113	工程力学	杨云芳	42.00	138	建筑概论	钱　坤	28.00
114	工程力学	王明斌　庞永平	37.00	139	建筑构造	宿晓萍　隋艳娥	36.00
115	房地产开发	石海均　王　宏	34.00	140	建筑构造原理与设计(上册)	陈玲玲	34.00
116	房地产开发与管理	刘　薇	38.00	141	建筑构造原理与设计(下册)	梁晓慧　陈玲玲	38.00
117	房地产策划	王直民	42.00	142	城市与区域规划实用模型	郭志恭	45.00
118	房地产估价	沈良峰	45.00	143	城市详细规划原理与设计方法	姜　云	36.00
119	房地产法规	潘安平	36.00	144	中外城市规划与建设史	李合群	58.00
120	房地产测量	魏德宏	28.00	145	中外建筑史	吴　薇	36.00
121	工程财务管理	张学英	38.00	146	外国建筑简史	吴　薇	38.00
122	工程造价管理	周国恩	42.00	147	城市与区域认知实习教程	邹　君	30.00
123	建筑工程施工组织与概预算	钟吉湘	52.00	148	城市生态与城市环境保护	梁彦兰　阎　利	36.00
124	建筑工程造价	郑文新	39.00	149	幼儿园建筑设计	龚兆先	37.00
125	工程造价管理	车春鹂　杜春艳	24.00	150	园林与环境景观设计	董　智　曾　伟	46.00
126	土木工程计量与计价	王翠琴　李春燕	35.00	151	室内设计原理	冯　柯	28.00
127	建筑工程计量与计价	张叶田	50.00	152	景观设计	陈玲玲	49.00
128	市政工程计量与计价	赵志曼　张建平	38.00	153	中国传统建筑构造	李合群	35.00
129	园林工程计量与计价	温日琨　舒美英	45.00	154	中国文物建筑保护及修复工程学	郭志恭	45.00

标*号为高等院校土建类专业“互联网+”创新规划教材。

如您需要更多教学资源如电子课件、电子样章、习题答案等，请登录北京大学出版社第六事业部官网 www.pup6.cn 搜索下载。

如您需要浏览更多专业教材，请扫下面的二维码，关注北京大学出版社第六事业部官方微信（微信号：pup6book），随时查询专业教材、浏览教材目录、内容简介等信息，并可在线申请纸质样书用于教学。

感谢您使用我们的教材，欢迎您随时与我们联系，我们将及时做好全方位的服务。联系方式：010-62750667，donglu2004@163.com，pup_6@163.com，lihu80@163.com，欢迎来电来信。客户服务 QQ 号：1292552107，欢迎随时咨询。